U0224772

中国灭绝与再发现植物手绘图鉴

Hand-drawing Illustrations of Extinct and rediscovered Plants in China

主　编　贺　然　王英伟　孙英宝

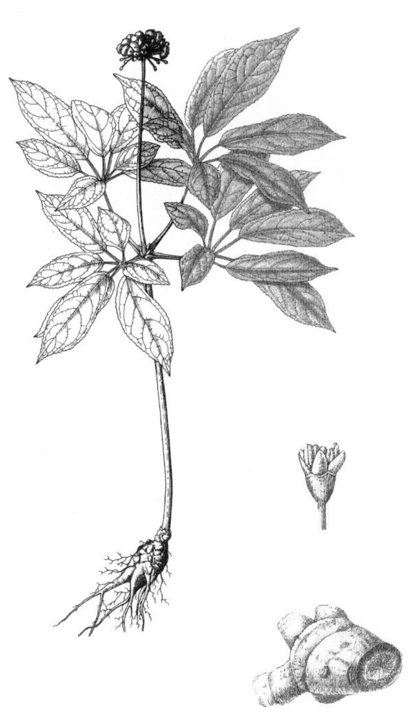

山东科学技术出版社

图书在版编目（CIP）数据

中国灭绝与再发现植物手绘图鉴 / 贺然，王英伟，孙英宝主编 . — 济南 : 山东科学技术出版社，2021.1

ISBN 978-7-5723-0153-7

Ⅰ．①中… Ⅱ．①贺… ②王… ③孙… Ⅲ．①植物 – 中国 – 图集 Ⅳ．① Q948.52-64

中国版本图书馆 CIP 数据核字 (2020) 第 233663 号

中国灭绝与再发现植物手绘图鉴

ZHONGGUO MIEJUE YU ZAIFAXIAN
ZHIWU SHOUHUI TUJIAN

责任编辑：李海英　张梦叶　韩晓萌
装帧设计：孙　佳

主管单位：山东出版传媒股份有限公司
出 版 者：山东科学技术出版社
地址：济南市市中区英雄山路189号
邮编：250002　电话：(0531)82098088
网址：www.lkj.com.cn
电子邮箱：sdkj@sdcbcm.com
发 行 者：山东科学技术出版社
地址：济南市市中区英雄山路 189 号
邮编：250002　电话：(0531)82098071
印 刷 者：山东临沂新华印刷物流集团有限责任公司
地址：山东省临沂市高新技术产业开发区新华路东段
邮编：276017　电话：(0539)2925659

规格： 16 开（170mm × 240mm）
印张： 24　**字数：** 280 千字
版次： 2021 年 1 月第 1 版　　2021 年 1 月第 1 次印刷
定价： 168.00 元

编委会名单

主　　编：贺　然　王英伟　孙英宝

副 主 编：王立新　孙国峰　魏　钰　陈红岩　林秦文　张亚军

编　　委：（按姓氏拼音排序）

陈红岩　陈　雨　崔娇鹏　邓　莲　付俊秋　郭　翎　郝加琛
贺　然　李菁博　李青为　李雯琪　林秦文　刘东焕　刘东燕
孟　昕　权　键　邵天蔚　孙国峰　孙英宝　王白冰　王立新
王苗苗　王　涛　王　娓　王英伟　魏　钰　温韦华　吴　菲
杨　涓　虞　雯　张蒙蒙　张　雪　张亚军　张　毓　赵宝林
周达康　朱　莹

绘　　图：孙英宝

主编单位：北京植物园
中国科学院植物研究所
中国野生植物保护协会迁地保护工作委员会

推荐序 Order

三十多亿年前，地球上出现了原始植物。植物界在以后漫长的地质时期中演化，最后出现了拥有 25 万余种的进化大群有花植物（被子植物），形成了世界绝大多数的植被。这为动物界和人类的发展起到重要促进作用。但是人类在数千年间为了居住地区的扩展以及城镇、交通建设，过度开发、利用各种植物资源，不断破坏或铲除植被，遂不断导致一些植物，尤其是一些狭域分布植物的灭绝。此外，各种规模的战争和一些自然灾害（如洪水、干旱、火灾、火山爆发等）也是植物遭受灭绝的原因。为了防止植物遭受灭绝，应在社会上进行保护植物、保护植被的宣传、教育。最近，我看到贺然等先生编著的《中国灭绝与再发现植物手绘图鉴》书稿，书中收录我国 52 种灭绝的高等植物，并给出了这 52 种植物的墨线图、形态描述、地理分布、研究历史等内容。看到这么多植物从我国消失，不禁感到悲伤和不安，同时也想到此书的出版将会使广大群众了解到我国一些植物灭绝的事实，并有可能唤起广大群众保护植物和植被的热情。我深信此书能起到上述作用，因此，对此书编著完成表示衷心祝贺，并殷切希望此书能早日付梓，早日问世。

中国科学院院士
有花植物分类学家
王文采
2020 年 8 月 23 日

三十多亿年前，在地球上出现了原始植物，植物界在以后漫长地质时期中演化，最后出现了拥有25万余种的进化大群有花植物（被子植物），形成了世界绝大多数的植被，这为动物界和人类的发展起到重要促进作用。但是人类在数千年间中为了居住地区的扩展以及城镇、交通建设，以及过度开发、利用各种植物资源，却不断破坏或铲除植被，这不断导致一些植物，尤其是一些狭域分布植物的灭绝。此外各种规模的战争和一些自然灾害（如洪水、干旱、大火、火山爆发）也是植物遭受灭绝的原因。为了防止植物遭受灭绝，应在社会上进行保护植物、保护植被的宣传、教育。最近，我看到贺然等先生编著的《中国灭绝与再发现植物手绘图鉴》书稿，书中收载我国52种灭绝的高等植物，并给出这52种植物的墨线图、形态描述、地理分布、研究历史等内容，看到这么多植物从我国消失，不禁感到悲伤和不安，同时也想到此书的出版将会使我国广大群众了解到我国一些植物灭绝的事实，并有可能唤起广大群众保护植物和植被的热情。我深信此书能起到上述作用，因此，对此书编著完成表示衷心祝贺，并殷切希望此书能早日付梓，早日问世。

王文采

2020年8月23日

序言

Order

植物是人类生存之本、文明之源、发展之基。植物是地球上生命能源最重要的提供者，也是历史发展进程的推动者。假如没有了植物，地球将会怎样?

我国幅员辽阔，拥有高等植物 3 万余种，约占全球高等植物总量的十分之一，是全球生物多样性最丰富的国家之一。中国作为发展中国家，人口众多，地理环境多样，区域经济发展不平衡，再加上近年来全球的气候变化、生境丧失和破碎化、资源过度利用和环境破坏等因素，给中国植物的多样性保护带来了很多困难，受到威胁的植物物种目前统计到的有 3879 种。

自 2002 年中国加入《全球植物保护战略》（GSPC）以来，中国在植物生物多样性保护上取得了很多成果，破坏生态环境的现象得到了极大改善，重点植物种类得到了有效保护，尤其是植物园在迁地保护植物中起到了重要的作用，中国近 200 家植物园，迁地保护了 22 000 余种乡土植物，为实现《生物多样性公约》的全球保护目标起到了极大的推动作用。党中央、国务院高度重视野生植物保护工作，2018 年，习近平总书记在全国生态环境保护大会上进一步指出，绿水青山就是金山银山，贯彻创新、协调、绿色、开放、共享的发展理念，坚持人与自然和谐共生，通过加快构建生态文明体系，确保到 2035 年，生态环境质量实现根本好转，早日完成美丽中国的建设目标。习总书记的讲话为我国野生植物保护工作指明了方向。如何用科学的方式对植物资源进行合理开发利用，进一步唤醒人们保护环境的良好意识，促进人类与植物协调发展，提高人类生活质量，造福子孙后代，这就是我们编撰本书的重要意义。

截至目前，国内还没有定性为介绍已绝灭和再发现植物的专业书籍。为此，我们成立了具有严谨科学精神的编委会，查阅了大量的相关文献与数据资料，厘清当前我国灭绝植物种类和再发现的过程，旨在全面追踪和介绍当前中国灭绝和再发现植物科学研究领域的发展前沿和热点，以及所取得的一些成就。在工作当中，发现部分灭绝植物很难再找到相关资料，我们深感痛心，同时这也为此书的绘图和编写带来诸多困难，植物画家只能根据植物分类学特点进行创作。

我们深知创意表达对本书赢得人心的重要性，而手绘艺术让书籍更具亲和力，使之焕发出迷人的气息，真正触动人类内心深处的情感，这也是植物科学研究与文化艺术的完美结晶。我们用精益求精的精神做好每篇科学文章的内容，因为其担负着向大众普及科学知识、启蒙思想的职责。同时也希望读者受到科学思想、精神、态度和作风的熏陶，让科普成为科学技术与社会生活之间的一座桥梁。在科普文章创作中，考虑到植物本身安静、内敛的文化特性，作者们尽力发掘自己的专业所长，从各自研究的领域，在完善已灭绝和再发现植物相关知识的同时，也融入了植物对生物多样性的影响、人文科学的传播、自然教育、国学等方面的内容，用明白晓畅的文字讲述每一种植物，使之生动、易懂。最后用精心的策划和简洁而精致的包装融入以上所有的精华元素。以图文结合的形式阐述中国已灭绝和再发现植物是本书最重要的特色。希望本书能够成为植物科学界里程碑式的书籍，成为未来科学家们研究已灭绝和再发现植物的重要参考读物之一。本书共收录了 52 种植物，令我们欣慰的是，其中有 23 种植物灭绝后再发现，在此书编撰过程中，2020 年 5 月 22 日，又传来令人振奋的消息，中国科学院昆明植物研究所的科研人员，在第二次青藏高原综合科学考察过程中，于四川凉山彝族自治州木里县重新发现已被《中国生物多样性红色名录——高等植物卷》宣布野外绝灭的枯鲁杜鹃，而这一天恰好是“国际生物多样性日”。我们也真心希望，今后能够有更多的灭绝植物再次出现在大自然之中，带给我们失而复得的惊喜。

全民阅读经过十几年的发展，已经上升为国家战略，新时代对图书的内容也提出了新的挑战和要求。出版更多全民喜爱的植物科普书籍，满足人民群众日益增长的文化生活需要，是我们每一位科学工作者的职责。我们围绕着“严谨”二字编撰本书，科学权威而又不失温情，启蒙每一位读者，开启他们的植物科学旅程。

在此，向为本书出版作出贡献的主编单位、编委老师、绘图老师和审稿专家们表示由衷的谢意！也特别感谢中国野生植物保护协会、北京市公园管理中心等单位的大力支持！

让我们一起携手，把世界变得更加美好！

贺　然

2020 年 6 月

前言

Preface

物种灭绝，一般指的是一个物种在地球上不可再生性地消失或破坏。虽然是非常沉重的话题，但绝大多数的物种最终都会走向灭绝。自生命诞生以来，地球上已经发生了五次大绝灭事件，99% 以上的物种已经永远消失。这些事件分别发生在奥陶纪末期、泥盆纪末期、二叠纪末期、三叠纪末期、白垩纪末期，它们离我们如此遥远，以致于仅能从地层当中发现一些蛛丝马迹。绝灭程度最为严酷的要数二叠纪末期的全球生物大绝灭事件，90% 的海洋物种和 70% 的无脊椎动物消失。

沧海桑田，旧物种的灭绝和新物种的诞生接力前行，造就了我们今天所见的，依然丰富多彩的生命世界。然而，随着社会的发展和科技的进步，以及经济的飞速发展和人口的迅速膨胀，人类正以前所未有的力量影响并改变着地球的生态环境。由于资源过度利用、环境污染、生境丧失和破碎化、外来物种入侵及全球气候变化等因素，地球的生物多样性正经受新一轮的严重丧失，有人甚至称其为“第六次物种大灭绝”。在过去数百年已经灭绝的物种中，大型兽类和鸟类首当其冲，已经确认的灭绝种类超过 100 种，其中就包括生活在毛里求斯岛上的渡渡鸟，以及冰岛大海雀、北美旅鸽、南非斑驴、澳洲袋狼、中国犀牛、直隶猕猴、南极狼等物种。

相较于备受关注的兽类和鸟类灭绝，植物的绝灭情况人们了解得很少，多数人甚至说不出哪怕一种绝灭植物的名称，这有多方面的原因。首先，植物不如动物那么吸引人类眼球，有相当多的人甚至认为植物遭受绝灭的风险较低，即使绝灭也对整个生态系统乃至人类社会影响甚微；其次，可能绝灭的植物一般是分布范围狭窄的稀有物种，对公众而言自然也相对陌生；再有，与动物相比，因为休眠和生活史等特殊因素，确定一种植物存活的个体数量要困难得多，这也使评定一种植物是否绝灭变得十分困难。

目前，评估一个物种是否灭绝，一般采用世界自然保护联盟制定的《IUCN 物种红色名录濒危等级和标准》。其绝灭等级（Extinct，EX）被定义为："如果没有理由怀疑一分类单元的最后一个个体已经死亡，即认为该分类单元已经绝灭。于适当时间（日、季、年），对已知和可能的栖息地进行彻底调查，如果没有发现任何一个个体，即认为该分类单元属于绝灭。但必须根据该分类单元的生活史和生活形式来选择适当的调查时间。"并且，该标准还关系到相关等级"野外绝灭 EW""地区绝灭 RE"的定义，以及绝灭或野外绝灭的评判标准。限于篇幅，这里不做详细介绍。但是，一个物种被评为"绝灭"等级之后常出现的一种情况是该物种又被"再发现"。由于受现有资料的限制，这种情况在许多评估中是不可避免的，尤其在植物中更为常见，出现这种情况后可依据《IUCN 物种红色名录濒危等级和标准》对其进行重新评估。

那么，全球目前一共有多少种绝灭植物呢？这个问题直到 2019 年才有了较为具体的答案。一篇基于全球植物大数据分析的论文指出：目前曾经被判断为绝灭等级最早的植物约有 1234 种，不过其中超半数物种或被重新发现，或被重新分类为其他仍存在的物种，但是仍有 571 个物种目前被认定为绝灭等级。该论文还指出，局限于岛屿或热带地区、具有狭窄分布区的乔、灌木种类最不可能被认为灭绝后又再发现。

中国又有哪些曾经被分类学家发现，但被认为灭绝或一度被认为灭绝并被再发现的植物呢？这即是本书想重点展示的内容。1991 年的《中国植物红皮书——稀有濒危植物（第一册）》提到爪耳木（*Lepisanthes unilocularis* Leenh.）可能绝灭，是中国有关灭绝植物明确的记载之一。1998 年，世界自然保护联盟（International Union for Conservation of Nature—IUCN）公布的《IUCN 濒危物种红色名录》中，崖柏（*Thuja sutchuenensis* Franch.）被宣告绝灭，但一年之后的 1999 年在重庆市城口被发现而“复活”，这应该是国内有关植物灭绝与再发现最为人知的故事。2004 年，汪松、解焱在《中国物种红色名录 第一卷 红色名录》中也记载了 4 种“绝灭”植物，分别是陕西羽叶报春（*Primula filchnerae* Knuth）、川东灯台报春（*P. mallophylla* Balf. f.）、爪耳木（*Lepisanthes unilocularis* Leenh）、乌来杜鹃（*Rhododendron kanehirae* E. H. Wilson.）。之后，越来越多的植物分类学家倾向于更加保守或乐观，不再轻易判定植物物种是否灭绝。直到 2013 年，生态环境部（原环境保护部）及中国科学院联合发布的《中国生物多样性红色名录——高等植物卷》，其中记载了 52 种被评估为绝灭等级的植物种类，这是目前记载中国灭绝植物种类最多的名录。再有，IUCN 红色名录官网（https://www.iucnredlist.org/，查询时间 2019 年 10 月 15 日）的在线数据库中也记载了 6 种中国的绝灭植物，分别为粤铁线蕨（*Adiantum lianxianense* Ching et Y. X. Lin）、云南梧桐［*Firmiana major*（W. W. Smith）Hand. -Mazz.］、西藏坡垒［*Hopea shingkeng*（Dunn）Bor］、缘毛红豆（*Ormosia howii* Merr. & Chun）、爪耳木、乌来杜鹃。最后，根据现有相关资料，其他曾经一度被认为灭绝的植物种类还有以下 6 种：单花郁金香［*Tulipa uniflora*（Linn.）Bess. ex Baker］、弥勒苣苔（*Paraisometrum mileense* W. T. Wang）、五小叶槭（*Acer pentaphyllum* Diels）、海丰荇菜［*Nymphoides coronata*（Dunn）Chun ex Y. D. Zhou & G. W. Hu］、碎米荠叶报春苣苔（*Primulina cardaminifolia* Yan Liu & W. B. Xu）以及有"活化石植物"之称的水杉（*Metasequoia glyptostroboides* Hu & W. C. Cheng）。虽然，银杏等植物也有"活化石"之称，但它们没有被认为灭绝过。上述记载显示中国一共有 65 种植物曾经被认为是绝灭植物，而现在已经有 37 种被重新发现，3 种被分类归并，而只有 25 种仍然处于绝灭等级（其中地区绝灭 RE 6 种，绝灭 EX 13 种，野外绝灭 EW 6 种）。中国 35 856 种高等植物中，由于生境丧失和破碎化、资源过度利用、环境污染、外来物种入侵及全球气候变化等因素，致使多样性受到了日益严重的威胁——大约 3879 种植物的生存受到威胁，虽然在植物多样性保护方面取得了重要进展，但仍有一些工作亟待加强。植物的灭绝与再发现这一主题以及其中的曲折故事，能生动地展现中国为保护与挽救濒危植物研究所做的各种努力。

本书暂以 2013 年《中国生物多样性红色名录——高等植物卷》所记载的 52 种不同绝灭等级植物为编写范围，收录的物种包括苔藓植物 1 种、蕨类植物 11 种和被子植物 40 种。其中，石松类和蕨类植物按照 PPGI 系统（2016）排列；裸子植物按照克里斯滕许斯植物系统（Christenhusz & al.，2011）排列；被子植物按照最新的APG IV系统（2016）排列。本书所收录的每种植物均有黑白与彩色两种风格的科学绘画，不仅可以科学、真实而美观地展现这些灭绝植物的形态结构，还可以引导大家通过这种科学与艺术相结合的特殊展现方式认知这些灭绝植物形象。文字内容科学严谨，生动简练地记述植物的形态特征、发现历史、灭绝因素和再发现信息等，以期吸引更多公众来关注珍稀濒危植物的保护。

致谢

本书编写过程中，得到了很多单位的老师与朋友们的热情与无私帮助。在此，特别感谢中国科学院院士，植物分类学、植物系统学和植物地理学家王文采；中央民族大学教授、中国野生植物保护协会民族植物学专业委员会主任龙春林；北京师范大学刘全儒教授；北京植物园首席科学家马金双博士；中国科学院植物研究所刘冰博士。另外，中国野生植物保护协会秘书长李润明提供了《中国植物保护战略》等政策文件资料；国际植物园保护联盟（BGCI）文香英女士早期提供的相关名录信息；华东师范大学廖帅博士帮忙查找了多个物种的原始文献信息；海南卢刚老师帮助提供了高质量的四蕊狐尾藻图片以供画图参考；北京董文珂老师帮助证实了保亭秋海棠的再发现信息；北京四海名扬文化创意发展有限公司张亚军及其工作团队也付出了辛苦劳作。在此一并致以衷心感谢。

目录

Contents

1. 茶马古道上的隐士：

拟短月藓

（绝灭 EX；再发现）拟短月藓（**Brachymeniopsis gymnostoma** Broth.）为葫芦藓科拟短月藓属苔藓，中国特有种，产于贵州、云南丽江和西藏亚东，生长于湿润的低洼草地、农田空地及钙质土上，海拔 2800 米。该种于 1929 年发表，模式标本于 1916 年采自云南丽江，此后近百年的时间，专家多次专门采集均无再发现，因此 2013 年被《中国生物多样性红色名录——高等植物卷》评估为绝灭等级（EX），2012 年科研人员在西藏亚东采集到该种疑似标本，经过鉴定并最终于 2015 年正式宣布本种被重新发现。

形态特征

植株矮小，疏丛生，高4～6毫米。茎直立，单一，短小，长不及1毫米，基部疏生假根。叶在茎上密集，呈覆瓦状排列，叶片呈卵圆状披针形，先端渐尖，叶边全缘，边平直不卷；中肋粗壮，自叶尖突出成芒刺状；叶细胞壁薄，上部细胞呈长椭圆状多边形，向基部细胞渐成长方形，边缘细胞狭长，呈线状长方形，形成不明显分化的无色透明边缘。雌雄异胞同株。蒴柄黄红色，粗壮，长2～2.5毫米；孢蒴直立，对称，呈长倒卵形，台部短，壁上气孔为单细胞型。环带永存。蒴齿缺如。蒴盖小，呈圆锥形，先端钝凸。蒴帽钟帽状，仅罩覆孢蒴上部，平滑无毛。孢子黄色，球形，平滑无疣。

发现之旅：从丽江初现到鉴定

拟短月藓的传奇开启于茶马古道上的丽江。1916年9月25日，奥地利植物学家海因里西·冯·汉德尔－马泽蒂（Heinrich von Handel-Mazzetti，1882-2-19～1940-2-1）在丽江城郊海拔2800米低洼草地的钙质土壤上发现本物种，初步鉴定为真藓科真藓属（*Bryum*）或短月藓属（*Brychymenium*）植物。为准确鉴定，他将标本寄送给芬兰著名苔藓分类学家维克托·费迪南德·布鲁斯（Viktor Ferdinand Brotherus，1849-10-28～1929-2-9）。在核对大量标本与资料后，布罗泰鲁斯首先判断它不属于真藓科，更接近葫芦藓科，但又无法归入葫芦藓科中的任何

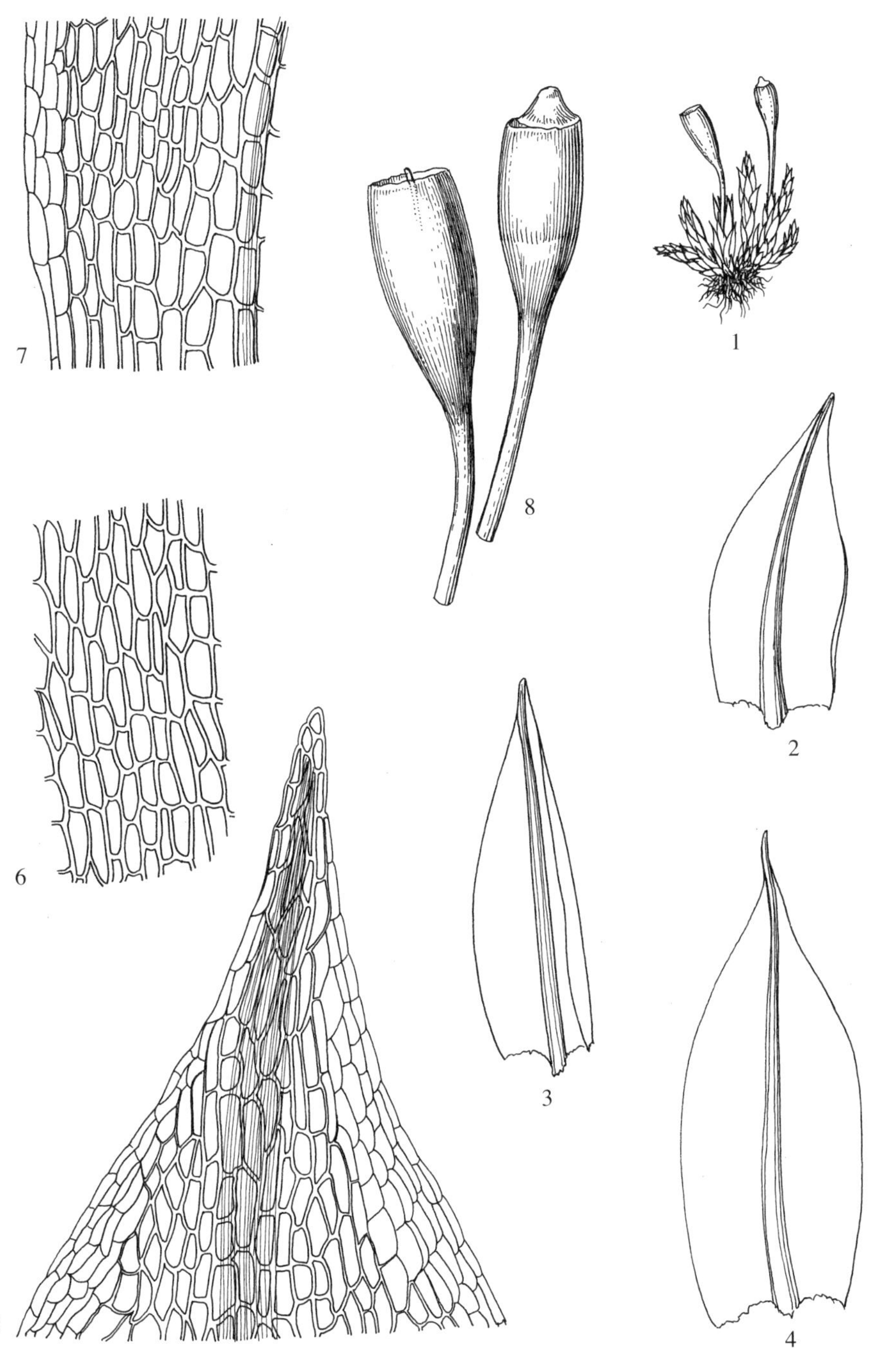

拟短月藓 *Brachymeniopsis gymnostoma* Broth.

【引自《中国苔藓志 第三卷 紫萼藓目 葫芦藓目 四齿藓目》，仿张大成绘图】

1. 植物体，2 ~ 4. 叶，5. 叶尖细胞，6. 叶中部细胞，7. 叶基部细胞，8. 胞蒴。

一个属。1929 年，在生命的最后一年里，他正式将其鉴定为一个新物种，因形态接近短月藓属，便在葫芦藓科专门成立一个新属——拟短月藓属（*Brychymeniopsis*），将其命名为拟短月藓。

此后经百年沧海桑田，拟短月藓却再未被人发现。只有一份当年采自中国的模式标本（Handel-Mazzetti，Heinrich 10061）静静地躺在爱丁堡皇家植物园标本馆中。在《中国苔藓志 第三卷 紫萼藓目 葫芦藓目 四齿藓目》中有关该种的描述、生境和分布点仍然是根据模式标本。2005 年、2006 年和 2008 年，中美联合考察队在其模式产地进行 3 次有针对性的调查，均一无所获。2008 年开始，生态环境部（原环境保护部）依据《IUCN 濒危物种红色名录》，组织近 300 位著名植物分类学家对中国已知高等植物进行评估。2013 年，《中国生物多样性红色名录——高等植物卷》将拟短月藓评估为绝灭等级（EX）。

研究名人

深圳仙湖植物园研究员张力

张力是中国苔藓植物研究专家之一，在国际苔藓学界也颇具影响力。他与苔藓打了三十多年交道，是仙湖植物园里有名的“苔藓叔”。张力的网络个性签名是“small is pretty”（“小即美”），为了研究这些有趣的生命，他常趴在野地里拍照采集，即使被蚂蟥叮咬也毫不在乎。

2012 年夏，张力在西藏亚东县海拔 4000 米的高山灌木丛中发现了一种从未见过的苔藓，植物体仅有几毫米长，有很漂亮的红黄色孢子体，疏密有致地依偎在岩石上。张力感觉很像灭绝的拟短月藓，或是一个新的物种，便采集

了一小部分带回仙湖植物园研究室。他首先比对标本研究，之后又从美国国家标本馆借来模式标本比对，经过一年多时间观察研究，最终证明它就是国家刚刚宣布灭绝的拟短月藓。张力还推测，在西藏亚东与云南丽江之间的地区，可能还有拟短月藓分布，但其也应该处于极度濒危状态。张力的重大发现震惊了苔藓学界。过去百年时光里，拟短月藓如何从海拔 2800 米悄然攀爬至海拔 4000 米处，依旧是有待研究的课题。

所属类群：异彩纷呈的苔藓植物

现生的苔藓植物不是单系类群，包含苔类、藓类和角苔类三大演化支，全世界约有 221 科，18 000 余种，中国约有 3450 种。相对于蕨类和裸子植物，苔藓对极端环境的忍耐力更强，形态与生境更多样，分布范围也更广。不过，也存在拟短月藓这类属内只有一个种的边缘植物，它们对外界生存条件敏感，受人类活动、气候变化等外界条件的影响，分布区域狭窄，濒临灭绝。

苔藓植物人工栽培较少，因此野外绝灭（EW）实际上就等同于绝灭（EX），对其珍稀濒危种类的保护更加刻不容缓。特别是拟短月藓这类寡种属，一旦种内消失，就意味着一个属的消失。与此同时，苔藓植物的鉴定要依靠显微镜在室内进行，野外很难鉴定到种，更谈不上统计具体种类的成熟个体数量，因此评估需要非常慎重。拟短月藓的重新发现让植物学者们意识到，绝灭等级应用于苔藓植物时更应谨慎，只有开展全方位的调查、监测工作，才可能对这一等级进行准确判断。

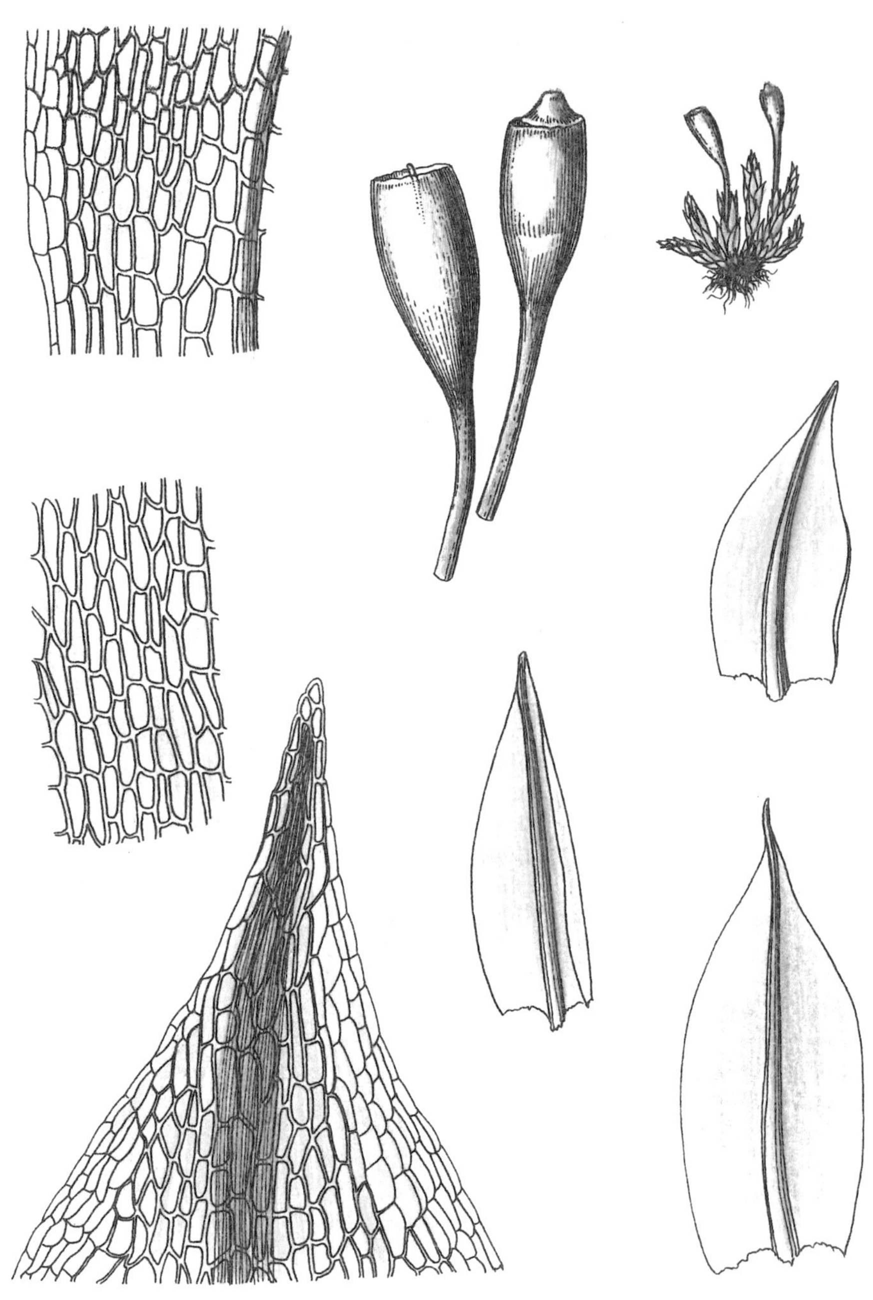

拟短月藓 *Brachymeniopsis gymnostoma* Broth.

2. 变幻莫测的雨林精灵：

毛叶蕨

（地区绝灭 RE；再发现）毛叶蕨［**Hymenophyllum pallidum** (Blume) Ebihara & K. Iwats. —— *Trichomanes pallidum* Blume］是膜蕨科膜蕨属植物，产于中国海南和台湾地区，马来西亚、越南、斯里兰卡、印度尼西亚、菲律宾及大洋洲的塔希提岛等热带地区均有分布，生长于山谷密林下溪边，附生于树干或岩石上，海拔 800 ~ 1000 米。该种最早于 1828 年发表于鬃蕨属（*Trichomanes*）中，命名为 *Trichomanes pallidum* Blume，模式标本于 1828 年前采自爪哇，虽然亚洲热带分布较为广泛，但在中国仅有海南和台湾的分布记录，在海南曾有吊罗山（1954 年和 1975 年）和琼中县（1954 年）的采集记录，1975 年以后的多次考察中再没有该种的踪迹，因此 2013 年被《中国生物多样性红色名录——高等植物卷》评估为地区绝灭等级（RE），2015 年该种在海南被重新发现。

植株高 4～12 厘米。根状茎纤细，丝状，长而横走，缠结，浅褐色，疏被浅褐色开展的节状毛。叶远生；叶柄纤细如丝，深褐色，基部被浅褐色的节状毛，上部光滑，无翅；叶片长圆或长圆披针形，先端钝圆，基部近截形而稍下延，二回深羽裂；羽片 8～10 对，长圆状卵形至斜卵形，先端钝，基部斜楔形；裂片线形，极斜向上，全缘，小脉两侧的鞘上被柔毛。叶脉纤细，两面仅可见，褐色，叉状分枝，末回裂片有小鐔 1 条。孢子囊群少数，着生于向轴的短裂片的顶端；囊苞鐔状，长约 1 毫米，口部截形，全缘；囊群托纤细，突出。

发现之旅：从爪哇采集到反复定名

毛叶蕨是一种精巧的附生蕨，叶背面披着神秘的白霜，悄然攀缘在热带雨林中的树干上，很难被人发现。

1819 年，22 岁的卡尔·路德维希· 冯· 布卢姆（Karl Ludwig von Blume， 1796-6-9 ～ 1862-2-3）来到了爪哇，住在世界著名的茂物植物园创始人及第一任园长卡斯珀·格奥尔格·卡尔·瑞华德（Caspar Georg Carl Reinwardt，1773-6-5 ～ 1854-3-6）提供的居所里。当地美丽的自然环境深深吸引和震撼了他，布卢姆随即开始了植物采集和研究。在 1819 年至 1826 年的 7 年中，布卢姆足迹遍及西部和中爪哇省，最东到达南望（Rembang），1828 年他在《爪哇植物名录 II 》（*Enumeratio Plantarum Javae fasciculus 2*）第 225 页，正式描述了采集于原始森林树干上的毛叶蕨，并命名为 *Trichomanes pallidum* 。

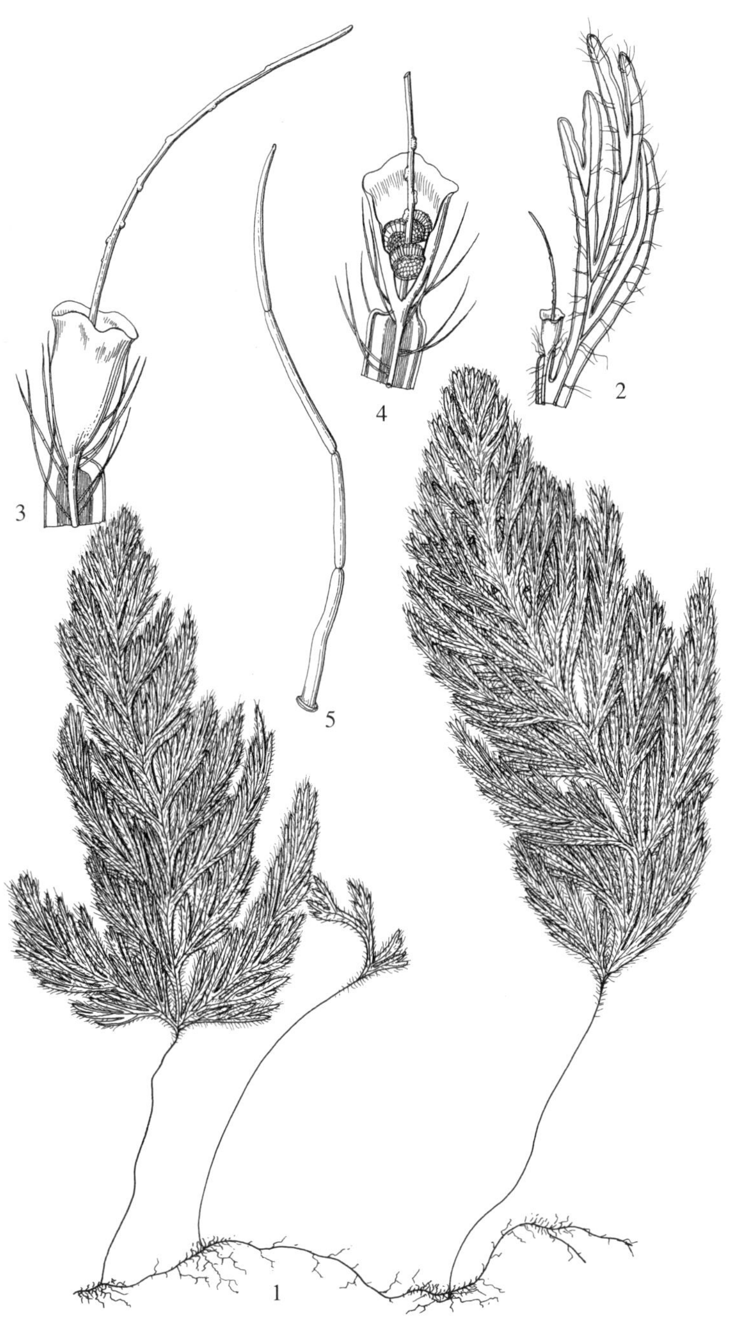

毛叶蕨 *Hymenophyllum pallidum* (Blume) Ebihara & K. Iwats.

【仿绘 *Verhandelingen der Koninklijke Akademie van wetenschappen* vol. 9: t. 8 (1861)】

1. 植株，2. 裂片一部分，3. 囊苞，4. 囊苞纵切，5. 毛。

有趣的是，毛叶蕨总是“变化无常”，其外形经常发生大幅度的变异，如何确定其真正归属，让植物学家们十分头痛。布卢姆定名后不久，其他植物学家对其进行了多次修订，该种不断被归入不同的属，包括边脉膜蕨属（*Craspedoneuron*）、假脉蕨属（*Crepidomanes*）、毛叶蕨属（*Pleuromanes*）等，相应地其学名也不断变化，包括 *Craspedoneuron pallidum*、*Crepidomanes pallidum*、*Pleuromanes pallidum* 等。不仅如此，毛叶蕨还用“分身术”多次欺骗植物学家，被植物学家误认为是几个新物种。因此多年后，植物学家们又将 *Trichomanes album*、*Trichomanes savaiense* 等种并入到毛叶蕨。目前，这个变化莫测的植物精灵被归入了膜蕨属，其学名也相应变更为 *Hymenophyllum pallidum* (Blume) Ebihara & K. Iwats.。

研究名人

茂物植物园之父
卡斯珀·格奥尔格·卡尔·瑞华德

虽然毛叶蕨的发现者及发表人为卡尔·路德维希·布卢姆，但这份成绩也少不了他的资助人和帮助者——茂物植物园创始人及第一任园长卡斯珀·格奥尔格·卡尔·瑞华德（Caspar Georg Carl Reinwardt，1773-6-5 ~ 1854-3-6）。说到瑞华德的名字，可以列举出很多植物和动物方面与之相关的事，例如 *Reinwardtia* 是印度尼西亚茂物植物园主办的植物分类学期刊的名字，*Reinwardtia* 是石海椒属植物的拉丁学名，*reinwardtii* 是二眼猪笼草、南亚合睫藓、木毛藓、长花链珠藤、鹰爪十二卷等植物的种加词。又如 *Reinwardtoena* 是长尾鸠属的拉丁名，*reinwardtii* 是黑蹼树蛙、蓝尾咬鹃、黑头鸫鹛、橙足塚雉等动物学名的种加词。此外，

Reinwardt 是阿姆斯特丹艺术大学博物馆学和文化遗产学系下属的一个学院的名字。2006 年 5 月 16 日，在茂物植物园成立 189 年之际，印度尼西亚科学院（Indonesian Institute of Sciences，LIPI）修建的 Reinwardt 纪念碑在园内落成。这些都与瑞华德在动植物方面的成就密不可分。

瑞华德出生在德国吕特林豪森，14 岁时在哥哥工作的阿姆斯特丹药房当学徒，后在雅典娜神学院接受教育，并从事化学和植物学方面的研究工作。1800 ~ 1808 年，他在荷兰哈得维克大学担任博物学教授，并于 1808 年成为荷兰皇家科学院成员。1816 年，他被任命为当时荷兰殖民地东印度群岛的农业、艺术和科学负责人。1817 年，他在爪哇的茂物创建了植物园并担任园长，对周边摩鹿加群岛、帝汶岛、苏拉威西岛等岛屿的植物进行收集并种植于园内。1822 年，瑞华德回到荷兰，1823 年成为莱顿大学博物学教授，并专注于化学、植物学和矿物学的研究工作。

所属类群：神秘奇特的膜蕨科植物

毛叶蕨所属的膜蕨科（Hymenophyllaceae）是蕨类中既特殊又复杂的类群。

膜蕨科植物主要分布在潮湿的热带地区，常与苔藓一起攀附在树干上。当周围空气变得干燥，它们的叶子会如死亡般卷曲起来，一旦被水打湿，又会像苔鲜一样恢复伸展状态。或许正因为这样的本领，它们既喜欢潮湿的水边，又占领着干燥的山地，具有强悍的生态适应性。

全世界共有膜蕨科植物 750 ~ 800 种，其形态与进化特征复杂多样，如何将它们划分到不同的“属”，一直是植物学中的难题。分属后，如何继续划分到“种”也令植物学家头痛。

如毛叶蕨所在的膜蕨属，全世界共有同属植物约 250 种，分布于热带到温带的广大地区。近年来，植物学家马新业等人使用 DNA 条形码分子鉴定法，通过标记 psbA-trnH 基因间区，终于有效地区分毛叶蕨以及其同属蕨类——指状细口团扇蕨［*Hymenophyllum digitatum* (Sw.) Copel.］。

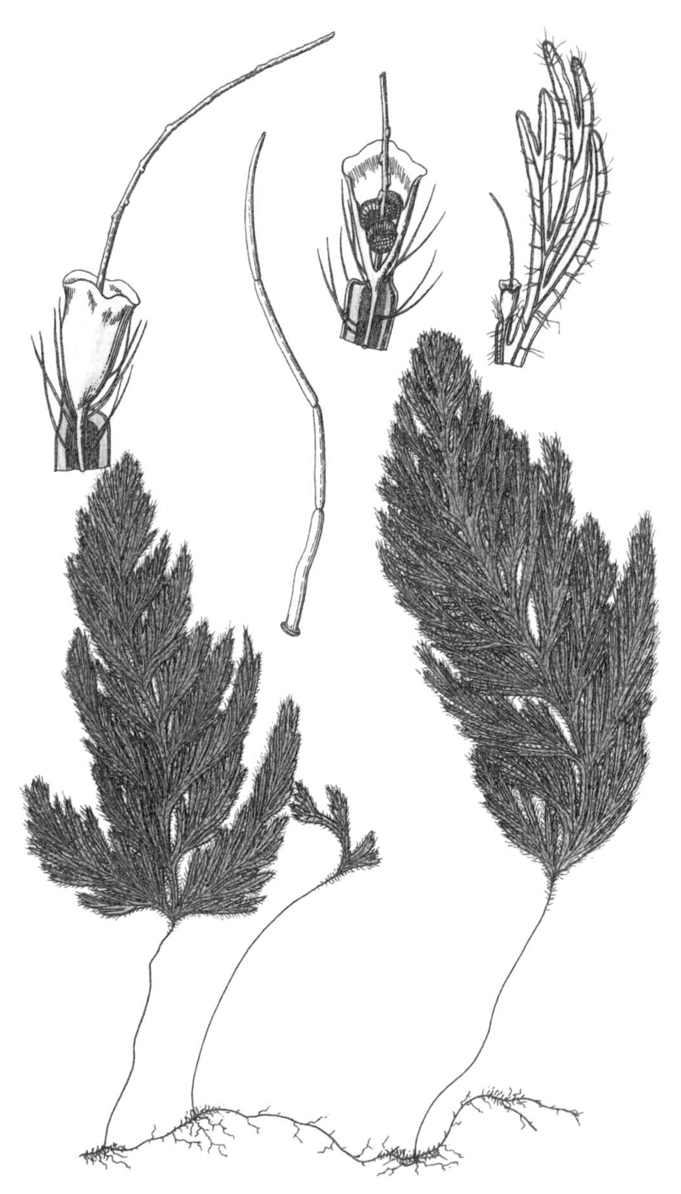

毛叶蕨 *Hymenophyllum pallidum* (Blume) Ebihara & K. Iwats.

3. 着生于岩缝的绿针：针叶蕨

（地区绝灭 RE；再发现）针叶蕨［**Monogramma trichoidea** (Fée) J. Sm. — *Vaginularia trichoidea* Fée］为凤尾蕨科一条线蕨属（书带蕨科针叶蕨属）植物，产于中国海南和台湾地区，印度尼西亚、新几内亚、马来西亚、泰国和菲律宾等地也有分布，生长于热带山谷密林中阴湿处石上，海拔 700 ~ 1400 米。该种最早于 1852 年发表，模式标本于 1852 年前采自菲律宾吕宋岛，在中国仅海南和台湾有分布记录，其中台湾仅有 1923 年采自屏东县的 1 份标本，海南仅有 1935 年采自海南东南低地的 1 份标本，此后数十年，海南东南低地森林开发严重，估计该种在海南已经消失，因此 2013 年被《中国生物多样性红色名录——高等植物卷》评估为地区绝灭等级（RE），2013 年及 2014 年该种在台湾被重新发现，2017 年该种被重新评估为极危等级（CR）。

形态特征

细小禾草状附生植物。根状茎细弱，横走；被粗筛孔状透明小鳞片，鳞片以基部着生，长约 0.5 毫米，钻状披针形。叶在根状茎上呈二列排列，相互簇生，长 5 ~ 12 厘米，叶片不育部分宽约 0.5 毫米，全缘，无毛，中脉贯通整个叶片，有 1 ~ 2 个短小的侧脉。孢子囊群着生于叶片下面侧脉上，每个侧脉上生一个孢子囊群，通常每个叶片有 1 ~ 2 枚孢子囊群，孢子囊群椭圆形，被隆起的中肋和能育侧脉外缘隆起的脊由两侧遮盖，成熟后膨起向外突出于叶边之外，呈念珠状；隔丝线形，多分节，顶端细胞几不膨大；孢子囊环带由 14 ~ 16 个加厚细胞组成。孢子三角圆形，三裂缝，外壁纹饰模糊。

发现之旅：从鉴定到重现宝岛

针叶蕨是热带植物中的“另类”。其外形极度简化，如一簇簇松针，扎在坚硬的岩石上；又如一丛丛绿草，垂挂于山岭间。植物学历史上的几位名人都试图弄清它的身世，足见其不凡的魅力。

19 世纪 30 年代末，“收藏家之王”卡明首次在菲律宾吕宋岛上采到它的标本。

1841 年，英国植物学家、邱园第一位总工程师约翰 · 史密斯在《植物学杂志》（*Journal of Botany*）上撰文，提到针叶蕨应属于一条线蕨属（*Monogramma*），学名为 *Monogramma trichoidea* J. Sm.。可惜约翰 · 史密斯是在名录中提到的，并不

针叶蕨 *Monogramma trichoidea* (Fée) J. Sm.

【仿绘《中国植物志 第三卷 第二分册》，图版 7:11 ～ 16】

1. 植株，2. 叶片能育部分，3. 叶片横切面，4. 根状茎上的鳞片，5. 隔丝，6. 孢子 。

符合严格的国际命名流程，因此只能将其记为“裸名”。

1852 年，曾任法国植物学会主席的费埃（Antoine Laurent Apollinaire Fée，1789-11-7 ～ 1874-5-21）详细描述了针叶蕨的形态特征，将其归入针叶蕨属（*Vaginularia*），并命名为 *Vaginularia trichoidea* Fée。

1864 年，英国著名植物系统学家、邱园第三任主任威廉·胡克在《蕨类种志》中，根据该种的形态特征，将其组合到一条线蕨属（*Monogramma*）中，并命名为 *Monogramma trichoidea* (Fée) J. Sm.，该名在国外沿用了 100 多年，但《中国植物志》没有采纳这一分类处理，而是采用了前面一种的分类处理。

中国的针叶蕨一度被认为已经灭绝。直到 2013 年，中国台湾特有生物研究保育中心植物组张和明等人对台东县东河乡东河村都兰山采集的疑似针叶蕨进行 DNA 分析，发现其叶绿体基因序列与菲律宾的针叶蕨完全相同，最终确定了中国台湾存在针叶蕨。2014 年，台南市自然摄影师洪信介等人在东河乡发现了针叶蕨的成熟植株，正式确定这一珍稀蕨类仍在中国大地存活。

研究名人

植物学大师威廉·胡克

浏览植物志，总有一个绕不开的名字“Hook.”，他就是针叶蕨的命名人、著名植物学家威廉·杰克逊·胡克（William Jackson Hooker，1785-7-6 ～ 1865-8-12）。

胡克出生于英国东部城市诺里奇。父亲精通德国文学，尤其喜好种植稀奇的植物。胡克从小就痴迷于鸟类学、昆虫学与植物学。1809 年夏季，他到冰岛考察，搜集了许多标本，因回程时发生火灾，差点丧命，标本也都被毁，但他仍凭记忆写出了《冰岛记游》，记录了冰岛的植物和居民生活。此后 10 年，胡克变卖家产，进行了多次旅行考察，依靠自学积累了丰富的植物学知识。

1820 年，胡克担任格拉斯哥大学的植物学教授，起初他并不被学校看重，甚至受到一些医学教授的轻视。但胡克博学又雄辩，带领学生们进行有趣的植物考察旅行，因此大受欢迎。凭借出色的教学工作，他受命建设格拉斯哥皇家植物园，并将其打造成欧洲一流的花园。

1841 年，胡克被任命为英国皇家植物园邱园的第三任主任，正式管理这座世界植物学的“圣殿”。此时他已经 57 岁，但仍旧充满干劲、热情与创造力。在他的领导下，邱园的规模不断扩大，建立起一系列玻璃温室，并延长对外开放时间，这大大增加了园艺在社会的影响力。胡克的出色工作，让维多利亚女王都对邱园倍感兴趣，多次带领皇室成员游览，并提供丰厚的资助，帮助邱园从世界各地收集植物。

所属类群：稀有奇特的书带蕨类植物

尽管已经被归并入凤尾蕨科，书带蕨类植物仍然不乏奇特之处。书带蕨类植物叶片柔长细腻，如碧草般附生在树干或岩石上，是森林中一道独特的风景。中国仅有 3 属 24 种，虽数量不多,却有悠久的药用历史。中国贵州土家族称其为“树韭菜”“回阳生”等，是治疗跌打损伤、风湿痹痛的良药。

书带蕨类植物多生长在隐蔽潮湿的环境。在中国台湾，针叶蕨生长于海拔 200 ~ 800 米原生阔叶林中的溪流边，藏身于林下岩石的侧边或凹陷处，小环境遮蔽良好，湿度极高，伴生植物为盾形单叶假脉蕨［*Didymoglossum tahitense* (K. Muller) Bosch］和厚边蕨（*Crepidomanes humile* K. Iwats.）。由于分布地接近人类频繁活动区域，野外种群未来很可能因开垦或过度采集而下降，亟须保护。

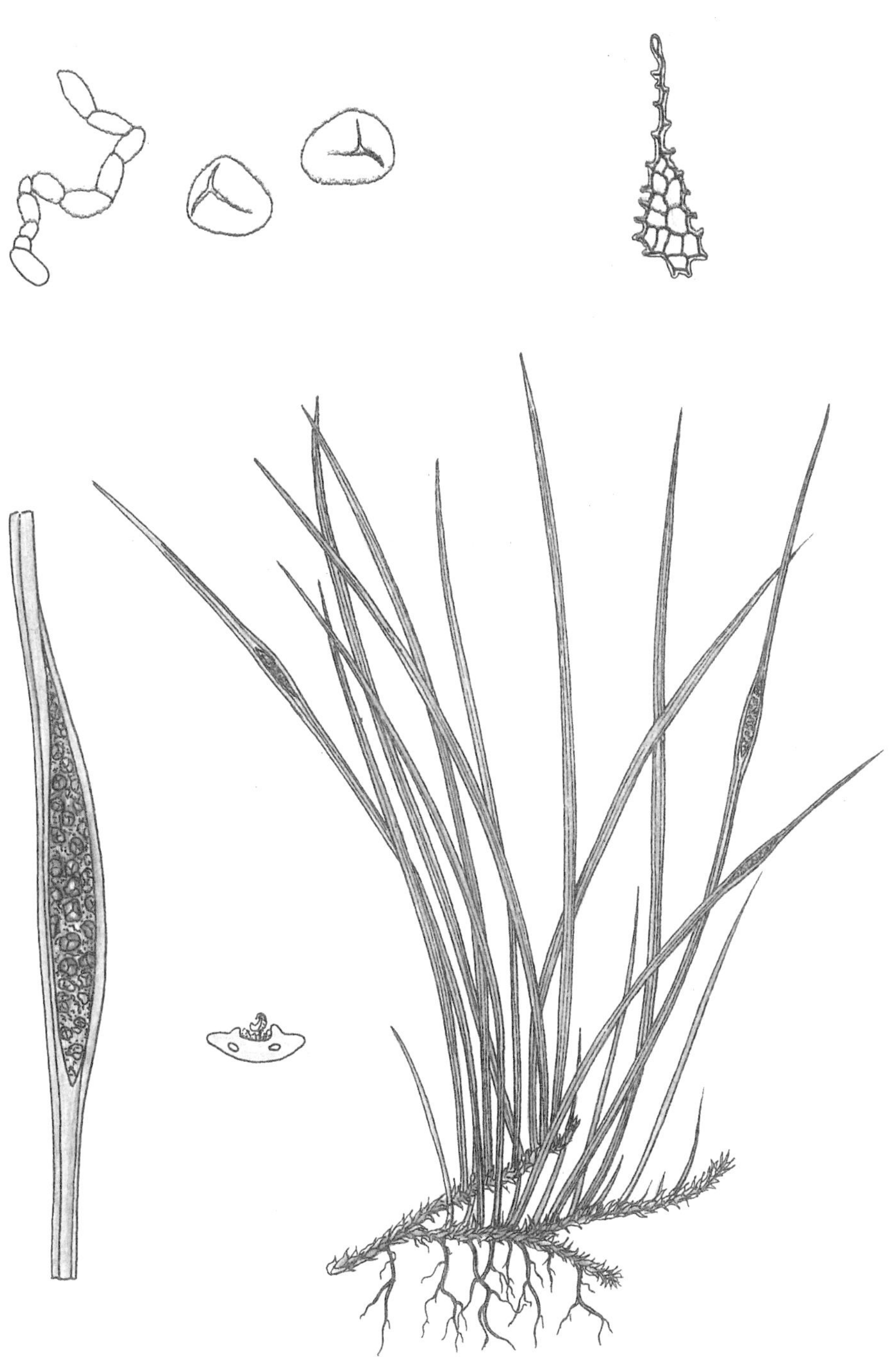

针叶蕨 *Monogramma trichoidea* (Fée) J. Sm.

4. 深藏“华西雨屏”的珍宝：

光叶蕨

（野外绝灭 EW；再发现）光叶蕨［**Cystopteris chinensis** (Ching) X. C. Zhang & R. Wei —— *Cystoathyrium chinense* Ching］为蹄盖蕨科冷蕨属（光叶蕨属）植物，中国特有种，产于四川西部，生长于林下阴湿处，海拔 2450 米。该种最早于 1966 年发表为 *Cystoathyrium chinense* Ching，模式标本于 1963 年采自四川天全二郎山，1984 年再次在模式产地采集到少量标本，此后相关专家多次前往该地寻找，均没有发现，因而认为原产地亚种群可能灭绝，仅植物园有少量保育，因此 1992 年被《IUCN 濒危物种红色名录》评估为野外绝灭等级（EW），2013 年该种被重新发现。

根状茎短横卧，被有残留的叶柄基部，先端被有浅褐色卵状披针形鳞片。叶近生，叶柄基部褐色，稍膨大，向上禾秆色，近光滑，向轴面有一条浅纵沟。叶片狭披针形，向两端渐变狭，顶部羽裂渐尖头，向下一回羽状一羽片羽状深裂；羽片30对左右，近对生，平展，无柄。基部羽片三角形，中部羽片狭披针状镰刀形；裂片可达十对左右，斜向上，长圆形，钝头。叶脉在裂片上羽状，侧脉上先出，3～5对，单一，斜上，伸达叶边。叶干后近纸质，淡绿色，无毛；叶轴上面有纵沟，无毛。孢子囊群圆形，每裂片一枚，生于基部上侧小脉背部，靠近羽轴两侧各排列成一行；囊群盖卵圆形，薄膜质，灰绿色，老时脱落，被压于孢子囊群下面，似无盖。孢子圆肾形，深褐色，不透明，表面具较密的棘状突起。

发现之旅：从雨屏初现到密林隐身

在四川盆地西缘，有一片号称“华西雨屏”的雾岭。此地每年约260天降雨，300多天有雾，是大熊猫、珙桐的首次发现地，堪称每个植物学家向往的“迷雾森林”。

1963年，著名植物学家王文采先生和关克俭先生进入华西雨屏，在天全县二郎山采集到一份罕见的蕨类标本。1966年，秦仁昌院士将其正式发表定名为光叶蕨（*Cystoathyrium chinense* Ching），此后一段时间内该种被认为是中国特有的单种属植物。

1984年，邢公侠教授再次到二郎山寻找光叶蕨，只发现极少

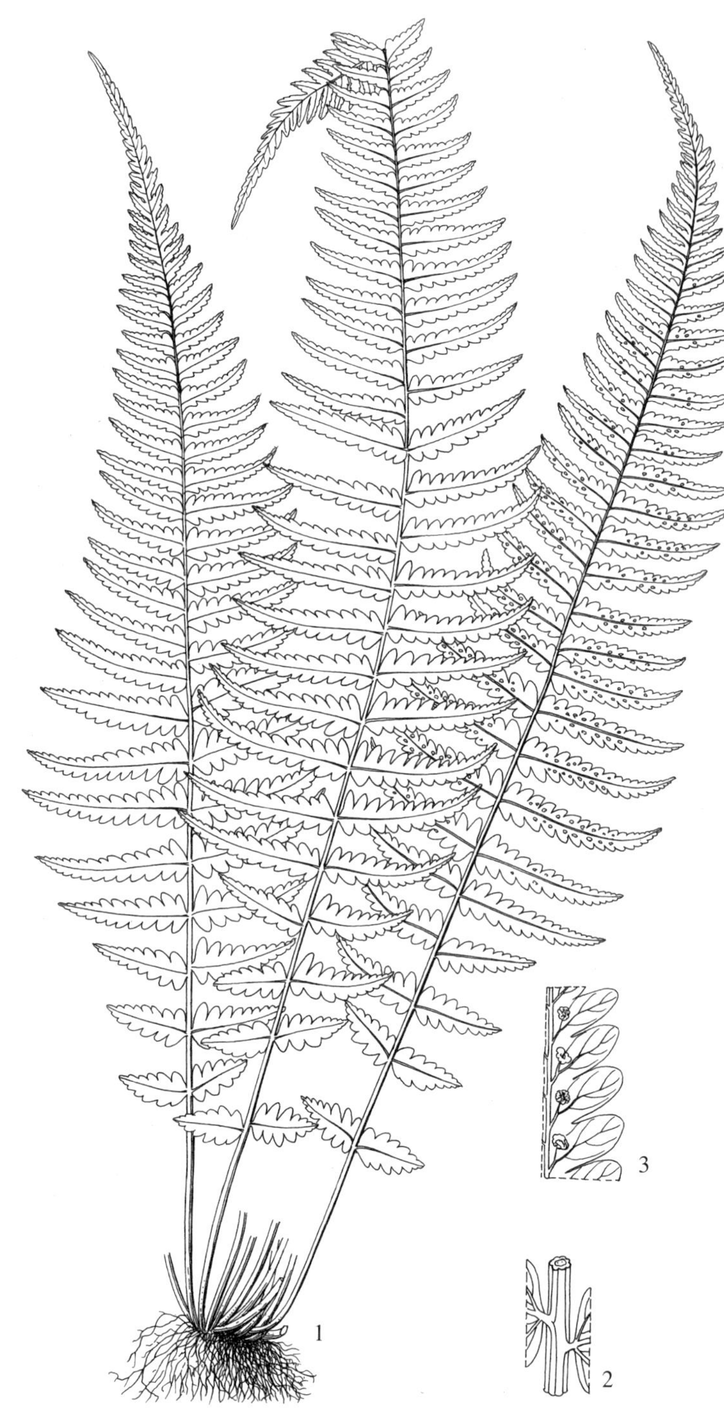

光叶蕨 *Cystopteris chinensis* (Ching) X. C. Zhang & R. Wei

【引自《中国植物志 第三卷 第二分册》仿冀朝祯绘图】

1. 植株，2. 部分叶轴腹面观，3. 羽片一部分。

数存于灌丛下。因修建公路和采伐森林，生态环境完全改变，光叶蕨濒于灭绝。为此，1991 年出版的《中国植物红皮书——稀有濒危植物（第一册）》中，将光叶蕨列为极危等级。1999 年颁布的《国家重点保护野生植物名录（第一批）》中，把光叶蕨列为国家一级重点保护植物。

邢公侠教授曾详细记载光叶蕨的生长环境。生长于阴坡林下，植被类型是亚热带山地常绿落叶阔叶混交林，伴生树种中亦包括许多珍稀植物，如包果柯［*Lithocarpus cleistocarpus* (Seem.) Rehd. et Wils.］、扁刺锥（*Castanopsis platyacantha* Rehd. et Wils.）、珙桐（*Davidia involucrata* Baill.）、香桦（*Betula insignis* Franch.）、糙皮桦（*Betula utilis* D. Don）、水青树（*Tetracentron sinense* Oliv.）、连香树（*Cercidiphyllum japonicum* Siebold & Zucc.）、扇叶槭（*Acer flabellatur* Rehd.）、疏花槭（*Acer laxiflorum* Pax）、长尾槭（*Acer caudatum* Wall.）等。

1999 年后十余年里，植物学家多次寻找，却再未发现野生光叶蕨。它一度被认为是中国已经绝灭的少数物种之一，甚至有报道称其为中国第一个野外绝灭的蕨类植物。

研究名人

龙溪－虹口国家级自然保护区高级工程师朱大海

朱大海是职业野外巡护员，一年中有八个月穿行在自然保护区中。他虽不是高等院校毕业，却比任何人都熟悉华西雨屏中的神秘山林。

2013 年 9 月，朱大海等人接受四川省林业厅的任务，进入天全县二郎山寻找光叶蕨。经过数日艰苦跋涉，终于

找到了一小片遗世独立的光叶蕨群落。其种群不到 40 株，零星散落在一片灌丛与岩石中。大多数植株状态堪忧，只有少数孕育出孢子，自然状态下有性繁殖的概率很小，这意味着它们已处于灭亡的边缘。

朱大海详细记录了这片光叶蕨的生长环境，为天然次生林，乔木层郁闭度约 0.4，主要植物种类为桦木属植物（*Betula* sp.）、槭属（*Acer* sp.）、连香树（*Cercidiphyllum japonicum* Siebold & Zucc.）、梾木（*Cornus macrophylla* Wall.）、枫杨（*Pterocarya stenoptera* C. DC.）等；灌木层盖度约 70%，主要植物种类为杜鹃花属（*Rhododendron* spp.）、绣球属（*Hydrangea* sp.）、藏榛［*Corylus ferox* var. *thibetica* (Batalin) Franch.］、领春木（*Euptelea pleiosperma* J. D. Hooker & Thomson）、柳属（*Salix* sp.）、栒子属（*Cotoneaster* sp.）、悬钩子属（*Rubus* sp.）等；草本层盖度约 80%，主要植物为蟹甲草属（*Parasenecio* sp.）、尾叶耳蕨［*Polystichum thomsonii* (Hook. f.) Bedd.］、灰背铁线蕨（*Adiantum myriosorum* Baker）、乌头属（*Aconitum* sp.）、楼梯草属（*Elatostema* sp.）、冷水花属（*Pilea* sp.）、囊瓣芹（*Pternopetalum davidii* Franch.）、柳叶菜属（*Epilobium* sp.）、升麻（*Cimicifuga foetida* L.）、莎草蕨［*Schizaea digitata* (L.) Sw.］等。

2013 年 9 月 8 日，世界著名蕨类专家张宪春研究员到实地考察，确认了朱大海的发现。目前最新调查资料显示，光叶蕨只存有一个很小的居群，个体数量为 58 株，这是它们能继续在地球上生存的最后希望。

所属类群：与生活相伴的蹄盖蕨科植物

蹄盖蕨科是蕨类植物中的大家族，包括 20 属 500 余种。它们广布于世界热带至亚寒带地区，在人类生活中扮演着重要角色。

首先，蹄盖蕨科植物中有许多著名的山野菜。其中尤其以荚果蕨、蹄盖蕨、中华美果蕨、假蹄盖蕨最为著名。其滋味清香适口，富含维生素、蛋白质及各种微量元素，自古便是中国人的膳食佳蔬。

其次，蹄盖蕨科植物中还有不少重要的中药材，在云贵川等地尤其常用。如双盖蕨，俗称“金鸡尾”“年年松”，可治疗蛇咬伤；中华短肠蕨，可治疗黄疸型肝炎、流感；有鳞短肠蕨，可治疗烫伤与咳嗽等。

最后，蹄盖蕨科植物株型潇洒，叶片柔翠，且具有强大的适应性，特别是分布在北方山地的种类，如猴腿蹄盖蕨、东北蹄盖蕨、中华蹄盖蕨、麦秆蹄盖蕨等，具有强大的耐寒能力，是极富潜力的园林观赏植物。

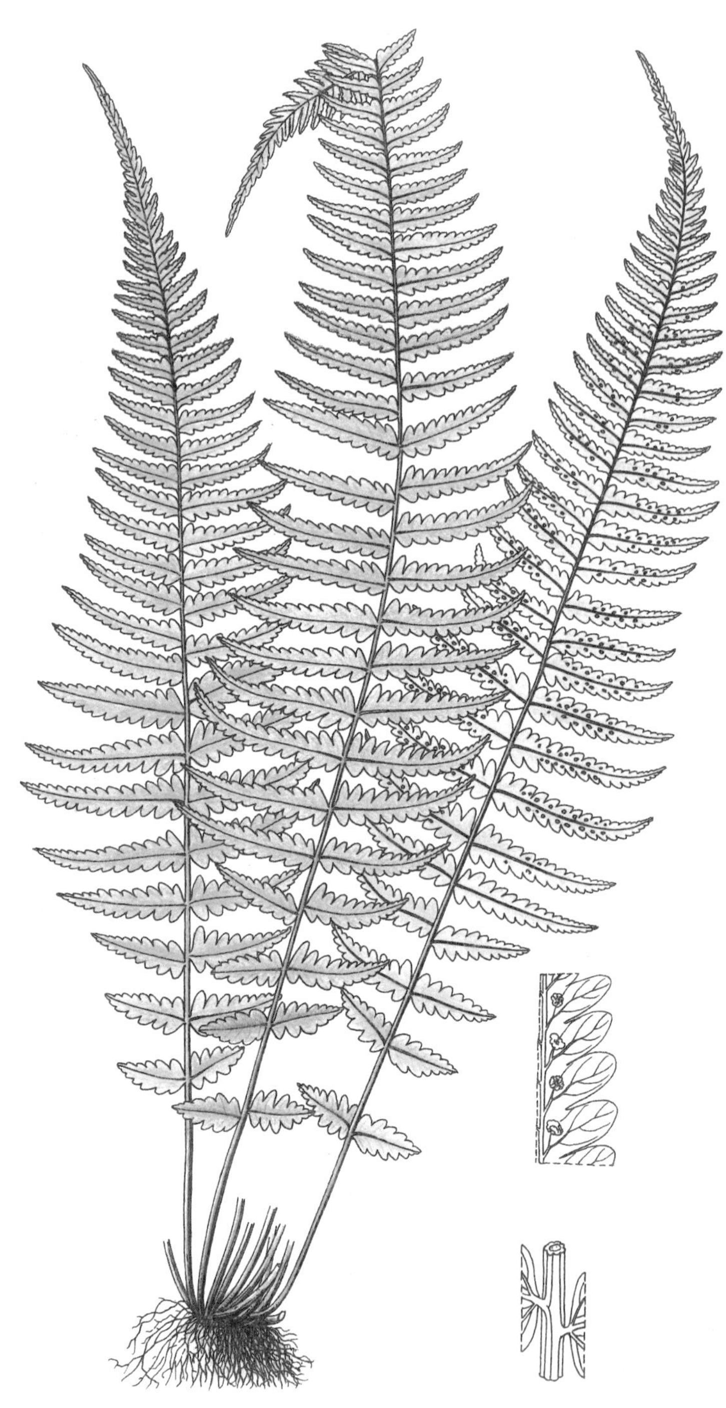

光叶蕨 *Cystopteris chinensis* (Ching) X. C. Zhang & R. Wei

5. 扑朔迷离的孤鸿：尾羽假毛蕨

（绝灭 EX；再发现）尾羽假毛蕨［**Trigonospora caudipinna** (Ching) Sledge — *Pseudocyclosorus caudipinnus* (Ching) Ching; *Thelypteris caudipinna* Ching］为金星蕨科三槽孢蕨属（假毛蕨属）植物，中国特有种，产于海南。该种最早于1936年发表为沼泽蕨属（*Thelypteris*）植物，命名为 *Thelypteris caudipinna* Ching，模式标本于1878年采自海南，评估者只见到这一份模式标本，因此2013年被《中国生物多样性红色名录——高等植物卷》评估为绝灭等级（EX）。该种于1989年曾在海南吊罗山被采集到，2004年又在广东乳源发现，2017年，覃海宁、杨永等在《生物多样性》期刊上发表《中国高等植物受威胁物种名录》，将其重新评估为极危等级（CR）。

植株高约55厘米。叶片阔披针形，二回深羽裂，基部不变狭，渐尖；羽片11～13对，下部8～9枚对生，向上渐互生，基部一对反折向下，中部平展，上部斜展，无柄；中部羽片披针形，长渐尖，基部不变狭，深裂几达羽轴；裂片约15对，斜上，阔披针形，基部上侧一片略伸长，钝尖头，全缘，彼此以阔三角形的间隔分开。叶脉明显，侧脉斜上，裂片基部的上侧一脉伸达缺刻底部，下侧一脉伸至缺刻以上的叶边。叶干后褐色，纸质；叶轴、羽轴和叶脉下面有长刚毛，脉间有细毛，上面沿羽轴纵沟密被伏贴的刚毛，叶脉疏被刚毛，脉间无毛。孢子囊群圆形，着生于侧脉中上部，略靠近叶边；囊群盖圆肾形，棕色，背面有毛，宿存。孢子具三裂缝，四面型。

发现之旅：从天涯孤本到重现海南

在珍稀濒危蕨类中，尾羽假毛蕨的身姿最优美，身世也最扑朔迷离。

近百年时光里，全世界仅有一份采自1878年的标本。其株型高大挺拔，叶片状若飞羽，在丛林中本该不难被发现。然而，那惊鸿一瞥后，再无任何人发现它的身影，更没有第二份可供参考的标本。

1989年，植物学家李泽贤、邢福武在海南吊罗山采集到近似植物。2003年，植物学家严岳鸿重新鉴定后，判定其正是

尾羽假毛蕨 *Trigonospora caudipinna* (Ching) Sledge

（孙英宝绘图）

1. 羽片正面，2. 羽片背面。

苦寻已久的尾羽假毛蕨。2004 年，严岳鸿又在广东乳源县海拔 1200 米的地方采集到了尾羽假毛蕨，其标本现存于中国科学院华南植物园。此后，再无尾羽假毛蕨的消息，既没有被陆续发现，也没有对它的任何深入研究成果。

从百年前的惊鸿一现，到十几年前的偶然回归，尾羽假毛蕨的身世依旧扑朔迷离，吸引着植物学家们继续深入探索。

研究名人

中国蕨类植物泰斗秦仁昌

尾羽假毛蕨的定名人是中国著名植物学家、中国科学院院士秦仁昌。

秦仁昌的求学经历颇为传奇。他的父母都是不通学识的农民，起初望子成龙，将他送进私塾，五年后又怕他学得四体不勤，遂命其辍学务农。辛亥革命后，多亏做泥瓦匠的外祖父劝导，他才得以进入新式学堂重新开始学习。

1929 年，秦仁昌前往丹麦哥本哈根大学，师从蕨类植物学权威克里斯滕森（Carl Frederik Albert Christensen，1872-1-16 ~ 1942-11-24）。留学期间，他一边积极联系世界知名蕨类学者以获取帮助，一边遍访欧洲各大标本馆，最后在英国邱园和大英博物馆对中国蕨类植物进行了全面研究，拍摄了包括种子植物在内的全部中国植物的模式标本照片 18 300 张。与此同时，他逐一检查并重新描述了已经发表、保存在欧洲的所有由 W. J. 胡克、C. B. 克拉克和 R. H. 贝多姆采自印度及其邻近区域的蕨类植物，并将它们与中国的蕨类进行比较，订正了前人的错误，厘清了当时中国蕨类植物的种类。1932 年归国后，秦仁昌将所有资料整合，修订了自己于 1930 年编写的《中国蕨类植物志》初稿。该书稿虽然未能出版，却是一本 70 多万字，涵盖 11 科，86 属，1200 多种的权威参考资料。

秦仁昌对蕨类植物的分类思想极富创造性，在抗战时期艰苦的条件下，完成了他的蕨类植物研究系统。1946 年，F. G. 迪克森在《缅甸蕨类植物系统发育研究》中全面采用了秦仁昌分类系统。即使科普兰本人在 1977 年出版的巨著《蕨纲植物科属志》中也部分采用了秦仁昌的观点，并在序言中写道“在极端困难的条件下，秦仁昌不知疲倦地为中国科学的进步赢得了新的地位。”英国著名蕨类植物学家霍尔特姆（Richard Eric Holttum，1895–7–20 ~ 1990–9–18）在研究马来西亚蕨类植物时，也从秦仁昌的研究成果中吸取营养，并在为《秦仁昌论文选》作序时写道：“……他在 1930 ~ 1964 年的工作组成了他对实际知识和对世界蕨类的主要贡献，这是一个在当时不能被任何人所超过的贡献。”

如今，蕨类植物的秦仁昌分类系统仍被国内众多标本馆采用，在国际近代蕨类研究中也处处可见秦仁昌的影响。1988 年，国际蕨类学家协会主席、荷兰乌德勒支大学教授 E. 亨尼普曼在纪念秦仁昌诞辰 90 周年大会上称“秦仁昌不仅是中国蕨类学之父，也是世界蕨类学之父”。

所属类群：石松类与蕨类植物

尾羽假毛蕨，属于石松类（lycophytes）和蕨类植物（ferns）濒危物种，这是中国珍稀濒危植物中的重要分支。

石松类植物包括石松科、水韭科及常见的卷柏科，又被称为“拟蕨类”，与蕨类植物共同组成“蕨类植物门”。其中石松类植物约 1360 种，蕨类植物约 12 240 种，均为孢子繁殖的古老植物。气候与环境的剧烈变化，严重影响了它们的生存。

董仕勇等人按照《IUCN 物种红色名录濒危等级和标准 3.1 版》，对中国 2244 种石松与蕨类植物进行评价，发现极危（CR）43 种（其中 6 种可能已经绝灭）、濒危（EN）68 种、易危（VU）71 种、近危（NT）66 种、无危（LC）1124 种、数据缺乏（DD）872 种。其中 79 种为中国特有或准特有种，它们之中处于极度濒危的植物有 24 种，应予以最优先的保护等级，其中就包括尾羽假毛蕨。

尾羽假毛蕨 *Trigonospora caudipinna* (Ching) Sledge

6. 与植物学家捉迷藏：

厚叶实蕨

（绝灭 EX；再发现）厚叶实蕨（海南实蕨）（**Bolbitis hainanensis** Ching & C. H. Wang）为实蕨科实蕨属植物，中国特有种，产于广东、海南、广西、云南，生长于山谷水边密林下石上，海拔 300 ~ 1050 米。该种于 1983 年发表，模式标本于 1933 年采自海南，具体采集地不详，此后还有 1956 年采自云南思茅的 3 号标本，之后 50 多年间未见有采集记录，因此 2013 年被《中国生物多样性红色名录——高等植物卷》评估为绝灭等级（EX）。目前该种在广东、广西和云南均有重新发现。

形态特征

根状茎粗而横走，密被鳞片；鳞片卵状披针形，灰棕色，先端渐尖，盾状着生，粗筛孔状，近全缘。叶簇生；叶柄上面有沟，疏被鳞片；叶二型：不育叶椭圆形，一回羽状；羽片 4～10 对，下部对生，近平展，有短柄；顶生羽片基部三裂，其先端常延长入土生根；侧生羽片阔披针形，长 9～20 厘米，宽 2.5～5 厘米，先端渐尖，基部圆形或圆楔形，叶缘有深波状裂片，半圆的裂片有微锯齿，缺刻内有一明显的尖刺；侧脉明显，开展，小脉在侧脉之间联结成 3 行网眼，内藏小脉有或无，近叶缘的小脉分离；叶草质，干后变黑色，两面光滑；叶轴上面有沟。能育叶与不育叶同形而较小。孢子囊群初沿网脉分布，后满布能育羽片下面。

发现之旅：从宣布绝灭到迅速复活

厚叶实蕨像一个与植物学家捉迷藏的“淘气鬼”。1933 年，植物学家黄志在海南首次采集到它（标号 35870），但没有标注具体地点，也没采集到根状茎，缺失了蕨类植物鉴定分类中的重要依据。1956 年，它又在云南思茅突然现身，之后又杳无踪影。

2013 年，植物学界宣布厚叶实蕨已绝灭（EX）。没想到次年它就惊现于广西上思县，之后又出现在海南尖峰岭、鹦哥岭及广东等地，仿佛在向世人宣布：我不仅没有灭绝，还周游

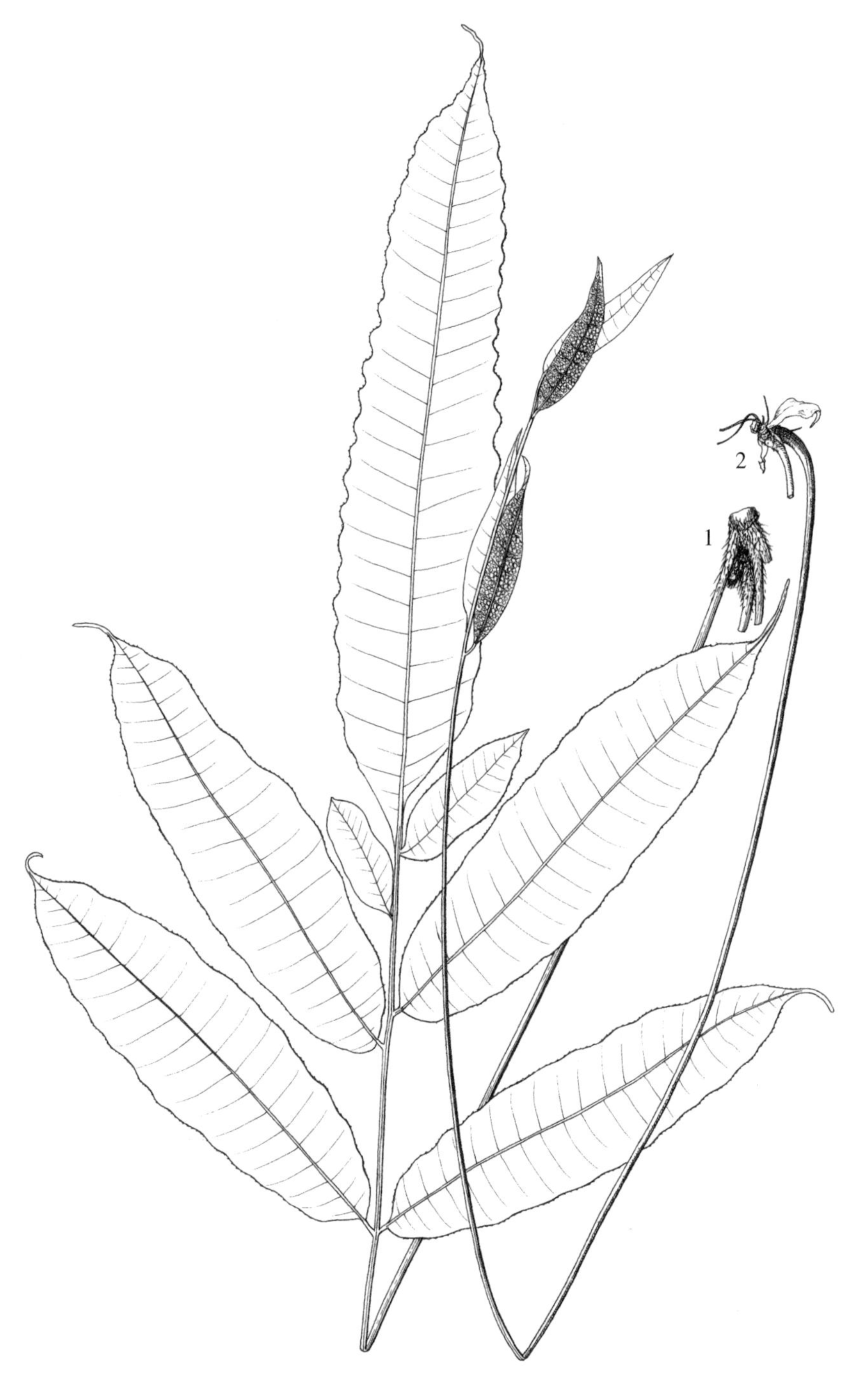

厚叶实蕨 *Bolbitis hainanensis* Ching & C. H. Wang

【孙英宝绘图，根据上海辰山植物园标本馆，标本号 JSL3625，JSL081】

1. 不育叶片，2. 能育叶片。

了岭南各地！经过不断地野外搜索，中国科学院植物研究所植物标本馆、上海辰山植物标本馆、湖南科技大学生命科学学院植物标本馆和深圳市中国科学院仙湖植物园植物标本馆，均有了厚叶实蕨标本馆藏。

尽管如此，厚叶实蕨的生存状况依旧不容乐观，在 2017 年发表的《中国石松类和蕨类植物的红色名录评估》中，它被列为极危 – 可能绝灭（CR–PE）。

研究名人

中国植物采集者黄志

走进中国科学院植物研究所标本馆，打开 00044756 号标本，映入眼帘的就是 1933 年黄志采集的厚叶实蕨标本。它仿佛一张掉出历史的书签，让人们重新拾起中国植物学发展的诸多往事。

1858 年，著名数学家、翻译家李善兰将英国著名植物学家林德利撰写的 *Elements of Botany* 翻译成中文，起名《植物学》，这是我国第一部介绍西方近代植物科学的的著作。他从《周礼》中摘取“植物”二字，又创造出细胞、萼、瓣、心皮、子房、胚等一系列新词。1905 年，同盟会成员钟观光为革命事业积劳成疾，在西湖养病期间自学了《植物学》，竟由此一发不可收拾，成为中国第一代植物学家中的一员。他也是中国第一位用科学方法调查采集高等植物的植物学者。此后，钱崇澍、胡先骕、陈焕镛、钟心煊、秦仁昌和郑万钧等植物学泰斗群星竞耀，共同奠定了中国植物学的基础。

而厚叶实蕨的故事告诉我们，在星月光辉的大师们背后，还有黄志这样的植物采集者，亦为中国植物学的发展作出了不可磨灭的贡献。1929 ~ 1935 年，黄志都在采集标本的繁忙中度过。1933 ~ 1934 年，他在海南采集标本期间发现了厚叶实蕨；1935 年，他又被派往广西大瑶山进行植物采集与调查。在国家植物标本资源库中，黄志参与采集的植物标本可检索到 26 740 份。透过一个个早已泛黄的标签，我们仿佛看到一个忙碌的身影穿梭在湿热的丛林间，不顾疾病、战争和猛兽的威胁，一次次地弯腰和匍匐，坚定地采集着一株株植物，一抬头就是一片新天地。

所属类群：实蕨科实蕨属植物

厚叶实蕨所在的实蕨科实蕨属，中国只有 13 种，却是一个很有意思的家族。

本属中，云南实蕨与厚叶实蕨关系最近，它们仅在叶片材质、叶缘稍有差异，其他特点几乎完全相同，在分类鉴定中很难区分。云南实蕨同样由秦仁昌院士命名，模式标本采集于 1956 年，在思茅县南 64 千米普藤坝林下发现，分布于中国云南南部，在越南、老挝、泰国也有发现，甚至在中国宝岛台湾也有发现。

华南实蕨是厚叶实蕨的另一位重要亲戚，它广泛分布于中国东南、西南各地。日本、越南亦有分布。其生长环境与厚叶实蕨类似，多生于阴湿林下、沟谷、溪边石上。华南实蕨具有重要的药用功能，根据《新华本草纲要》描述，其全草可以入药。植物对人类具有重要价值，良好的保护和合理的应用也是植物保护的重要原则之一。

厚叶实蕨分布于热带和亚热带的过渡地带，地理环境特殊，其灭绝一度被认为与气候的阶段性和区域性变化有关。蕨类植物是全球气候变化的晴雨表，厚叶实蕨从消失到再次被幸运地发现，应当引起人们的充分重视。减少温室气体排放，保护地球的各类生态系统以及生物多样性是全人类共同的责任和义务。

厚叶实蕨 *Bolbitis hainanensis* Ching & C. H. Wang

7. 构建中国的空中花园：

爪哇舌蕨

（地区绝灭 RE；再发现）爪哇舌蕨［**Elaphoglossum angulatum** (Blume) T. Moore］为鳞毛蕨科（舌蕨科）舌蕨属植物，产于中国台湾、海南，越南、马来西亚、印度尼西亚、菲律宾及斯里兰卡也有分布，生长于潮湿岩石上或树干的基部，海拔 1600 米。该种最早于 1828 年被发表为卤蕨属（*Acrostichum*）植物，命名为 *Acrostichum angulatum* Blume，模式标本于 1828 年前采自爪哇，虽然分布较广，但仅在中国台湾和海南有分布记录，其中海南仅有两次五指山的采集记录，分别是 1933 年和 1974 年。由于近年来五指山的游客干扰严重，山顶矮林生境变化很大，海南岛亚种群可能绝灭，因此 2013 年被《中国生物多样性红色名录——高等植物卷》评估为地区绝灭等级（RE），2014 年该种在广西被重新发现。

形态特征

根状茎细长而横走，单一或分枝，粗3～5毫米，密被鳞片；鳞片卵形，长4～7毫米，膜质，亮棕色，尖头，全缘或具疏睫毛。叶疏生，略呈二形；不育叶柄长（5–）10～15厘米，禾秆色，疏被鳞片，叶片披针形至椭圆披针形，略长于叶柄或与叶柄等长，宽1.5～3厘米，渐尖头，基部楔形，全缘，边缘平展且具薄的软骨质狭边，主脉明显，两面均隆起，并略被棕色小鳞片，侧脉不明显，二叉，直达叶边，叶革质，干后棕色；能育叶柄较长，达20厘米，叶片近似不育叶，但较狭较小，孢子囊沿侧脉着生，成熟时满布于叶片下面。

发现之旅：从遍布亚非热带雨林到扎根中国

爪哇舌蕨虽纤巧细腻，却是走遍亚非热带雨林的超级旅行家。

它广泛分布于留尼汪岛、热带非洲、印度南部、马达加斯加岛、苏门答腊岛、加里曼丹岛、新几内亚岛、新喀里多尼亚岛、越南、马来西亚、印度尼西亚、菲律宾及斯里兰卡等地，在这些地区，爪哇舌蕨或垂挂于岩崖，或附生在大树，与其他蕨类、苔藓、兰花一起组成美丽的“空中花园”。

不过，它在中国的旅行却颇为坎坷。数十年前，它尚能在中国台湾阿里山、大武山及海南五指山的热带雨林扎根，亦有植物学家零星采集到标本。不过，由于生存环境不断改变，

爪哇舌蕨 *Elaphoglossum angulatum* (Blume) T. Moore

【仿绘 *Flora Javaenec non insularum adjacentium* vol. 1: t.6（1828）】

1. 植株，2 ~ 5. 鳞片。

爪哇舌蕨日渐隐秘，人们越来越难以见到它。2013 年，《中国生物多样性红色名录——高等植物卷》将其评估为地区绝灭（RE）。幸运的是，一年后，中国植物学者商辉、顾钰峰就在南宁市武鸣区大明山重新发现了爪哇舌蕨。相信假以时日，通过迁地保护及人工繁育，爪哇舌蕨仍有机会在中国重建美丽的雨林空中花园。

研究名人

植物学家布卢姆

爪哇舌蕨的模式标本采集者是植物学家卡尔·路德维希·冯·布卢姆（Karl Ludwig von Blume，1796-6-9 ~ 1862-2-3）。

布卢姆出生于德国，长期生活在荷属东印度群岛，即今天的印度尼西亚。他是东南亚植物研究专家，采集了大量植物标本，发现不少新种，并担任爪哇茂物植物园的农业部副主任。布卢姆曾任荷兰莱顿植物标本馆馆长，他采集的标本也保存于馆内。然而，布卢姆去世后，其收藏的标本从莱顿被移走，也没有得到很好的保护。其中一份标本标记着“Herb. Lugd. Batav.”，布卢姆将其命名为 *Acrostichum angulatum*。后人对比发现，这份标本正是布卢姆编写的《爪哇植物志》中爪哇舌蕨的原始标本，于是将其定为模式标本。后来，美国植物学家康拉德·弗农·莫顿（Conrad Vernon Morton，1905-10-24 ~ 1972-7-29）将该种从卤蕨属转入舌蕨属，但这并不妨碍布卢姆作为爪哇舌蕨的发现者永远为后人铭记。

所属类群：颇具潜力的舌蕨属植物

爪哇舌蕨为舌蕨属植物，该属有 400 ～ 500 种，产于热带和南温带地区，中国约有 8 种。舌蕨属是真蕨类植物中种类较多且较复杂的属之一，一百多年来众多学者对其进行过研究，但对属下分类等级的看法分歧极大，仍缺乏全面而系统的研究。爪哇舌蕨与卤蕨状舌蕨（*Elaphoglossum acrostichoides*）在形态上相似，均具有细长而横走的根状茎，但爪哇舌蕨的叶子更宽，根状茎卵圆形，浅棕色或红棕色。

由于人们对舌蕨属植物的研究和认识不足，包括爪哇舌蕨在内的很多舌蕨属植物未被很好地开发利用。爪哇舌蕨可能被开发的经济价值包括观赏和药用两个方面。观叶植物已成为如今的观赏潮流之一，其中蕨类植物是观叶植物中最具特色的类群之一，其源于幽谷，隐于山野，生于林荫，给人以飘逸和宁静的印象，更能显现种植者高雅的品位。中国明代《二如亭群芳谱》中，就有蕨类植物用于宫廷观赏的记录。如今，蕨类植物更是风靡全世界，以其独特之处被越来越多的人欣赏。而爪哇舌蕨叶色朴素，姿态优美，典雅别致，具有较高的观赏价值，可开发为观叶植物，适用于楼堂馆所和家庭居室内盆栽。

蕨类植物入药在中国已有悠久历史，在《神农本草经》《名医别录》和《本草纲目》等历代本草文献中均有记载，民间使用蕨类植物入药的经验更为丰富。药用蕨类是指具有特殊化学成分和生理作用，并有医疗用途的蕨类植物。1989 年，经郭荣麟和岳俊三系统研究，审订中国共有药用蕨类植物 433 种和变种，隶属于 49 科 116 属。其中舌蕨属的舌蕨是药用蕨类植物之一，主要的化学成分为黄酮，而与舌蕨同在一个属内的爪哇舌蕨是否具有药用价值还有待于进一步研究。

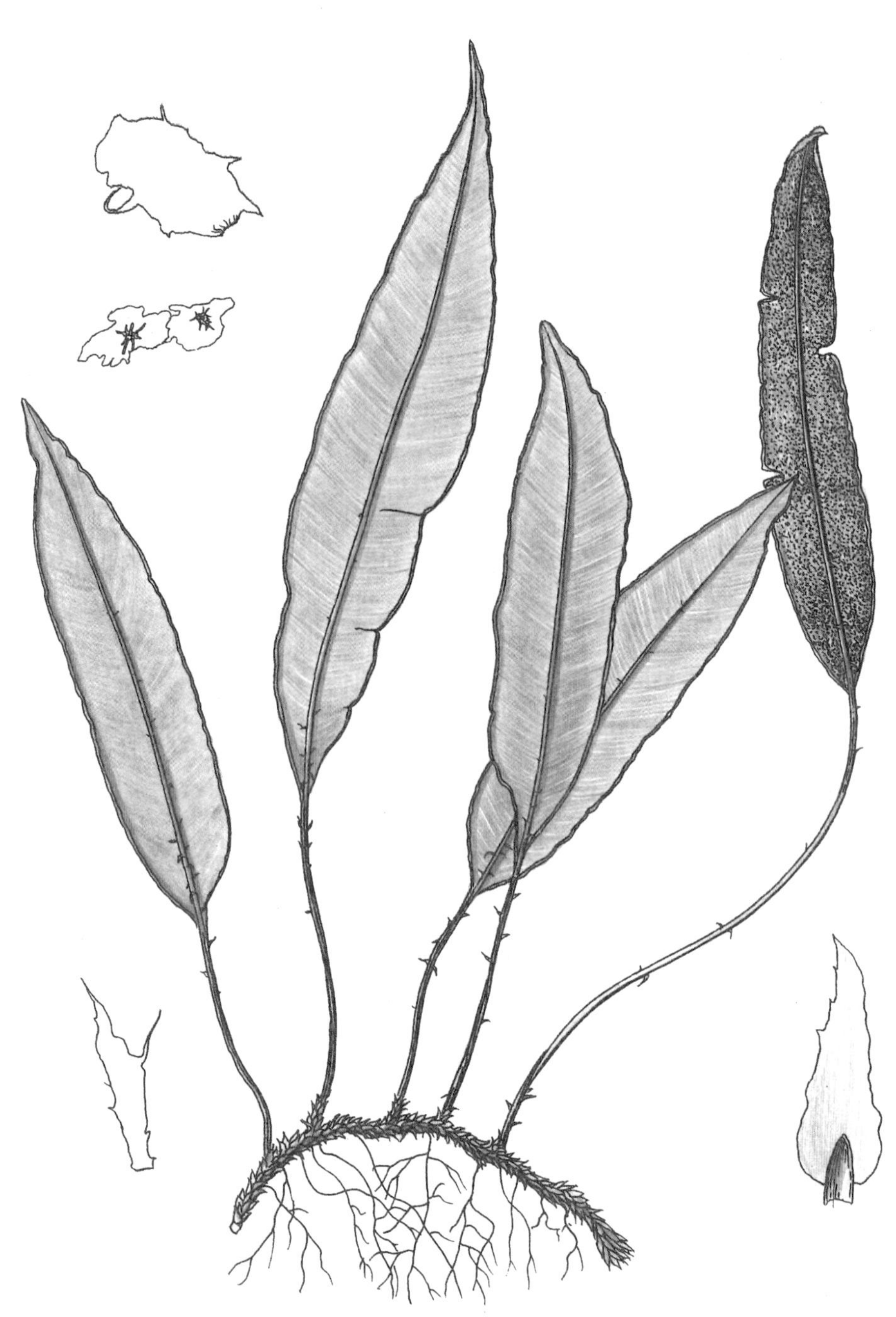

爪哇舌蕨 *Elaphoglossum angulatum* (Blume) T. Moore

8. 几经鉴定方得正名：

银毛肋毛蕨

（绝灭 EX）银毛肋毛蕨［**Ctenitis mannii** (C. Hope) Ching — *Ctenitis fulgens* Ching & C. H. Wang］为鳞毛蕨科（叉蕨科）肋毛蕨属植物，产于中国云南河口，马来半岛、爪哇岛、加里曼丹岛、印度、缅甸和苏门答腊岛也有分布，生长于热带雨林林下，海拔 100 ~ 200 米。中国产的银毛肋毛蕨最早于 1981 年被发表为 *Ctenitis fulgens* Ching & C. H. Wang，模式标本于 1955 年采自云南河口南溪，当时被认为仅产于中国云南和越南北部，中国除模式标本外仅有同年同产地标本。近年来河口南溪热带雨林砍伐极为严重，中国居群很可能已经灭绝，因此 2013 年被《中国生物多样性红色名录——高等植物卷》评估为绝灭等级（EX）。

植株高 30 ~ 40 厘米。根状茎短而直立，全部密被鳞片；鳞片狭披针形，先端长渐尖，全缘。叶簇生；叶柄深禾秆色，与叶轴密被鳞片；鳞片钻形，全缘，厚膜质，开展而卷曲，褐棕色；叶片椭圆披针形，先端渐尖，基部近心脏形，基部最大一对羽片三角形；羽片约 15 对，羽片一回羽裂，最下一对二回羽裂；下部几对近对生，向上部的互生，下部的有短柄；第二对起的羽片狭披针形，先端渐尖，基部浅心脏形至近截形，深羽裂几达羽轴，裂片斜向上，长圆形，短尖头，基部和羽轴合生，其下侧略下延，全缘。叶脉羽状，单一，斜向上。叶草质，干后暗绿色，两面均疏被贴生的灰白色细毛；叶轴禾秆色；羽轴上面疏被有关节的灰白色毛，下面偶有钻形鳞片。孢子囊群 3 ~ 5 对，生于小脉近基部，在主脉两侧各排成两列。

发现之旅：骗过顶级专家的蕨类

1955 年，云南大学生物系师生在河口瑶族自治县南溪考察。在海拔 150 米的地方，采集到一种蕨类植物新种，将其初步定名为 *Ctenitis albo-glandulosa*，标本编号为 2503，至今仍保存在云南大学生命科学院植物标本馆。1962 年，植物学家秦仁昌与王铸豪重新鉴定了这份标本，给出了判定：这是一个蕨类新种，并将其学名改为 *Ctenitis fulgens* Ching & C. H. Wang。今天，在原标本上仍可看到秦仁昌将 albo-glandulosa 画了一条横线，改

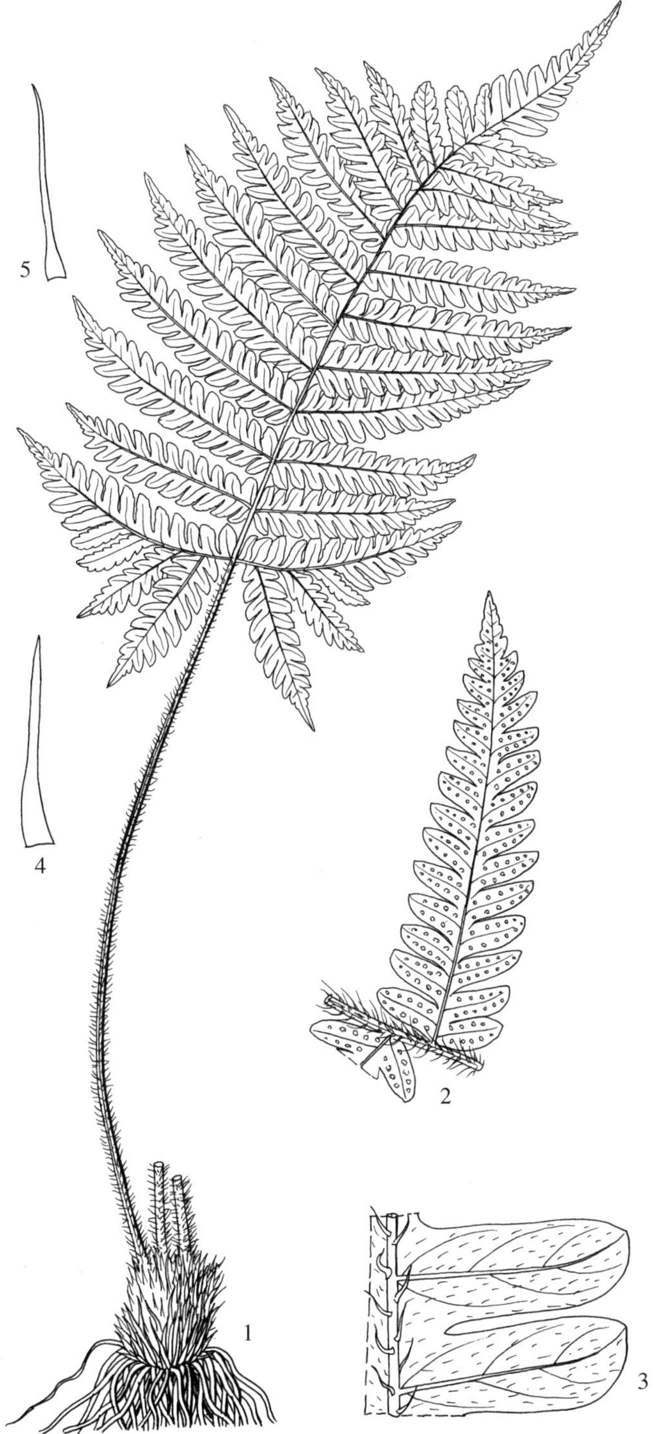

银毛肋毛蕨 *Ctenitis mannii* (C. Hope) Ching

（孙英宝绘图）

1. 植株，2. 部分羽片背面，3. 裂片背面，示羽轴上的鳞片，4 ～ 5. 鳞片。

成了 fulgens。1981 年，秦仁昌与王铸豪将其正式发表，定名为银毛肋毛蕨。所谓“银毛”，指其叶两面均疏被贴生的灰白色细毛，这是鉴定的一个关键特征。

1983 年，一位特殊的客人见到了银毛肋毛蕨的标本。他仔细研究后，在标本签上写下了这样一句话“immature plant of *Ctenitis mannii* (Hope) Ching”，即“这只是 *Ctenitis mannii* (Hope) Ching 的未成熟植株”。植物在生长过程中，形态常发生变化，幼苗鉴定尤其困难，这位专家一眼便看出这是银毛肋毛蕨的幼年植株，可谓火眼金睛。他就是英国著名蕨类专家理查德·埃里克·霍尔特姆。如今，这种经历了 Ctenitis albo-glardulosa、*Ctenitis fulgens* Ching & C. H. Wang、*Ctenitis mannii* (C. Hope) Ching 等名字的蕨类植物，已经在 The Plant List 以银毛肋毛蕨［*Ctenitis mannii* (C. Hope) Ching］为正式名被收录。

银毛肋毛蕨在中国分布极少，云南首次发现半个世纪后，植物学者蒋日红等人于 2009 年和 2010 年在广西十万大山重新采集到。2012 年，韦宏金在广西防城港市防城区那梭镇东山村采到了银毛肋毛蕨，2014 年 4 月 23 日，严岳鸿、韦宏金和王莹在广西防城港市十万大山低海拔地区再次采集到。至此，国内仅有 6 次正式的银毛肋毛蕨采集记录，其保护前景仍不容乐观。

研究名人

蕨类植物学家霍尔特姆

理查德·埃里克·霍尔特姆（Richard Eric Holttum，1895-7-20 ~ 1990-9-18）鉴定蕨类的慧眼与他的经历有很大关系。1895 年，霍尔特姆出生于英国剑桥镇，后来就读于剑桥大学。在接受专业的植物学培训后，于 1922 年任新加坡植物园副园长。在此他深入研究了本地热带植物，特别是兰科植物。1925 年，任职新加坡植物园园长。值得一提的是，二战期间日本占领新加坡，日本植物学家郡场宽（Kwan Koriba，1882-9-6 ~ 1957-12-5）博士和田中秀三（Hidezô Tanakadate，1884-6-11 ~ 1951-1-29）接管了植物园，他们特别申请将已经关入拘留营的霍尔特姆释放，照旧进行植物学研究。霍尔特姆在此期间完成了许多出色的兰花杂交项目。

霍尔特姆曾任新加坡大学第一任植物学教授，也是新加坡国立大学生物科学系植物学系的第一任系主任，并创立了马来亚兰花学会（现为东南亚兰花学会）。除了兰花，霍尔特姆还是杰出的蕨类植物学者，尤其熟悉东南亚及南亚蕨类。正是因其对秦仁昌先生所采集并发表的银毛肋毛蕨标本进行重新鉴定，才把编号为 2503 的标本准确定为银毛肋毛蕨的幼苗，霍尔特姆的“火眼金睛”也是源于日常深厚的积累。

所属类群：丰富多彩的广西蕨类植物

广西位于中国西南部，东连广东，西接云、贵，与海南隔海相望，同时具有亚热带和热带气候，形成了特色鲜明的蕨类植物区系。

广西蕨类植物区系组成十分丰富。按秦仁昌系统（1978），中国现有蕨类植物63科，231属，2600种。而广西有蕨类56科，158属，854种，分别占全国的88.9%，68.4%，32.8%。在科的数量上，广西蕨类植物区系仅次于云南，与广东、台湾并驾齐驱；在属的数量上，仅次于云南和台湾，名列第三；在种的数量上，仅次于云南，名列第二。银毛肋毛蕨等部分珍稀濒危蕨类在其他省区消失后，又在广西重新出现，足见其物种之丰富。

广西蕨类植物的研究在中国植物学史上具有重要地位。1928年，中山大学辛树帜主持广西大瑶山生物调查，其中吴印禅在研究蕨类植物后，出版了《广西瑶山水龙骨科植物》一书，全面论述了大瑶山蕨类植物区系的组成及地理分布概况，并附有164幅精确插图，这是中国蕨类植物学研究最早的一本专著。吴印禅于1934年到德国留学，继续从事广西蕨类植物区系的研究工作，掌握了大量珍贵的资料。1928年5月至6月间，秦仁昌先生首次深入广西罗城县及环江县境内的九万山采集蕨类和种子植物标本，同样收获甚丰。

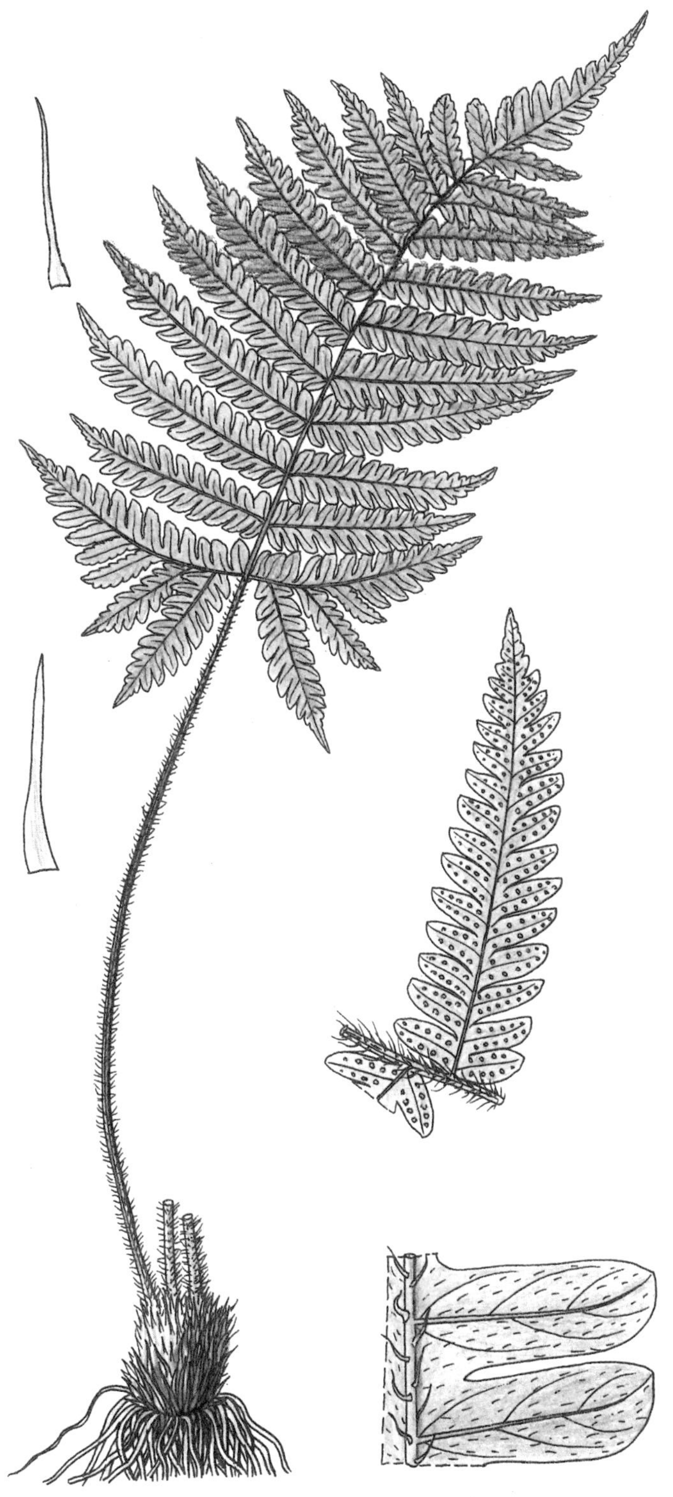

银毛肋毛蕨 *Ctenitis mannii* (C. Hope) Ching

9. 一丛碧草两缕愁：云贵牙蕨

（绝灭 EX）云贵牙蕨［**Pteridrys lofouensis** (Christ) C. Chr. & Ching］为牙蕨科（叉蕨科）牙蕨属植物，中国特有种，产于贵州、云南和广西，生长于密林下，海拔 1200 米。该种最早于 1910 年被发表为鳞毛蕨属（*Dryopteris*）植物，命名为 *Dryopteris lofouensis* Christ，模式标本于 1908 年采自贵州罗甸。此外，1954 年在云南屏边，1977 年在广西大明山，1985 年在云南西畴先后采集到标本，此后近 30 年再没有专家学者发现该种野外活体，因此 2013 年被《中国生物多样性红色名录——高等植物卷》评估为绝灭等级（EX）。

植株高1～1.3米。根状茎短，近直立或斜升，顶部及叶柄基部均密被鳞片；鳞片披针形，先端长渐尖，全缘，膜质，暗棕色。叶簇生；叶柄暗褐色，上面有阔沟，两面均光滑；叶片椭圆形，先端长渐尖，基部浅心形，二回羽裂至近三回羽裂；羽片约15对，互生，近平展，近无柄，线形至线状披针形，先端长渐尖至近尾状，基部浅心形，基部羽片的基部下侧伸长；裂片20～25对，互生，镰状椭圆形，圆钝头，边缘有浅尖锯齿。叶脉羽状，斜向上；主脉暗禾秆色，两面均隆起并光滑。叶薄纸质，干后深褐色，两面均光滑；叶轴暗褐色，上面有浅阔沟，两面均光滑；羽轴两面均隆起并光滑。孢子囊群圆形，着生于小脉上侧分叉顶端，在主脉两侧各有1列；囊群盖圆肾形，灰褐色，薄膜质，光滑，早落。

发现之旅：从多次邂逅到悄然离别

1908年，法国传教士卡瓦勒里（Pierre Julien Cavalerie）在贵州罗甸发现了一种高大清瘦的蕨类，其株高在一米以上，仿佛身着青衫布衣的君子，优雅而稳重。它就是中国特有的云贵牙蕨，因其模式产地在罗甸县，所以也被称为“罗甸牙蕨”或“罗浮牙蕨”。

蕨类植物分类专家秦仁昌于1934年建立牙蕨属(*Pteridrys*)，收录了罗甸牙蕨，但秦仁昌等中国学者并没有在罗甸再次采集

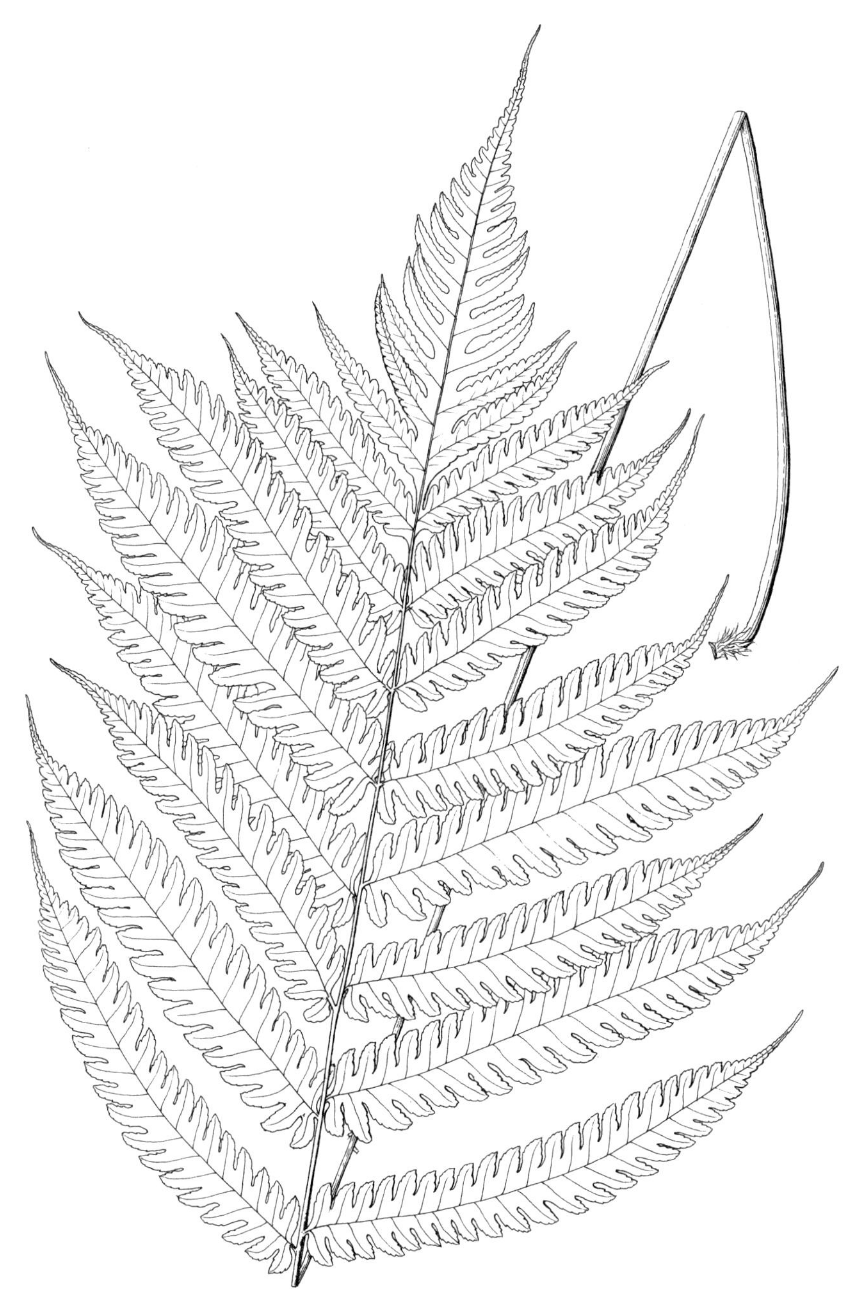

云贵牙蕨 *Pteridrys lofouensis* (Christ) C. Chr. & Ching

【孙英宝绘图，根据中国科学院植物研究所标本馆，标本号 05033，条形码 01454322】

叶片。

到云贵牙蕨，可见该物种在20世纪30年代就已十分稀少。20世纪50年代，中国学者冯国楣带队，在云南屏边县幸运地与云贵牙蕨相遇，并采集到标本。1977年，蕨类植物专家裘佩熹在广西武鸣县大明山林场附近第三次采集到云贵牙蕨，经秦仁昌鉴定无误。由此，人们确认云贵牙蕨分布在黔、滇、桂3省，却没有意识到它已面临生存的危机。

1985年，植物专家在云南西畴又一次采集到云贵牙蕨，这竟是它与中国学者的诀别。此后至今再无人于野外发现它的身影。2013年，优雅的云贵牙蕨被宣布绝灭；2017年，董仕勇等人在《生物多样性》杂志上发文："云贵牙蕨，中国特有种（贵州和云南）。仅有3个标本，模式标本采自贵州罗甸。另外两个，分别于1954年采集于云南屏边和1985年采集于云南西畴，由于没有更多数据信息，目前尚不能确定其是否已经灭绝。"

研究名人

黯然陨落的卡瓦勒里

云贵牙蕨的采集者卡瓦勒里（Pierre Julien Cavalerie，1869-1-4 ~ 1927-12-31）是一个来自法国喜欢植物的传教士，中文名为"马伯禄"，他在贵州一边传教，一边采集植物。

卡瓦勒里1894年到贵阳开始植物采集；1896 ~ 1901年间在独山县采集；1901 ~ 1909年间到平伐、都匀、安顺采集；1913 ~ 1919年间在兴义（即黄草坝）采集；1919年后期转到云南，在昆明、文山等地采集。不幸的是，当时军阀统治下的昆明土匪横行，治安极差。1927年，卡瓦勒里在昆明遭人图财害命，云贵牙蕨的采集者由此黯然陨落。

今天，在云南和贵州的低山上可见一种名叫锦香草的植物，当地人称为熊巴掌。百年前卡瓦勒里首次采集到它，该种经专家研究后被命名为 *Phyllagathis cavaleriei* (Lévl. & Van.) Guillaum.。每年锦香草开花时，又有几人能记得云贵牙蕨与卡瓦勒里的悲伤往事呢?

所属类群：中国罕见的牙蕨属

云贵牙蕨属牙蕨科牙蕨属，全世界只有 8 种同属植物，分布于中国南部、中南半岛、印度北部、印度尼西亚、菲律宾和波利尼西亚等热带地区。中国有 3 种，分别为薄叶牙蕨[*Pteridrys cnemidaria* (Christ) C. Chr. & Ching]、云贵牙蕨[*Pteridrys lofouensis* (Christ) C. Chr. & Ching]、毛轴牙蕨（*Pteridrys australis* Ching）。

其中毛轴牙蕨（*Pteridrys australis* Ching）被收录入《中华本草》，值得注意的是，过度采挖中药材不仅会破坏区域生态环境，也是导致物种灭绝的重要原因之一。如何合理利用和有效保护生态环境，是我们需要重视的问题。

云贵牙蕨 *Pteridrys lofouensis* (Christ) C. Chr. & Ching

10. 美丽非凡又异常坚韧：

黑柄三叉蕨

（地区绝灭 RE；再发现）黑柄三叉蕨［**Tectaria ebenina** (C. Chr.) Ching］为三叉蕨科三叉蕨属植物，产于贵州罗甸和荔波、云南麻栗坡，越南也有分布，生长于常绿阔叶林下，土生。该种最早于 1913 年发表为 *Aspidium ebeninum* C. Chr.，模式标本于 1910 年采自中国贵州 foret de Tarang（Ta-ray，Tarong），该种评估时认为贵州和广西居群发现年代久远，可能已经消失，而发现年代较近的云南居群所在地麻栗坡县下金厂乡，植被破坏较为严重，因此 2013 年被《中国生物多样性红色名录——高等植物卷》评估为地区绝灭等级（RE）。近年来，该种在广西多地被重新发现，现有标本已经在 10 份以上，2017 年，覃海宁、杨永等在《生物多样性》期刊上发表的《中国高等植物受威胁物种名录》中将其降为极危等级（CR）。

植株高达1.5米。根状茎直立，顶部及叶柄基部被鳞片；鳞片披针形，先端渐尖，全缘，膜质，棕色。叶簇生；叶柄乌木色并有光泽，上面有浅沟并疏被有关节的棕色短毛，下面光滑；叶片三角形，先端渐尖，三回至近四回羽裂；羽片约6对，基部一对对生，向上部的互生，斜向上；基部一对羽片最大，三角形，先端渐尖，基部圆截形；中部的羽片披针形，先端渐尖，基部稍狭并与叶轴合生，深羽裂达2/3形成镰状披针形的裂片；基部羽片的小羽片约8对，互生，稍斜向上，无柄，下部两对分离而其基部与羽轴合生，向上部的小羽片基部彼此以宽约1厘米的阔翅相连；基部一对小羽片最大，椭圆披针形，先端长渐尖，基部截形。孢子囊群圆形；囊群盖圆盾形，全缘，膜质，棕色，宿存。

发现之旅：百年前的惊艳出场

1910年，法国传教士埃斯基罗尔（Joseph Henri Esquirol，1870-9-23 ~ 1934-8-8）在贵州罗甸山间的激流边上，采集到一种美丽非凡的蕨类，他采集并制作编号为“2583”号标本。

三年后，世界蕨类植物专家、丹麦植物学家克里斯坦森（Carl Frederik Albert Christensen，1872-1-16 ~ 1942-11-24）在《植物地理学通报》（*Bulletin de Géographie Botanique*）第23卷138 ~ 139页，把“2583”号标本作为新种发表，并进行了详细描述，命名为 *Aspidium (Sagenia) ebeninum*，其种加词拉丁文

黑柄三叉蕨 *Tectaria ebenina* (C. Chr.) Ching

【仿绘 *Icones filicum Sinicarum* vol. 1: 8（1930）H. S. Hu, R. C. Cing】

1. 部分羽片，2. 裂片，3. 部分裂片。

“ebeninum”为黑色之意。这是黑柄三叉蕨的首次正式面世。

秦仁昌先生通过认真研究，于 1931 年在《国立中央研究院自然历史博物馆丛刊（Sinensia）》第二卷第二期第 18 页，修订黑柄三叉蕨的学名为 *Tectaria ebenina*，并沿用至今。文中，他根据模式标本，把产地的拼写改为贵州 Ta-ray，并指出黑柄三叉蕨是一种非常独特漂亮的蕨类植物，与大齿三叉蕨［*Tectaria coadunata*(Wall. ex Hook. & Grev.) C. Chr. Ching］近似，但其存在光亮漆黑的叶柄、叶轴及小羽轴，浅绿光滑的叶片以及大部分孢子囊群着生于开放的网眼中等特征，与大齿三叉蕨有明显区别。秦仁昌先生在文末还特意强调黑柄三叉蕨是个稀有的蕨类。

研究名人

著名植物采集者埃斯基罗尔

1895 年，法国传教士埃斯基罗尔（Joseph Henri Esquirol，1870–9–23 ~ 1934–8–8）被派往中国贵州传教，开始了他极富传奇色彩的植物之旅。

到达中国后，他一边传教，一边采集植物标本寄回法国。从 1896 ~ 1933 年，三十多年时间里，他在中国贵州、云南、香港等地采集了数以万计的植物标本，成为当时著名的“植物猎人”。许多植物以他的名字“esquirolii”命名，如长叶野桐（*Mallotus esquirolii*）、柄翅果（*Burretiodendron esquirolii*）、贵阳柿（*Diospyros esquirolii*）、黔南木蓝（*Indigofera esquirolii*）、偏瓣花（*Plagiopetalum esquirolii*）等。

埃斯基罗尔还是一个出色的语言学家。当时，西方传教士进入中国前都要学习汉语，而一旦深入基层传教，又要学习方言。埃斯基罗尔在传教的14年间，潜心研究布依话，终于在1908年编撰出版其第一部语言词典——《布依-法语词典》。

1924年，他被调往贞丰县，又重新学习当地方言并采集植物。1934年，积劳成疾的埃斯基罗尔因肝病复发去世，留下一个既陌生又伟大的中文名字：方义和。

埃斯基罗尔在中国传教39年，穿行于荒山僻壤，采集分析无数植物，巴黎传教会评价他“以一名优秀的语言学家身份，在他所热爱的中国土地上，辛勤工作，献身传教事业”。

所属类群：以中国为分布北界的三叉蕨属植物

三叉蕨属植物为中型或大型蕨类，全球约240种，主产于热带及亚热带地区。中国有35种，有2种分布于四川南部，这是三叉蕨属植物的分布北界。

《贵州蕨类植物》记载，贵州黑柄三叉蕨与燕尾叉蕨［*Tectaria simonsii* (Bak.) Ching］十分相似，但其叶片为薄草质，孢子囊群生于内藏小脉顶端，易于区分。而据《中国植物志》载，黑柄三叉蕨和燕尾叉蕨以叶柄、叶轴及羽轴基部为光亮的乌木色而区别于中国产叉蕨属的其他各种。在2018年叉蕨属系统发育研究中，通过对*atp*B、*ndh*F+*ndh*F-*trn*L、*rbc*L、*rps*16-*mat*K+*mat*K、*trn*L-F的合并序列贝叶斯分析，黑柄三叉蕨被置于第二进化枝（Clade II），即三叉蕨组（*Tectaria subtriphylla* group），该分支物种包含了极大的形态学多样性。

黑柄三叉蕨 *Tectaria ebenina* (C. Chr.) Ching

11. 消失在树梢上的风景：

十字假瘤蕨

（绝灭 EX）十字假瘤蕨［**Selliguea cruciformis** (Ching) Fraser-Jenk. — *Phymatopteris cruciformis* (Ching) Pic. Serm.］为水龙骨科修蕨属（假瘤蕨属）植物，产于中国广东北部，越南北部和泰国也有分布，附生于山顶常绿阔叶林树干上。该种最早于 1930 年发表为多足蕨属（*Polypodium*）植物，命名为 *Polypodium cruciforme* Ching，模式标本于 1924 年采自广东北部龙头山，1932 年在广东梅县再次采集到标本，曾被认为是中国特有种，此后再没有该种在中国的采集记录。最近的 1 份标本于 1968 年采自泰国北部清迈。因此 2013 年被《中国生物多样性红色名录——高等植物卷》评估为绝灭等级（EX），该种目前尚没有重新发现的记录。

附生植物。根状茎长而横走，粗2～3毫米，密被鳞片；鳞片披针形，长约4毫米，宽约1毫米，淡棕色或灰白色，顶端毛状渐尖，边缘近全缘。叶远生；叶柄长2～5厘米，禾秆色，基部被与根状茎上相同的鳞片，上部光滑无毛；叶片通常3裂，侧生裂片指向两侧呈“+”形，少数为单叶不分裂或羽状深裂；中间裂片较大，长达8厘米，宽约2厘米，顶端渐尖，侧生裂片短，顶端圆，裂片边缘具缺刻或近全缘。中脉和侧脉两面隆起，小脉隐约可见，网状。叶纸质，两面无毛，背面灰白色。孢子囊群圆形，在裂片中脉两侧各一行，略靠近裂片边缘着生，在叶背面凹陷，在叶表面凸起；孢子表面具刺状突起。

发现之旅：从现身荒野到反复定名

十字假瘤蕨常见于山顶荒野处。国家标本资源共享平台收录4份标本。最早一份于1924年采自广东龙头山山顶；另两份于1932年采自广东梅县阴那山草甸的干燥沙质土壤中；此后在中国再无发现该种的记录。最近一份标本于1968年6月16日采自泰国北部清迈培山山顶周边（海拔1550～1650米）已退化的常绿树林中的贫瘠沙质土壤中。

初步推测，十字假瘤蕨适生于排水良好的环境，可能主要通过雨水截流和宿主的枝干液流来获得水分，对环境和宿主的依赖性很高。在泰国清迈培山采集的标本备注上，记载着当地的常绿林经常遭受山火焚烧，生境已经严重退化。而在中国，

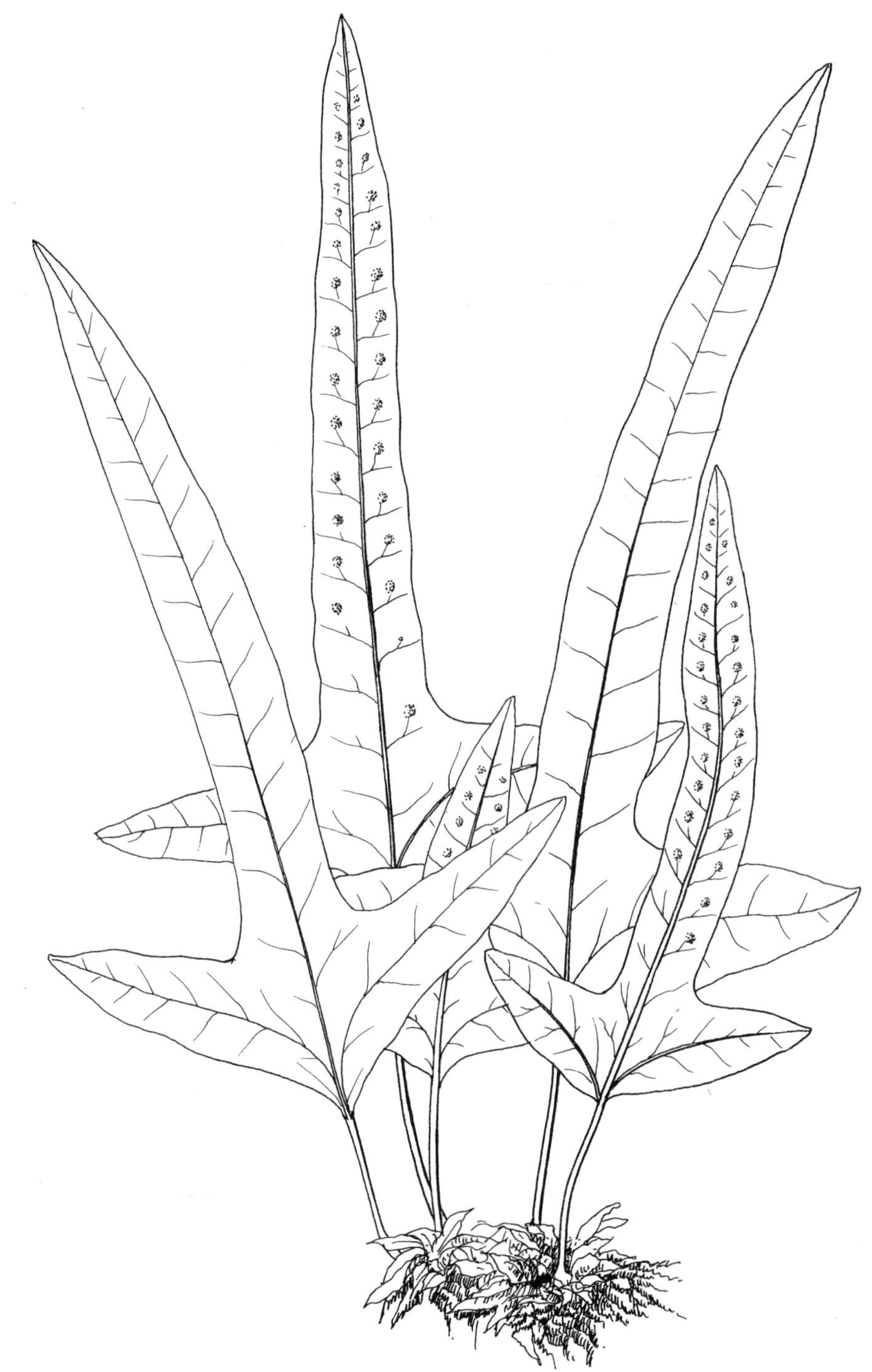

十字假瘤蕨 *Selliguea cruciformis* (Ching) Fraser-Jenk.
（孙英宝绘图）
丛生植株。

十字假瘤蕨的分布范围本来就非常有限，生境退化可能是其灭绝的主要原因。

十字假瘤蕨的分类与定名颇为曲折。1930 年，秦仁昌先生首次将其定名为多足蕨属植物 *Polypodium cruciforme* Ching。此后，其学名与分类又经过多次调整。1934 年，秦仁昌先生将其更名为双扇蕨属植物 *Phymatodes cruciformis* Ching，后又于 1967 年 1 月 23 日更名为假瘤蕨属植物 *Phymatopsis cruciformis* (Ching) Ching。此后，蕨类植物学专家成晓（1991）以及植物分类学与分布学专家陆树刚（1995）均将其更名为假瘤蕨属植物 *Phymatopteris cruciformis* (Ching) Pichi-Serm.。最新的 *Flora of China* 再次将该种重新组合为修蕨属植物 *Selliguea cruciformis* (Ching) Fraser-Jenk.。

研究名人

蕨类植物学家陆树刚

云南大学教授陆树刚是十字假瘤蕨研究者之一，也是著名蕨类植物专家。

作为中国植物学承前启后的一代，陆树刚独立编写了《中国植物志 第一卷》中“中国蕨类植物区系”部分，还参与了第五卷、第六卷的编写。他撰写的《蕨类植物学》是中国第一本蕨类植物学教科书。

陆树刚经常带领云南大学学生在野外考察植物。2008 年他带学生在西双版纳实习考察，途中得知自己心仪已久的房子要在 7 月底交购买定金，为了不中断学生的学习，他选择了继续考察，因此与此房失之交臂。他常说：“对于我的科研来讲，一天时间很宝贵，而对于学生来讲，一天时间更宝贵，我耽搁一天时间，可能会影响许多学生的一生。”

陆树刚最常对学生们说的话是“要帮忙吗”。而具有广博植物分类学知识的他，也总利用周末时间给学生们“帮忙”。或许在植物学领域之外，陆树刚并不出名，但正是这些儒雅谦逊的植物学者，默默传递着中国植物学的星星之火。

所属类群：谜一样的水龙骨科

在植物学史上，十字假瘤蕨所在的水龙骨科家族曾是谜一般的存在。

1930年以前，凡是无法归类的蕨类植物，都被扔进水龙骨科中。于是它成为一个畸形的超级大科，拥有1万多种蕨类，占全部蕨类植物的90%以上。由于无人能搞清这1万多种蕨类的亲缘关系，水龙骨科也成了植物分类中的一个超级黑洞。

1940年，中国蕨类植物泰斗秦仁昌先生发表了《水龙骨科的自然分类》一文，将水龙骨科划分为33个科249个属，清晰地显示出了它们之间的演化关系，解决了植物分类学中的一大难题，这一系统后来被称为“秦仁昌系统”。秦仁昌先生也因此在当年获得“荷印隆福氏生物学奖”。此后，蕨类植物新系统陆续在国际上出现，但都受到了“秦仁昌系统”的影响，或多或少地采用了秦仁昌先生的一些科属概念。

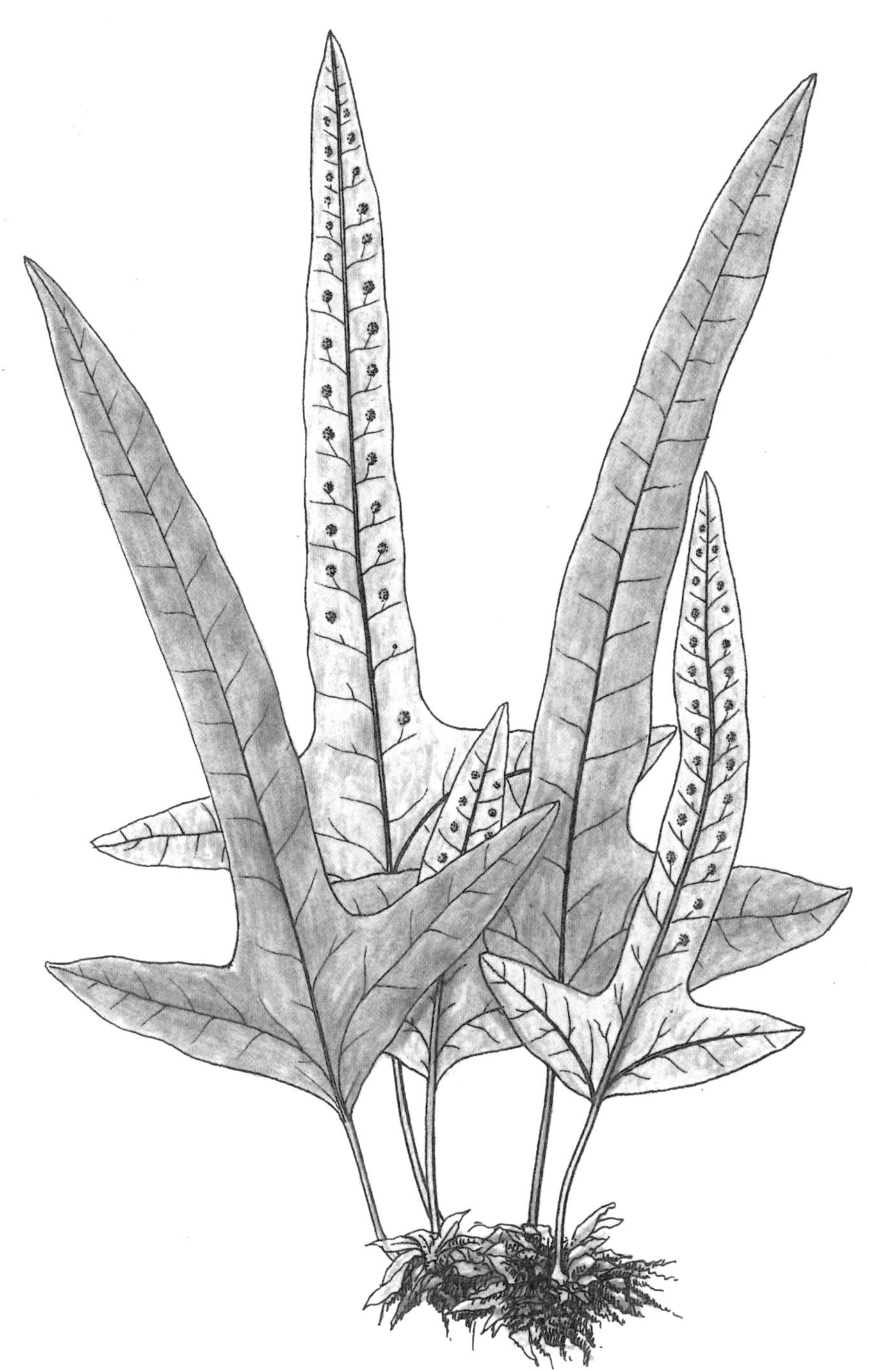

十字假瘤蕨 *Selliguea cruciformis* (Ching) Fraser-Jenk.

12. 其貌不扬的珍宝：

缘生穴子蕨

（地区绝灭 RE；再发现）缘生穴子蕨［**Prosaptia contigua** (G. Forst.) C. Presl］为水龙骨科（禾叶蕨科）穴子蕨属植物，产于中国台湾、海南、广东西北部、云南，泰国、斯里兰卡、马来西亚、印度尼西亚、菲律宾、印度南部、波利尼西亚也有分布，生长于岩石上。该种最早于 1786 年发表为鬃蕨属（*Trichomanes*）植物，被命名为 *Trichomanes contiguum* G. Forst.，模式标本于 1786 年前采自印度，为亚洲热带广布种，在中国境内曾有台湾、海南、广东和云南的分布记录，但标本馆中仅有 1940 年采于广东信宜的标本，因此 2013 年被《中国生物多样性红色名录——高等植物卷》评估为地区绝灭等级（RE），目前该种在广西和台湾均被重新发现。

根状茎短，鳞片暗棕色，狭窄，边缘密生短刚毛。叶簇生；叶柄幼时密被黑红色的短刚毛；叶片线状倒披针形，顶端急狭，基部渐狭，羽状深裂达于叶轴；羽片线形，基部扩大而与邻近的羽片基部毗连并贴着叶轴，无柄，平展或斜展，由基部向顶端渐狭，顶端钝圆，基部宽 3 ~ 5 毫米，下部的羽片逐渐缩短而较宽；主脉可见，小脉不明显；叶革质，上面无毛，下面疏被直立的毛；叶轴两面被黑红色的短刚毛。孢子囊群边缘生，着生于上部小脉的顶端，每羽片有 1 ~ 5 个，通常在羽片顶端有 1 个，其余着生在较明显的侧生裂片上，深藏叶肉内，在裂片的顶部开口。

发现之旅：从模糊认知到精确鉴别

缘生穴子蕨娇小而神秘，隐居在幽深的山谷，一直与人类保持着距离。

200 多年前，博物学家约翰·福斯特（Johann Georg Adam Forster，1754-11-21 ~ 1794-1-10）在印度采集到了缘生穴子蕨，但并未给出恰当的分类。半个世纪后，捷克植物学家卡雷尔·博沃伊·普雷斯尔（Karel Bořivoj Presl，1794-2-17 ~ 1852-10-2）建立了穴子蕨属，并在菲律宾等地陆续发现了缘生穴子蕨等几种同属植物，这才初步了解这类外形简单矮小却广泛分布于东南亚、南亚地区的蕨类。

由于几种穴子蕨属植物外形相似，鉴别上仍存在困难。最

缘生穴子蕨 *Prosaptia contigua* (G. Forst.) C. Presl

【仿绘 *Flora of Taiwan* vol. 1. pl. 79】

1. 植株，2 ~ 3. 鳞片，4. 毛，5. 裂片，6. 孢子囊，7. 孢子。

初发现缘生穴子蕨时，很多学者认为它与琼崖穴子蕨［*Prosaptia obliquata* (Blume) Mett.］高度相似，无论是根状茎与鳞片的形态，还是多毛的叶柄，甚至叶脉和叶裂都无太大差别。经过细心观察，才发现它与琼崖穴子蕨有本质的不同——琼崖穴子蕨的孢子囊群着生于叶片下方，在裂片主脉两侧各有一行；而缘生穴子蕨的孢子囊群着生于叶片裂片的边缘，这是其最典型的形态特征，也是其名字中“缘生”二字的意义。

研究名人

自然历史学家、探险家福斯特

缘生穴子蕨的发现者是德国著名自然历史学家约翰·格奥尔格·亚当·福斯特（Johann Georg Adam Forster, 1754-11-21 ~ 1794-1-10）。

福斯特出生于一个探险世家，少年时便随父亲一起开展多次科学考察。青年时期，他与大名鼎鼎的“库克船长”詹姆斯·库克完成了第二次太平洋航行，并撰写了《世界环航中的观察》，为南太平洋与波利尼西亚的地理学和民族学做出重要贡献，凭借这部令人尊敬的著作，福斯特 22 岁就加入了皇家学会。也正是这次考察，让福斯特开始接触并研究南亚的植物。

返回欧洲之后，福斯特转向学术发展。先后在卡塞尔的卡罗琳学院、维尔纽斯大学任教，1788 年任美因兹大学的图书馆馆长。他是德国启蒙运动时期的中心人物，影响了众多德国科学家，如 19 世纪德国最伟大的科学家亚历山大·洪堡。植物学是福斯特研究的核心领域，他发表了包括缘生穴子蕨在内的 600 余种植物，其中包括许多著名

的物种，如柞木属（*Xylosma* G. Forst.）、破布木（*Cordia dichotoma* G. Forst.）、珠芽铁角蕨（*Asplenium bulbiferum* G. Forst.）等，珠芽铁角蕨至今仍是西方感恩节重要的花卉。

所属类群：纤柔精致的禾叶蕨类植物

缘生穴子蕨为水龙骨科（禾叶蕨科）植物，该类植物大都为纤柔的小型附生植物。1940 年，秦仁昌先生将其设为独立的科。根据吴兆洪、秦仁昌《中国蕨类植物科属志》（1991）记载，全世界约有禾叶蕨类植物 10 属，300 种。中国有禾叶蕨类植物 6 属，约 16 种，受威胁物种为 6 种，受威胁比例为 37.5%，是蕨类中受威胁程度最高的类群之一。

《中国蕨类植物科属志》详细描述了禾叶蕨科与其近缘科水龙骨科两者间的主要区别：一是禾叶蕨科的原叶体特殊，为生长缓慢的分枝丝状，而且包被着与孢子体一样的针状毛；二是禾叶蕨科的孢子为球形、绿色，孢子囊柄仅有一行细胞，这是相对原始的性状。此外，禾叶蕨科植物的叶片簇生，通常包被着红色或灰色的针状毛，不包被鳞片。2016 年发表的基于分子证据的 PPGI 现代蕨类植物分类系统，将禾叶蕨科归入水龙骨科之中。

缘生穴子蕨 *Prosaptia contigua* (G. Forst.) C. Presl

13. 日渐式微的高山美人：

绒叶含笑

（地区绝灭 RE；再发现）绒叶含笑（绒毛含笑）［**Michelia velutina** DC. — *Magnolia lanuginosa* (Wall.) Figlar & Noot.］为木兰科含笑属常绿乔木，产于中国云南西北部和西藏南部，印度东北部、尼泊尔、不丹也有分布，生长于海拔 1500 ~ 2400 米的山坡或河边杂木林中。该种于 1824 年发表，模式标本于 1821 年采自尼泊尔，尽管记录显示该植物有多个分布点，但在中国境内仅云南和西藏有采集记录，后期相关专家多次调查均未见活体植株，因此 2013 年被《中国生物多样性红色名录——高等植物卷》评估为地区绝灭等级（RE）。目前该种在云南福贡、勐腊、楚雄、永平、西畴、昆明及西藏墨脱、察隅、林芝和波密都有采集记录，推测在野外尚未绝灭。

形态特征

树高达 15 ~ 20 米，胸径 90 厘米，树皮暗褐色。小枝髓心海绵质，具横隔的厚壁组织，幼嫩部分密被灰色长绒毛。叶上面中脉、小枝、果柄、聚合果柄及蓇葖均疏被长绒毛。叶薄革质，狭椭圆形或椭圆形，先端急尖或稍钝，有短凸尖头，基部宽楔形或圆钝，侧脉细密；叶柄密被灰色长绒毛；托叶痕长达叶柄的一半。花腋生于近枝端，花被片淡黄色，10 ~ 12 片，狭倒披针形，外轮被绢毛，内轮较狭小；雄蕊的药隔伸出成短尖头；雌蕊群及心皮均密被长绒毛。聚合果长 10 ~ 13 厘米，果柄长 1 ~ 1.5 厘米；蓇葖疏离，或集生上部，倒卵圆形，顶端圆钝，具短尖，基部收缩成柄，柄长约 5 毫米，具皮孔及疏被长毛；种子橙黄色。

发现之旅：从广布西南到日渐濒危

绒叶含笑（绒毛含笑）高大挺拔，花开满树，如亭亭玉立于山林的美人，很早便为人所知。

它是古代重要的用材树种，分布已受到人类活动的影响。1821 年，丹麦植物学家纳塔尼尔·沃利克（Nathaniel Wallich，1786-1-28 ~ 1854-4-28）在尼泊尔采集到绒叶含笑（绒毛含笑）的标本；1824 年，瑞士植物学家奥古斯丁·彼拉姆斯·德堪多（Augustin Pyramus de Candolle，1778-2-4 ~ 1841-9-9）正式将其命名发表。

绒叶含笑 *Michelia velutina* DC.

【孙英宝绘图，根据中国科学院植物研究所标本室，标本号 14583，条形码 01494397】

1. 花枝，2. 花去掉花被片（示雄蕊群和雌蕊群），3. 蓇葖果，4. 雄蕊。

中国最早的采集记录可追溯至1939年的云南。目前，国家标本平台（NSII）上收录绒叶含笑标本61份，绝大部分来自20世纪80年代，可推测当时尚有一定的种群数量。分析其采集地点，涵盖中国云南福贡、勐腊、楚雄、永平、西畴和昆明，西藏的墨脱、察隅、林芝和波密也都有采集记录，与同科的一级保护植物华盖木［*Pachylarnax sinica* (Law) N. H Xia et C. Y. Wu］相比，绒叶含笑当时的野外分布并非特别狭窄。

然而，近二十年来，绒叶含笑的观赏价值日渐显露，盗采盗挖现象日益猖獗，其生存状况急转直下。2006年《林业实用技术》相关文章提到，绒叶含笑在云南南华县大中山自然保护区有天然野生分布，但是种源稀少。

2013年《〈中国生物多样性红色名录——高等植物卷〉评估报告》指出："物种绝灭的主要原因是生境的丧失和退化。只有少数物种的绝灭主要是由于过度采集所导致的，如五加科的三七［*Panax notoginseng* (Burkill) F. H. Chen ex C. H. Chow］和木兰科的绒叶含笑（*Michelia velutina* DC.）。"

2015年，中国植物园联盟本土植物全覆盖保护（试点）计划子课题"西南－川藏地区本土植物清查与保护"项目针对藏东南、川西南本土植物的野外情况进行了调研，调查评估目标物种118个，其中绒叶含笑的数量只能用残存来形容了。绒叶含笑的濒危再次给人类敲响警钟：自然资源绝非取之不尽，物种消亡的速度远超我们的预估。

研究名人

启发达尔文的植物学家德堪多

绒叶含笑的命名人是瑞士著名植物学家奥古斯丁·彼拉姆斯·德堪多（Augustin Pyrame de Candolle，1778-2-4 ~ 1841-9-9）。

德堪多 1778 年出生于日内瓦，1796 年到巴黎求学，成为植物学家居维叶及著名生物学家拉马克的助手。拉马克甚至委托他在第三版《法国植物》中撰写序言《植物学的基本原理》，德堪多在这篇文章中，大胆提出植物分类应该服从自然原则，而不是植物分类学鼻祖林奈的人为分类原则。

1804年，德堪多获得医学博士学位。出版了《植物的医学用途试验》《法国蔷薇的植物学分类》《植物学基本理论》等一系列著作，并受法国政府委托，每年夏季对法国全国植物和农业进行普查。

德堪多首先提出“自然的战争”理论，指出不同的物种为了争夺空间互相之间在进行战争。达尔文于 1826 年在爱丁堡大学研究了德堪多的自然分类系统，并在 1839 年邀请德堪多共进晚餐，讨论其物种进化思想。德堪多的理论最终启发了达尔文的自然选择原理。

为纪念德堪多的卓越贡献，后人以他的名字命名了两个属：瘤籽檀属（*Candolleodendron*）和南洋石韦属（*Candollea*）。

所属类群：亟须保护的含笑属植物

全球含笑属植物大约有 70 种，分布于亚洲热带和亚热带地区，多为美丽优雅的观赏树种。中国目前统计到的有 39 种，其中特有种类 20 种，大部分为珍稀濒危植物。

中国含笑属的代表性植物有：乐昌含笑（*Michelia chapensis* Dandy），树荫浓郁，花香醉人，是著名的观赏树种，现为国家二级保护植物，被《IUCN 濒危物种红色名录》列为近危级别（NT）；香子含笑［*Michelia gioii* (A. Chev.) Sima et H. Yu.］，树高可达 20 米，为优良的用材树种，花朵可提取芳香油，国家二级保护植物，中国特有植物；黄心夜合［*Michelia martini* (Lévl.) Lévl.］，有美丽的淡黄色花朵，四季常绿，为珍贵的观赏植物，被《IUCN 濒危物种红色名录》列为易危级别（VU）；石碌含笑（*Michelia shiluensis* Chun & Y. F. Wu），花朵白色，中国特有种，较早被中国列为珍稀濒危的含笑属植物之一，被《IUCN 濒危物种红色名录》列为濒危级别（EN）；峨眉含笑（*Michelia wilsonii* Finet & Gagnep.），极富观赏价值的园林植物，树形高大，叶色亮绿，四季常青，尤以花朵重瓣、花香四溢著名，为国家二级保护植物。

绒叶含笑 *Michelia velutina* DC.

14. 白马岭上的诗解之谜：

尖花藤

（绝灭 EX）尖花藤［**Friesodielsia hainanensis** Tsiang & P. T. Li — *Richella hainanensis* (Tsiang & P. T. Li) Tsiang & P. T. Li］为番荔枝科尖花藤属攀缘灌木，中国特有种，产于海南岛，生长于山地密林中。该种最早于 1964 年发表，模式标本于 1936 年采自海南保亭宫寮村白马岭，目前该种仅有模式标本，至今多次采集均未见到野外活体。因此 2013 年被《中国生物多样性红色名录——高等植物卷》评估为绝灭等级（EX）。

全株无毛或仅叶背中脉上略被微毛。叶纸质，长圆形或长圆状椭圆形，长 10 ~ 21.5 厘米，宽 3.7 ~ 7.5 厘米，顶端急尖或短渐尖，基部浅心形，叶背苍白色；中脉和侧脉在叶面扁平，在叶背凸起，侧脉每边 13 ~ 15 条；叶柄长 5 ~ 8 毫米。成熟心皮近圆球状，长 1 厘米，直径 8 毫米，顶端有短尖头，光滑无毛，内有种子 1 颗；种子近圆球状，长 8 毫米，直径 6 毫米，种皮薄，棕色；果柄长 1 厘米；总果柄柔弱而长，单生于叶腋内或腋外生，或腋上生，长 5.3 ~ 7.5 厘米。

发现之旅：从惊鸿一瞥到杳无踪迹

1936 年 10 月 27 日，植物学家刘心祈进入海南保亭县宫寮村白马岭，在山坑中的野生密林里发现了一株高 3 米的奇特植物。刘心祈采集标本后，初步鉴定为番荔枝科皂帽花属（*Dasymoschalon*），将标本收藏于中国科学院华南植物研究所标本室。

几十年后，著名植物学家蒋英、李秉滔看到了这份标本，通过仔细鉴定，认为其属于番荔枝科尖花树属，且为中国特有的新种。1964 年，蒋英、李秉滔在《植物分类学报》将其正式定名为尖花藤（*Friesodielsia hainanensis*）。1979 年，蒋英、李秉滔编写《中国植物志》相关条目时，认为尖花藤属与尖花树属两者的区别较小，仅在于成熟心皮有无柄和种皮薄或厚的一

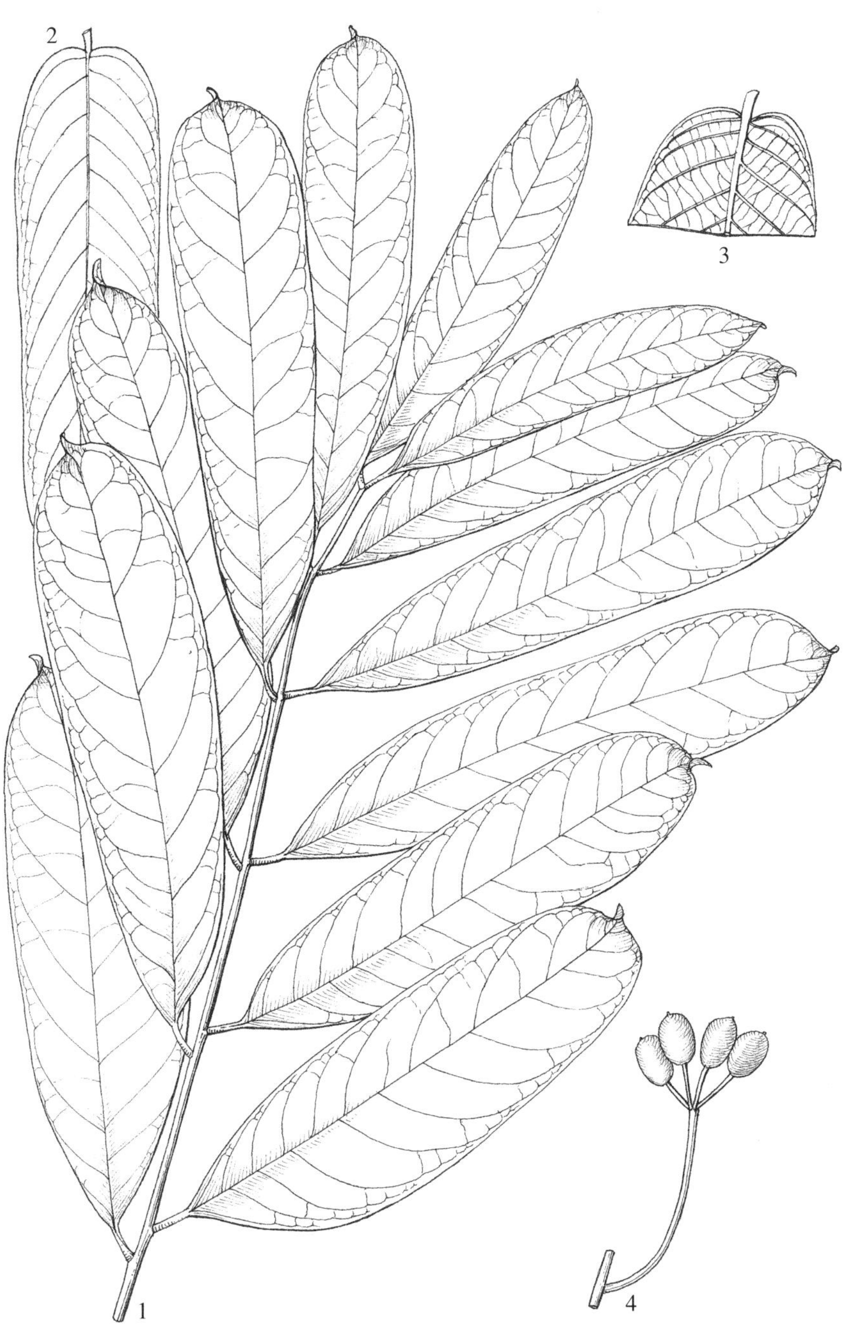

尖花藤 *Friesodielsia hainanensis* Tsiang & P. T. Li

【孙英宝绘图，根据中国科学院植物研究所标本室，标本号 01186897】

1. 叶枝，2. 叶，3. 叶背面观（示叶脉），4. 果枝。

点差异，而将两属合并，因此《中国植物志》上的尖花藤学名为 *Richella hainanensis*。新的 *Flora of China* 认为尖花藤没有花的形态特征，尖花藤的归属应当存疑，而用回了其原始名称。目前的植物学文献中，两个拉丁学名都有应用，常会造成混淆。

除了学名，尖花藤还有一点令人困惑，那就是自 1936 年刘心祈首次发现后至今，再无人发现或采集到尖花藤。国家标本平台上的标本仍只有 1 份，照片数量为 0。2013 年，由生态环境部（原环境保护部）和中国科学院联合编制的《中国生物多样性红色名录——高等植物卷》评估报告中，将尖花藤列入绝灭等级。

当年白马岭上的尖花藤从何而来？是否在别处还有同类？中国尖花藤尚有许多谜团，有待植物学家们去破解。

研究名人

著名植物学家蒋英

尖花藤的定名人是中国杰出的植物学家蒋英。

蒋英 1898 年 11 月 6 日出生于江苏省昆山县（今昆山市）。1917 年，蒋英考入上海沪江大学文学院，后来为了心爱的植物学，他决然中断学业，重新考取南京金陵大学农学院森林系。毕业后，蒋英与陈焕镛、秦仁昌等植物学泰斗一起工作，迅速成为出色的植物学家。1941 年春，荷兰国立植物标本馆发出聘书，重金聘请蒋英为他们编写《马来西亚植物志》，鉴于国内科研任务艰巨，他复信婉言谢绝，并赋诗抒怀：“挥手光阴四十春，如云逸志浥清尘。还将白雪酬初愿，谢却黄金抱璞真。”

新中国成立后，蒋英凭借深厚的植物学知识为中国植

物学研究做出了卓越贡献。1951 年，他被委任为两广野生橡胶资源调查队队长，经过艰难的搜索，他在广东三灶岛发现一种含胶量达 35% 的优质野生橡胶藤，名为花皮胶藤，之后又用两年时间，陆续发现酸叶胶藤、红杜仲藤、毛杜仲藤、鹿角藤等多种含胶量高的野生橡胶植物，填补了中国橡胶资源调研的空白。

20 世纪 50 年代末至 60 年代初，治疗高血压病的蛇根木被外国垄断，国外禁止此药物向中国出口，即使要买一点蛇根木生物碱，每 50 克要价也高达 937 元。蛇根木是夹竹桃科萝芙木属植物。蒋英不相信在中国找不到蛇根木或近缘种。1961 年，他经过 8 个多月的调查研究，终于在云南南部发现了野生的蛇根木，与国外的蛇根木相比，不仅疗效相同，副作用还小。

1973 年，蒋英从国外文献中看到一种每年可长几米高的树——团花［黄梁木 *Neolamarckia cadamba* (Roxb.) Bosser］，他立即翻阅了早年的调查笔记，查到中国广西十万大山等地有野生群落，便把文章译出送交有关部门，建议广西林业部门组织采集种子。现在，这种被誉为“奇迹树”的黄梁木，已被列为全国速生丰产树种。

所属类群：热带雨林中的“活化石”——番荔枝科植物

尖花藤属所在的番荔枝科，其所含植物是世界热带地区重要的植物类群，具有重要的生态功能与经济价值。

番荔枝科植物大部分为高大木本植物，在热带雨林中常居于高林层或次林层中，木材坚硬，树干挺直，适用于建筑、家具等用材。其植物体内富含多种化合物，或作为香料，如依兰、鹰爪花；或作为药用植物，在防治肝癌药物提取方面也有着可喜前景。

中国有番荔枝科植物 24 属，103 种，6 变种，其分布具有重要的地理与气候研究价值，达尔文曾把该科植物称为“活化石”，番荔枝科植物具有远距离间断分布特征，为泛热带分布。根据著名植物学家塔赫他间（Takhtajan）研究，认为番荔枝科植物的“故乡”在亚洲。有研究认为，在云南东南部植物区系中具有丰富的东亚植物区系的代表成分，但在云南南部植物区系中却有如番荔枝科植物这类热带亚洲代表成分，这说明云南南部植物区系与东南部植物区系可能具有不同的起源背景，在云南南部与东南部之间可能存在一条历史生物地理线，这条生物地理线暂命名为“华线（Hua line）”。

尖花藤 *Friesodielsia hainanensis* Tsiang & P. T. Li

15. 八桂山上的遗珍：宁明琼楠

（绝灭 EX）宁明琼楠（**Beilschmiedia ningmingensis** S. K. Lee & Y. T. Wei）为樟科琼楠属乔木，中国特有种，产于广西，生长于山坡或溪边的杂木林中，海拔 1200 米。该种于 1979 年发表，模式标本于 1935 年采集自中越边境的公母山（今属广西壮族自治区崇左市宁明县），该种至今 80 多年未再发现野外活体，并且因为排雷，部分山体被炸，其原生境遭到严重破坏。因此 2013 年被《中国生物多样性红色名录——高等植物卷》评估为绝灭等级（EX）。

株高 12 米；树皮灰黑色或灰黄色。枝条灰褐色，有细条纹；小枝纤细，近圆形，略具棱。顶芽细小，密被锈褐色短绒毛。叶对生或近对生，纸质或近膜质，常密聚于枝梢，长圆形至长圆状披针形，长 7 ~ 10 厘米，宽 2 ~ 4 厘米，先端钝、圆形或短渐尖，基部阔楔形或近圆形，两面被糠秕状微毛，尤以下面为甚，中脉在两面均凸起，侧脉每边 8 ~ 12 条，纤细，上面不明显，下面稍凸起，小脉疏网状，极细，两面均不明显或稍明显；叶柄长 5 ~ 10 毫米，密被糠秕状微毛。花序圆锥状或总状，顶生，长 2 ~ 4 厘米，各部分密被糠秕状微毛；花被裂片卵圆形，第三轮雄蕊花丝基部有 2 枚具柄腺体；退化雄蕊箭头形；子房椭圆形。果椭圆形，熟时黄色，干后黑色，平滑，微被糠秕状微毛。

发现之旅：从标本采集到正式定名

1935 年 12 月，中山大学农林植物研究所专职植物采集员梁向日进入中越边境的公母山，在一片莽荒的杂木林中，发现了一株与众不同的樟科植物。

梁向日是近代中国十分活跃的植物采集家。20 世纪 30 年代供职于中山大学农林植物研究所，曾于广西十万大山及海南岛等地进行过多年植物采集。他采集的植物标本达两万份以上，其中模式标本就有四百余份。这些标本对研究中国华南地区的植物具有极其重要的价值。为纪念梁向日的贡献，樟科软

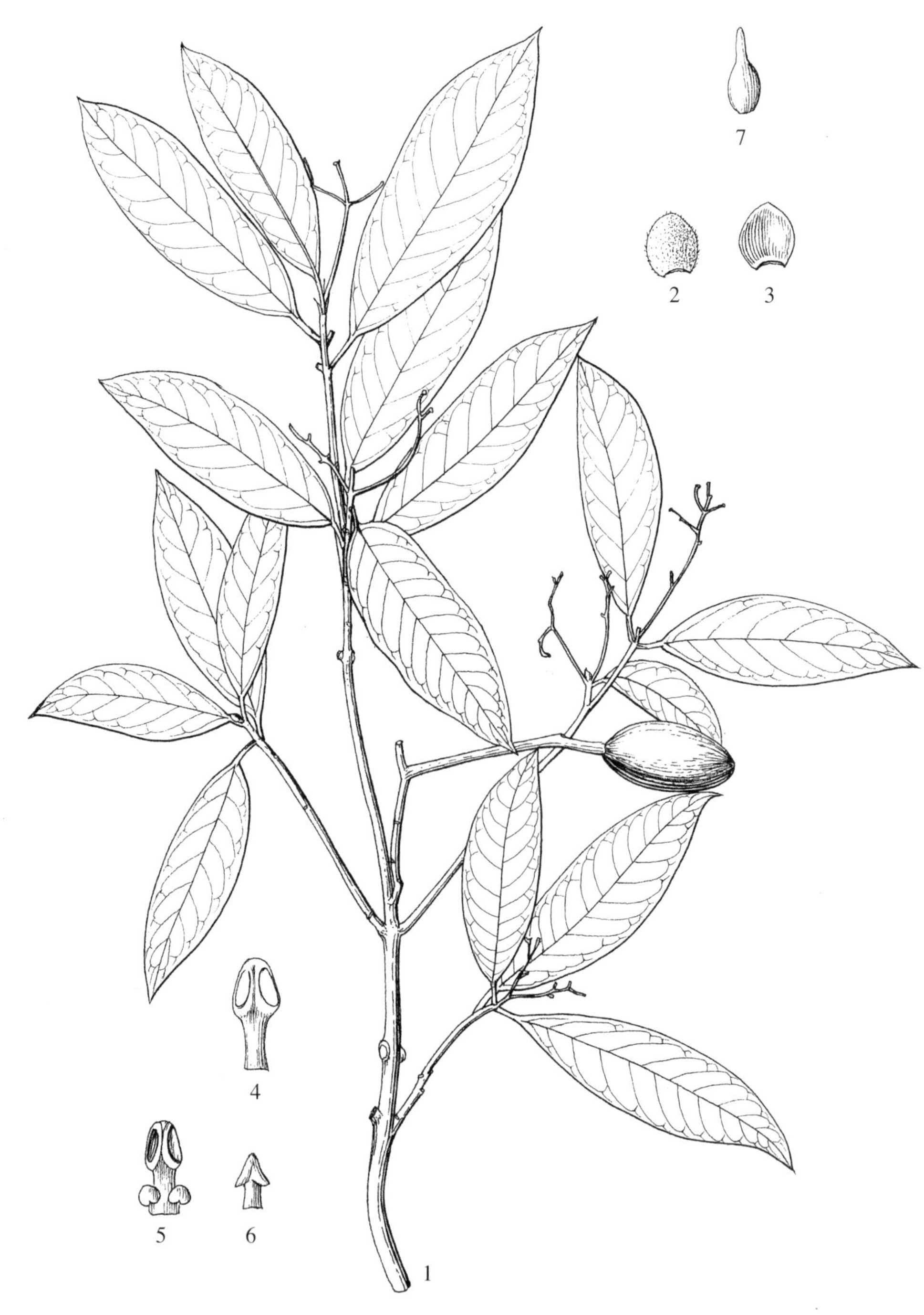

宁明琼楠 *Beilschmiedia ningmingensis* S. K. Lee & Y. T. Wei

【孙英宝绘图，根据中国科学院广西植物研究所标本室，标本号 33727】

1. 果枝，2. 花被片背面观，3. 花被片腹面观，4. 第一、二轮雄蕊，5. 第三轮雄蕊，6. 退化雄蕊，7. 子房。

皮桂（*Cinnamomum liangii* Allen）的种名以梁向日的姓氏命名。

梁向日将这株樟科植物的枝叶制成标本（编号 67429），可惜当时并未有人能给出准确鉴定。直到近 40 年后，中国著名樟科植物专家李树刚、韦裕宗等整理旧标本，鉴定其为中国特有的植物新种宁明琼楠。可惜或因气候变化，或因人类过度砍伐，自 1935 年之后再无人发现过宁明琼楠的活体植株，这份标本既是模式标本，也是其存在过的唯一证明。

研究名人

樟科植物专家李树刚

宁明琼楠的定名人是中国著名植物学家李树刚（1915-5 ~ 1997-11）。

1936 年，李树刚师从陈焕镛先生，在广西大学植物学研究所开始了其科研生涯。广西虽然是植物资源大省，但植物学研究基础却十分薄弱，初期的 4000 份植物标本全部由广东中山大学赠送。李树刚与同事们徒步走遍广西各地，采集了 35 万余份标本，积累了丰富的实践经验。

三年困难时期，广西屡次发生大规模食用野菜中毒、死亡事件。有一次，医院深夜派人找到李树刚，请他前往鉴别患者所食的野生有毒植物。李树刚连夜采集标本，作出鉴定，绘制成图，立即印刷多份分发给群众以供识别。随后他昼夜奋战，仅用 10 天主持编写了《广西野生食用植物》一书。

20 世纪 80 年代初，上海市油脂研究所立题研究旨在从乌桕油中找出类可可脂以代替进口，节约外汇，发展食品工业。正当研究人员了解到有关的乌桕油脂有毒而不得不放弃的时候，李树刚当即告知印度乌桕油脂有毒，中国的无毒，并寄去有关资料，使该课题起死回生，终获成功。

《中国植物志》是中国植物学研究的集大成之作。李树刚当选为该书编委，参与第三十一卷樟科、第四十一卷豆科、第五十二卷第二分册千屈菜科、第六十卷第一分册柿科的编写工作。在编写樟科卷时，他连续三个冬天都因病住院，每次不等病愈就赶赴北京、昆明、成都和广州等地查阅标本和考察研究。宁明琼楠正是在此期间被李树刚重新发现并定名的。

所属类群：资源丰富的樟科植物

宁明琼楠所在的樟科植物既古老又多样，全世界目前统计到的有 45 属，2000 ~ 2500 种，产于热带及亚热带地区，分布中心在东南亚及巴西。中国目前统计到的有 25 属，445 种，大多数种分布在长江以南各省、区。

樟科植物具有重要的经济价值，自古便以木材及药用闻名于世，在生活中用途很广。樟木、楠木是家具及建筑不可多得的良材。从樟树、黄樟中提取的樟脑和樟油是轻工和医药的重要原料。樟属、木姜子属、山胡椒属等果实中含有丰富的油脂和芳香油，在工业上用途很大。鳄梨是营养价值很高的水果，月桂叶是重要的香料，玉桂、乌药是著名的药用植物。

樟科琼楠属植物多为高大乔木，树干较直，材质坚硬，成为建筑、车辆及家具、农具用材。有些种类的种子可榨油，供工业用。中国有 39 种，其中 33 种为特有种，分布自西南至台湾，其中以广东、广西、云南较多。

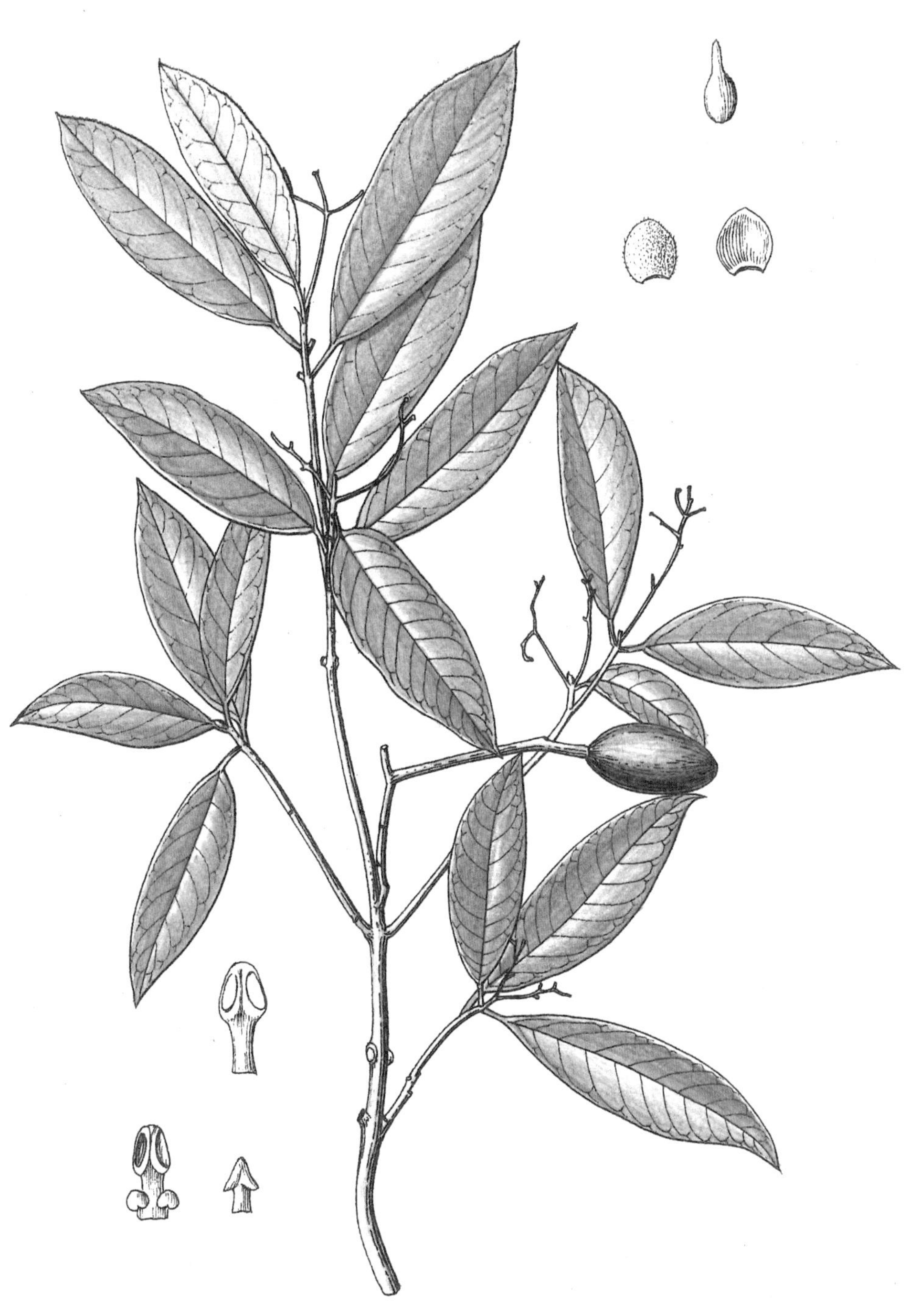

宁明琼楠 *Beilschmiedia ningmingensis* S. K. Lee & Y. T. Wei

16. 川东山林的绝响：华蓥润楠

（绝灭 EX）华蓥润楠（**Machilus salicoides** S. K. Lee）为樟科琼楠属乔木，中国特有种，产于重庆和四川东部，生长于开阔山坡林中。该种于 1979 年发表，模式标本于 1941 年采自四川广安华蓥山，华蓥山植被种类丰富，可惜森林资源在 1958 年遭到破坏，至今未再采到华蓥润楠的标本，因此 2013 年被《中国生物多样性红色名录——高等植物卷》评估为绝灭等级（EX）。

叶披针形或矩圆形，先端钝或渐尖，基部楔形，长7～11.5厘米，宽1.5～4.3厘米，腹面绿色，无毛，背面灰绿色，初密被柔毛，后沿中脉两侧密被柔毛，中脉腹面凹陷，背面明显隆起，侧脉9～10对，腹面微凸起，背面凸起，网脉纤细，明显；叶柄长0.8～1厘米。圆锥花序长约3厘米，少花，聚生于当年生的顶生短枝上，花序基部苞片线形，密被黄棕色毡毛，小苞片线形，无毛；花梗纤细，长约2毫米；花小，花被裂片卵形，近等长，长约1.5毫米，外侧无毛，果未见。

发现之旅：艰难岁月中的重要发现

1941年，正值抗战最艰苦的时期，中国科学社生物研究所的杨衔晋进入四川东部的华蓥山，进行植物调查。

那时的中国科学社生物研究所由植物学泰斗钱崇澍领导一部分科研人员从事森林植物分类研究。由于研究所属于民办机构，西迁重庆后经费困难，为了维持研究工作，钱崇澍只能带领社员们种菜养猪，兼职讲课赚钱。即使面临如此困境，杨衔晋等人仍旧进行着严谨的植物学调查，发表了《中国的楠木》《四川新木本植物二种》《四川女贞属之记述》《樟科植物之新种》以及《四川东部之新木本植物》等研究论文。

全世界唯一一份华蓥润楠标本（Y. C. Yang 4088）就是在如此困境下，由杨衔晋采集于华蓥山的。不过，当时并未给出准确的鉴定。1979年，樟科植物专家李树刚、韦裕宗重新鉴定

华蓥润楠 *Machilus salicoides* S. K. Lee

【孙英宝绘图，根据江苏省植物研究所标本室，标本号 4088，NAS00070928】

一段花枝。

这份标本，确定其为中国特有的植物新种，正式命名为华蓥润楠（*Machilus salicoides*）。

华蓥润楠迄今只有一份标本，可以间接说明其分布范围的狭窄，又因其生境接近人类活动区，最终难逃消亡的噩运。自1941年后再无人发现它的身影，成为植物学界的一大遗憾。

研究名人

植物学名家杨衔晋

华蓥润楠标本采集者杨衔晋（1913-5-4～1984-2-6）是中国杰出的植物分类学家，东北林业大学的奠基人之一。

杨衔晋出身书香门第，自幼聪敏过人。中学毕业后，以优异的成绩同时考取四所大学，最终选择了南京中央大学农学院森林系。大学期间，他仅用三年时间就完成了所有必修、选修课学分，开始跟随耿以礼（1897～1975）教授研究竹类。每年寒暑假，杨衔晋都自费到野外调研考察，采集大量标本，写出第一篇论文《南京的竹类》，引起校方重视。

1935年大学毕业后，杨衔晋留校任助教，翌年主讲树木学，并带学生实习。为了广泛考察、深入研究中国植物，杨衔晋于1937年离开中央大学，加入民办的中国科学社生物研究所，开始了长达八年的植物学考察研究，发表了一系列论文。1944年秋，他考取了农林部留美实习生，赴美国耶鲁大学林学院深造。1946年回国后，任上海复旦大学教授，同时兼任河南大学（校址1948年6月～1949年7月在苏州）、上海同济大学教授。

新中国成立后，杨衔晋于1950年5月从上海复旦大学借调到哈尔滨东北农学院森林系任教授兼系主任。一年借

调期满后，继续留任，扎根东北。1952 年全国院系调整后，成立东北林学院，同年 12 月起，他任东北林学院教授、林工系主任、教务部主任等职。1962 年任东北林学院副院长，1979 年任院长，为东北林学院贡献出了他的后半生。

所属类群：盛产良材的润楠属植物

华蓥润楠属于樟科润楠属。该属植物全球约有 100 种，中国有 82 种，其中 63 个为特有种，是润楠属植物分布多样性中心。该属植物是南方重要的经济林木，在园林应用、木材、香料等方面占有重要地位。

中国自古称楠、樟、梓、桐为“江南四大名木”。位居首位的楠木是润楠属、楠属、赛楠属部分用材树种的统称。润楠属中的红楠（*Machilus thunbergii* Sieb. & Zucc.），木材紫红色，纹理细密光滑，自古素有 “软木之王”之美称。同时，红楠耐瘠薄并具有较强的抗盐、抗风能力，作为东南沿海地区的造林树种，具有良好的生态功能。此外，刨花润楠（*Machilus pauhoi* Kanehira）既是良材，又含有黏液可作黏合剂，是重要的经济树种。润楠属植物树姿雄伟，枝繁叶茂，四季清香宜人，不仅是著名的观赏及绿化树种，还是化工和医药的重要原料。如滇润楠、润楠、刨花润楠等植物叶研粉可作香叶粉，香叶粉不仅可以用作各种薰香、蚊香的调和剂或饮用水的净化剂，也可提制芳香油。同时，润楠属植物的种子油可制肥皂及润滑油，树皮可作褐色染料。滇润楠叶的提取物可作为一种环境友好型金属缓蚀剂，也可作为地质钻探的泥浆处理剂，是具有高价值的工业原料植物。

华蓥润楠 *Machilus salicoides* S. K. Lee

17. 惊艳回归的水中仙子：水菜花

（地区绝灭 RE；再发现）水菜花［**Ottelia cordata** (Wall.) Dandy］为水鳖科水车前属水生草本，产于中国海南，孟加拉国、柬埔寨、缅甸和泰国也有分布，生长于淡水沟渠及池塘中。该种最早于 1830 年发表为 *Boottia cordata* Wall.，模式标本于 1826 年采自缅甸，尽管该种国外分布较广，但在中国境内仅海南有分布记录，最早标本于 1932 年采自文昌铜鼓山附近，此后 80 多年内没有再发现野外活体，尽管近年来相关专家多次前往铜鼓山调查仍一无所获，因此 2013 年被《中国生物多样性红色名录——高等植物卷》评估为地区绝灭等级（RE）。同年在海南海口羊山湿地被重新发现。

须根多数，茎极短；叶基生，异型；沉水叶长椭圆形、披针形或带形；浮水叶阔披针形或长卵形。花单性，雌雄异株；雄佛焰苞外有排列成行的疣点，内有雄花10～30朵；萼片3，广披针形，淡黄色；花瓣3，倒卵形，白色，基部带黄色，具纵条纹；雄蕊12枚，排列为2轮，外轮比内轮短，花丝上密被绒毛，花药药隔明显；退化雄蕊3枚，与萼片对生，黄色，扁平，先端2裂，有乳头状凸起；腺体3，黄红色，与花瓣对生；退化雌蕊1枚，圆球形，具3浅沟；雌佛焰苞内含雌花1朵，花被与雄花花被相似，稍大；子房下位，长圆形，光滑，通常隔成不完全的9～15室，侧膜胎座；花柱9～18枚，先端2裂，扁平状，裂缝间具毛状乳头；退化雄蕊3～8枚；腺体3枚，与花瓣对生。果实长椭圆形。

发现之旅：跨越百年的重逢

1826年，丹麦著名植物学家沃利克进入缅甸的伊洛瓦底江阿瓦地区，发现了一种奇特的水生植物：植株有宽大的叶片，却整体沉入水中；花朵挺拔出水，却与睡莲、荷花截然不同，为严格的雌雄异株植物，雌花硕大单生，雄花较小，十余朵集生在佛焰苞中。沃利克于1830年将其正式发表为 *Boottia cordata*，即水菜花。

时隔百年后，植物学者冯钦于1932年首次在海南文昌铜鼓山附近采集到水菜花，这是中国首次采集记录。没想到此后

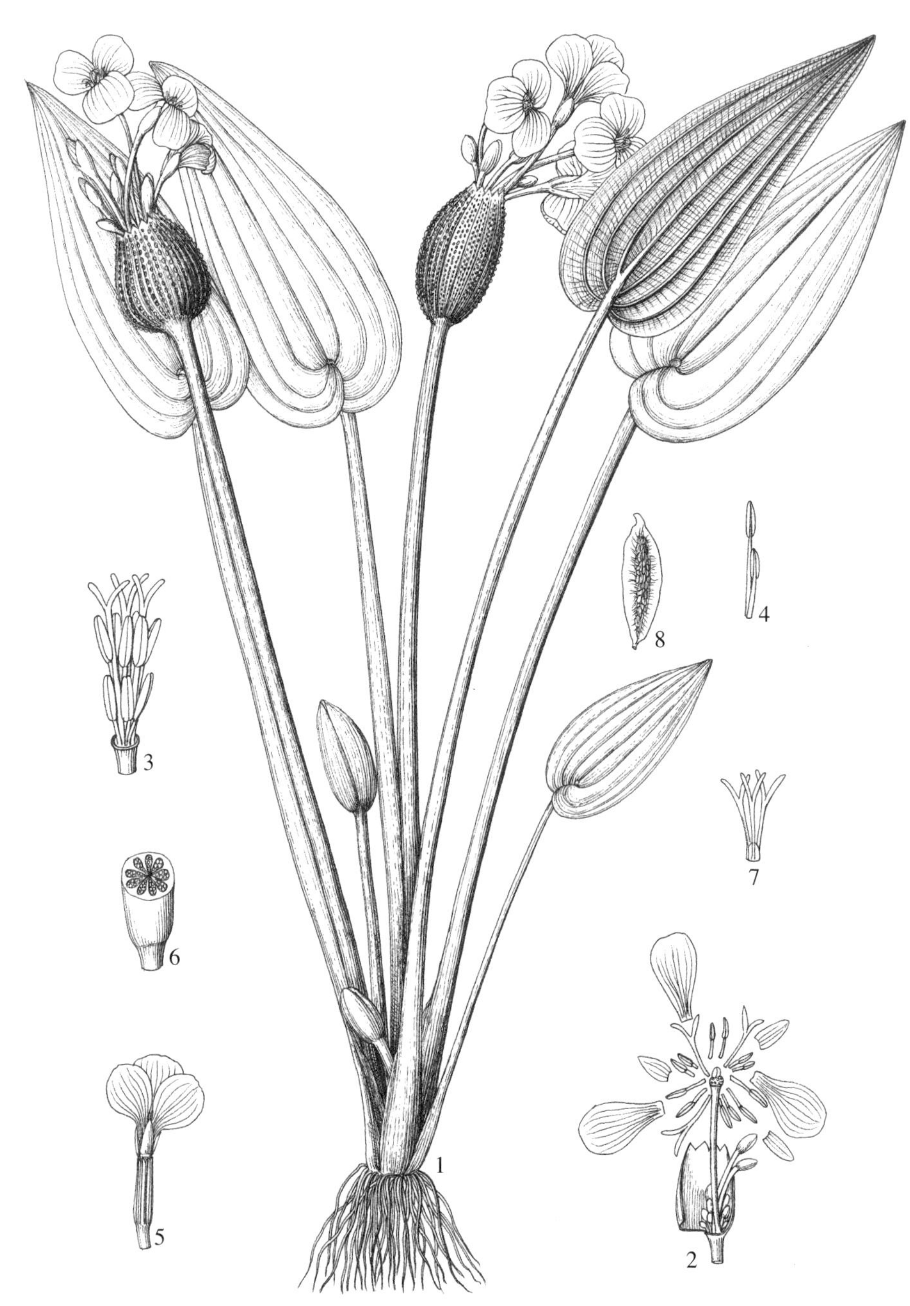

水菜花 *Ottelia cordata* (Wall.) Dandy

【孙英宝绘图，根据森林环境暨资源学系标本馆，台湾大学 No. 20444 标本】

1. 雄株，2. 雄花序展开，3. 雄蕊及退化雄蕊，4. 雄蕊，5. 雌花，

6. 子房横切，7. 雌花花柱，8. 种子。

80 年，竟再无人见过水菜花的身影。分析原因有两点：第一，水菜花分布非常狭窄，作为典型的沉水植物，它对水质的洁净度和清晰度要求极高，如果水质不清澈透明，就无法进行光合作用而正常生长；第二，海南受环境和气候变化、渔业开发、湿地破坏等影响，水体质量发生变化，加之水葫芦入侵，导致水菜花适生地缩减。

2013 年，水菜花被评估为地区绝灭等级（RE）。然而就在同年，水菜花竟惊喜回归：它在海南海口羊山湿地被重新发现，且有数个相对完整的群落。

如今，水菜花已经成为羊山湿地乃至整个海南的标志性植物之一。政府为保护它，规划建立了 45 个湿地保护小区，逐渐形成了一道独特的风景。水菜花四季开花，在蓝天白云下，一簇簇洁白的柔花盛开在清澈的水面上，随波荡漾，散发出阵阵清香，有时一阵大风吹来，柔嫩的花瓣摇曳不止，偶尔娇不胜力，栽倒在绿叶上，显得楚楚可怜。2019 年，海口一辆新交付的城市列车就命名为“水菜花号”，整个车身彩绘着美丽的水菜花图案，格外清爽夺目。水菜花与中国这份奇妙的缘分，还将演绎出更多精彩的故事。

研究名人

闻名世界的植物采集者沃利克

水菜花的采集者和命名人是丹麦人纳塔尼尔·沃利克（Nathaniel Wallich，1786-1-28 ~ 1854-4-28），他以采集南亚植物闻名于世，其经历颇为传奇。

1807 年，沃利克到达印度，恰逢丹麦在印度的殖民地被英国占领，沃利克直接被英国人关进监狱，因为擅长植

物学才被假释，担任英国东印度公司植物学家威廉·卢克斯堡（William Roxburgh，1751-6-29 ~ 1815-4-10）的助手。尽管沃利克体弱多病，但短短五六年后，他就凭借出色的植物采集与分类能力令英国人叹服。当时，他创造了将活体标本运回英国的最高纪录，还通过把种子存放在黑糖中运送，提高了种子的存活率。

沃利克最出名的工作是制作了著名的《沃利克目录》，其中收录了超过 20 000 份标本资料，大部分为他本人采集，其各项标注十分清晰科学。时至今日，沃利克收藏的标本仍在英国邱园标本馆中独立存放，称为“沃利克标本集”(K-WALL)。此外，沃利克还常把标本的副本寄送给博物学家约瑟夫·班克斯爵士（Sir Joseph Banks，1743-2-24 ~ 1820-6-19），这部分亦十分珍贵，也保存于邱园。

除了专攻印度植物，沃利克还经常去周边国家采集，水菜花就是在采集工作中的收获。1826 年，沃利克出版《尼泊尔植物图志》，1832 年出版了著名的《亚洲珍稀植物》，成为当时极为重要的植物著作。为了纪念他的工作，许多植物以他的名字命名，如西南木荷（*Schima wallichii* Choisy）、西藏红豆杉（*Taxus wallichiana* Zucc.）、大羽鳞毛蕨［*Dryopteris wallichiana* (Spreng.) Alston & Bonner］等。

所属类群：同属濒危植物海菜花

海菜花［*Ottelia acuminata* (Gagnep.) Dandy］和水菜花同为水鳖科水车前属植物，也是重要的珍稀濒危水生植物。与水菜花相比，海菜花的花朵由两性花进化到单性花，出现雄蕊和花柱数目减少等现象，对研究水鳖科的演化有科学价值。同时，种群叶的形态多样性和较大变异性对于研究生态因子与形态建成相关作用有重要意义。

海菜花为中国特有植物，分布于云南、贵州、广西，是古老的民族蔬菜和药用植物，称为龙爪菜、海菜、水性杨花等。在云南，许多农贸市场都出售海菜花的花，在酒店、饭店也有用海菜花做成的菜肴，是当地人喜爱的蔬菜。广西、贵州等地的人们不吃海菜花，但多采挖其植株作为牲畜饲料或鱼饲料。

和水菜花一样，海菜花也生活在清洁的水中。近年来，各地修建水利工程、填湖造田、盖房、建厂，对其生活环境造成严重破坏。加之土地过度施肥及生活污水排放，造成严重的水体富营养化，水葫芦、藻类繁殖过度，更使海菜花的处境雪上加霜。目前，海菜花已被列为国家三级濒危保护植物，广西百寿镇、鹿寨等地已开展专项保护工作。

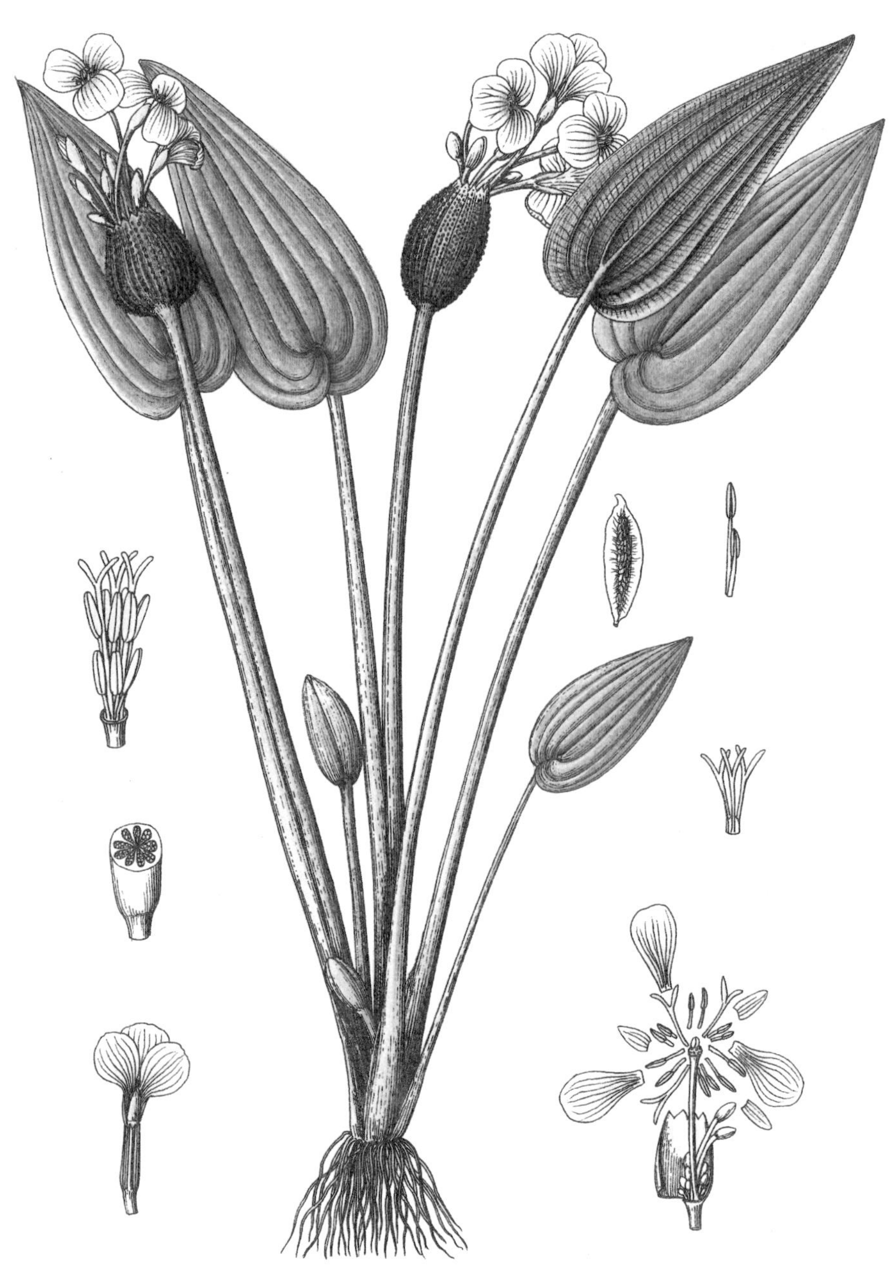

水菜花 *Ottelia cordata* (Wall.) Dandy

18. 留下最后的倩影：

拟纤细茨藻

（野外绝灭 EW）拟纤细茨藻（**Najas pseudogracillima** L. Triest）为水鳖科茨藻属一年生沉水草本，中国特有种，已知仅产于中国香港，生长于池塘中。该种于 1988 年发表，模式标本于 1971 年由胡秀英采自香港中文大学校园的湖泊中，此后 40 多年没有再发现野外活体，因此 2013 年被《中国生物多样性红色名录——高等植物卷》评估为野外绝灭等级（EW）。实际上，该种也没有进行栽培，野外绝灭也就相当于绝灭了。

植株纤细，易碎，呈黄绿色至深绿色，基部节生有不定根，株高10～20厘米。茎圆柱形，分枝多，呈二叉状。叶多为5叶假轮生，多呈簇生的数枚叶与单枚叶拟对生状态，无柄；叶片狭线形至刚毛状，下部几无齿，上部边缘每侧具极小的刺状细齿7～11枚，齿端具1黄褐色刺细胞；叶鞘显著，黄绿色至褐色，抱茎，圆形至倒心形；叶耳短，先端具刺状细齿6～7枚。花单性，1～4朵腋生，2朵以上者多只有1朵雄花，其他皆为雌花；雄花椭圆形，黄绿色，花形较小而不易发现，具1佛焰苞和1花被；雄蕊1枚，花药1室；花粉粒椭圆形；雌花显著，裸露，每雌花具1雌蕊。

发现之旅：从慧眼识别到悄然消逝

1971年11月22日，著名植物学家胡秀英漫步在香港中文大学校园湖畔，她突然停下脚步，发现在湖中许多沉水植物间有一群极为独特的植物。作为享有国际盛誉的学者，水中是何植物她一望便知。然而，这一次，她有些疑惑，这些植物初看很像纤细茨藻［*Najas gracillima*（A. Br.）Magnus Triest］，但仔细观察又有明显的差异——纤细茨藻的雄花佛焰苞明显，而这个植物的雄花佛焰苞缺失，这是一个颇具进化意义的形态特征。胡秀英当时便采集了标本。

茨藻虽名为“藻”，却不是低等的“藻类”，而是不折不

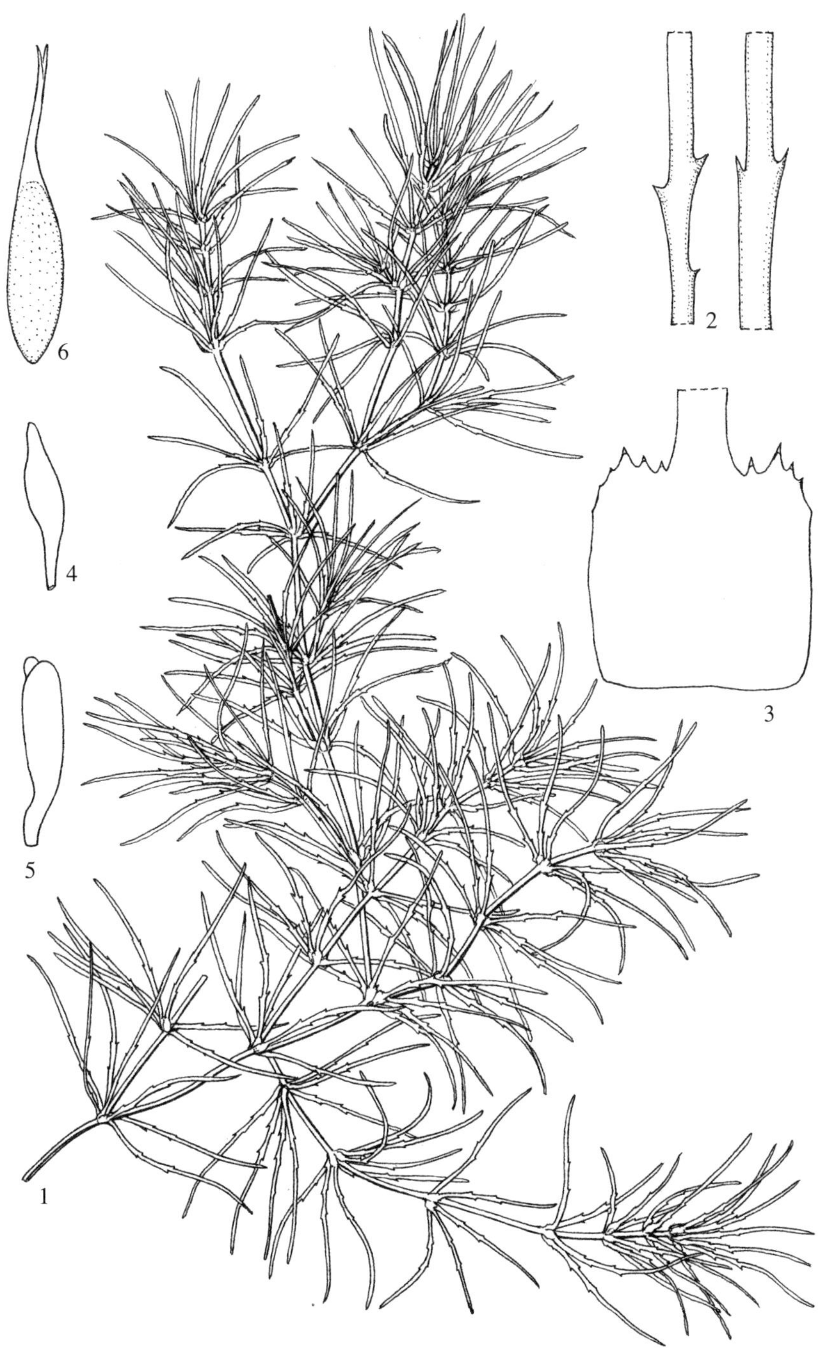

拟纤细茨藻 *Najas pseudogracillima* L. Triest

【仿绘《中国植物志 第八卷》，图版 46，陈宝联绘图】

1. 植株一部分，2. 叶片一段，3. 叶鞘，4 ~ 5. 雄花，6. 雌花。

扣的茨藻科开花植物。它们在水下生长，属沉水植物，像其他高等植物一样开花结果，并利用种子繁殖。由于生态习性特殊，茨藻容易受到水体污染、富营养化、水面减少等诸多因素影响，常常悄然消失，令人猝不及防。

19 年后，专门研究非洲和亚洲水生、湿地植物的路德维希·特里斯特（Ludwig Triest）教授正式将此植物发表，定名为拟纤细茨藻（*Najas pseudogracillima*）。它的“近亲”纤细茨藻是习性强健的广布种，在东亚温带、亚热带甚至美洲均有分布，而拟纤细茨藻为窄域种，仅在中国香港有分布。在胡秀英教授采集鉴定后，虽经多次搜寻却再无人发现。2013 年，被中国植物学界宣布野外绝灭。

研究名人

植物名家胡秀英

胡秀英（1910-2-12 ~ 2012-5-22）是国际杰出的女植物学家，亦是中国植物学界的传奇人物。

胡秀英生于江苏徐州的一户农家，哥哥姐姐均死于破伤风，父亲怕她也不能幸免，就想办法买来防破伤风的中草药给她服用，这是她与植物的第一次结缘。1934 年，胡秀英大学毕业后到岭南大学任植物学助教，同时兼读生物系硕士学位。她渴望找到专门的中草药，避免更多中国人死于破伤风，在读硕士时，就完成了研究论文《中国之补品》。

胡秀英以自己对植物的敏锐，发现了拟纤细茨藻。1938 年，胡秀英出任华西协和大学生物系讲师，其间多次不辞劳苦前往川西雪山采药。偶然在重庆九峰山发现一棵长着红果的小乔木，酷似冬青（后证实非冬青）。严谨的胡秀英带着标本到重庆中国西部科学院标本馆进行反复研究，之后写出数篇有关冬青的高质量论文，并发表了《成都植物名录》和《成都生草药用植物之研究》。

1945年，胡秀英正式被哈佛大学录取，依旧主攻冬青属植物。她的科研能力得到了美国植物学家埃尔默·德鲁·美林（Elmer Drew Merrill，1876-10-15 ~ 1956-2-25）博士的赞赏，哈佛大学为此给胡秀英颁发了全额奖学金。1949年，胡秀英获得博士学位和哈佛大学优秀学生奖，成为冬青类植物专家，在国际植物学界获得“Holly Hu”之称（Holly是冬青的英文名称）。毕业后，胡秀英留在哈佛大学阿诺德树木园从事研究工作，1957年获得美国科学成就奖。

1968年，胡秀英加入香港中文大学生物系，其间编写了《香港植物志》。她的足迹遍布全港每一个角落，被称为“会走路的香港植物指南”。八九十岁高龄时，胡秀英仍坚持每周一到周六早上八点准时上班，下午四点离开。她常笑称：“我每天八点准到办公室来。如果到了十点钟还不见来，就一定是死在家里了。”

胡秀英的植物学成就斐然。在分类学上，国际植物名称索引（International Plant Name Index）收载了由胡秀英在35个科中命名的植物名称共计250个，另有1个属名和7个种名以她的名字命名。

所属类群：既陌生又重要的水鳖科植物

拟纤细茨藻所在的水鳖科（Hydrocharitaceae）为水生种子植物，广布于世界热带、亚热带地区，约有 18 个属，120 种，中国分布 11 属，34 种，5 种处于濒危或渐危状态。

水鳖科植物具有特殊的水媒传粉方式，为了适应多变的水流环境，其花朵和花序形态发生了多样的变化，有的数百朵花聚集成花序，有的则为单花。其花型变化也极为多样。

水鳖科植物是维持湿地生态平衡的重要物种。如苦草［*Vallisneria natans* (Lour.) Hara］、黑藻［*Hydrilla verticillata* (Linn. f.) Royle］对水体污染具有较好的自然净化作用。此外，部分水鳖科植物生长于稻田、水沟、池塘，茎叶嫩脆，是高营养的鱼饵及饲料，如中国常见的贵州水车前［水白菜 *Ottelia sinensis* (Lévl. & Vaniot) Lévl. ex Dandy］。

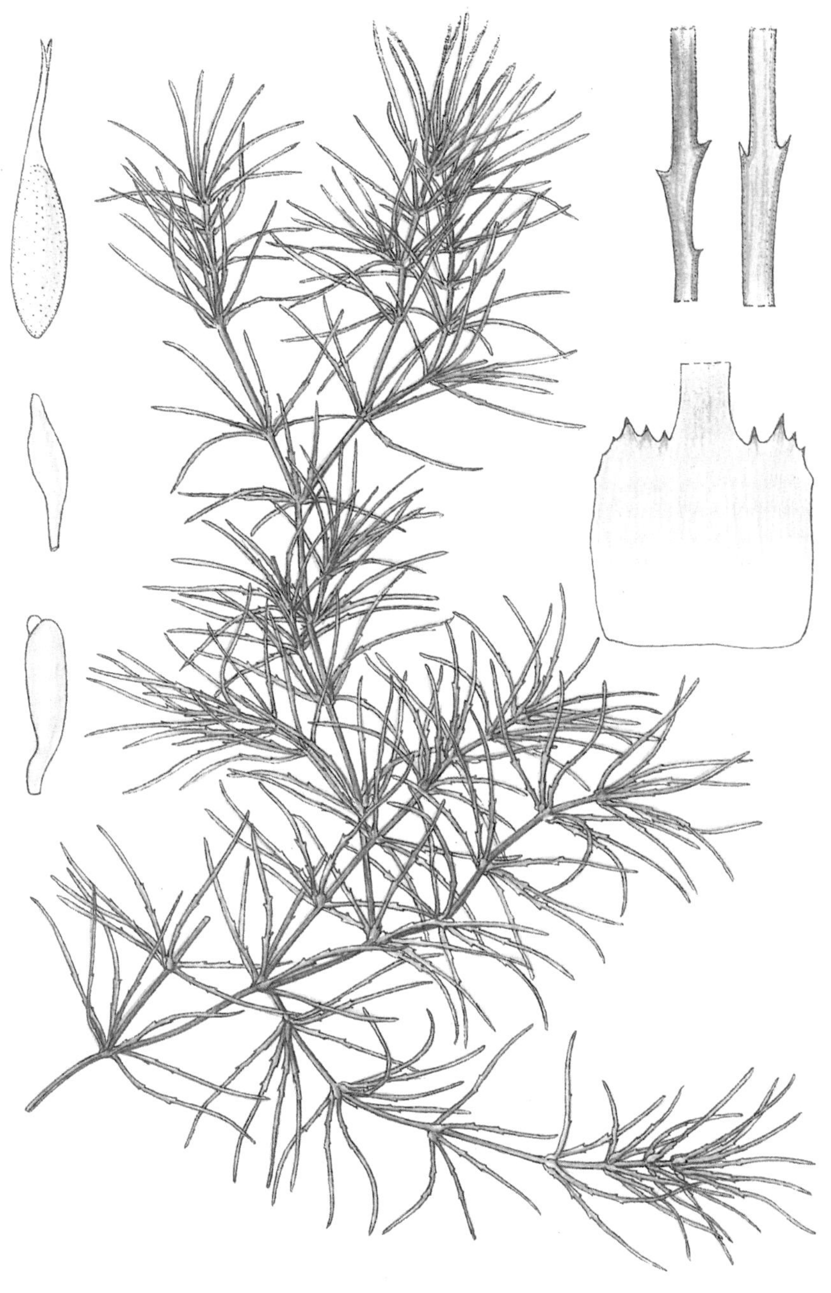

拟纤细茨藻 *Najas pseudogracillima* L. Triest

19. 湖中的神秘之花：高山眼子菜

（地区绝灭 RE）高山眼子菜（**Potamogeton alpinus** Balb.）为眼子菜科眼子菜属多年生淡水植物，产于中国新疆、黑龙江，阿富汗、印度、日本、哈萨克斯坦、韩国、缅甸、巴基斯坦、俄罗斯、乌兹别克斯坦等国家，以及欧洲、北美洲也有分布，生长于湖泊、池塘、沼泽等弱碱性水中。该种于 1804 年发表，后选模式采自意大利，尽管该种在欧亚大陆广泛分布，但在中国境内相关记录较少，最早记录可能为 1956 年采自新疆的标本，此后 1984 年在内蒙古也有采集记录。由于原有采集点生境大都遭到破坏，此后相关专家多次考察均未见野外活体，因此 2013 年被《中国生物多样性红色名录——高等植物卷》评估为地区绝灭等级（RE）。另有研究认为，该种可能与异叶眼子菜（*Potamogeton heterophyllus* Schreb.）为同一物种。

植株通常带有淡红色，尤其是干燥时更为明显。根茎纤细。茎圆柱状，直径 1.5 ~ 2 毫米，不分枝，但有时具水平匍匐茎。叶异形；托叶腋生，回旋，草质，稍丛生，长 12 ~ 35 毫米。沉水叶无柄，叶片披针形到线状披针形或椭圆状长圆形，长 5 ~ 38 厘米，宽 0.7 ~ 3.3 厘米，9 ~ 19 脉，叶片细胞中空接有宽阔的薄腔，基部楔形，边缘全缘，先端钝。浮水叶具叶柄；叶片椭圆形到宽披针形，长 4 ~ 9 厘米，宽 8 ~ 25 毫米，革质或近皮，5 ~ 7（~ 13）脉，基部楔形到狭楔形，边缘全缘，先端钝。穗状花序圆柱形，长 6 ~ 15 厘米，花较密集；花序梗比茎粗。心皮 4。果实倒卵形，长 2.6 ~ 3.7 毫米，背面龙骨稍尖，具短喙。

发现之旅：从北欧极地到塞外冰湖

高山眼子菜生活在寒温带水域。其沉水叶狭窄，摇曳在幽深的水下，浮水叶暗绿如毯，覆盖在水雾升腾的湖面。开花时节，根根白色的花序伸出水面，授粉后又悄然沉入水中，给水面增添了一丝神秘的气氛。

1804 年，意大利植物学家乔瓦尼·巴蒂斯塔·巴尔比斯（Giovanni Battista Balbis，1765-11-17 ~ 1831-2-3）正式发表高山眼子菜。

1984 年，中国植物学者郭友好进入内蒙古兴安盟伊尔施，在海拔 840 米的哈拉哈河河边小池中，采集到高山眼子菜的标

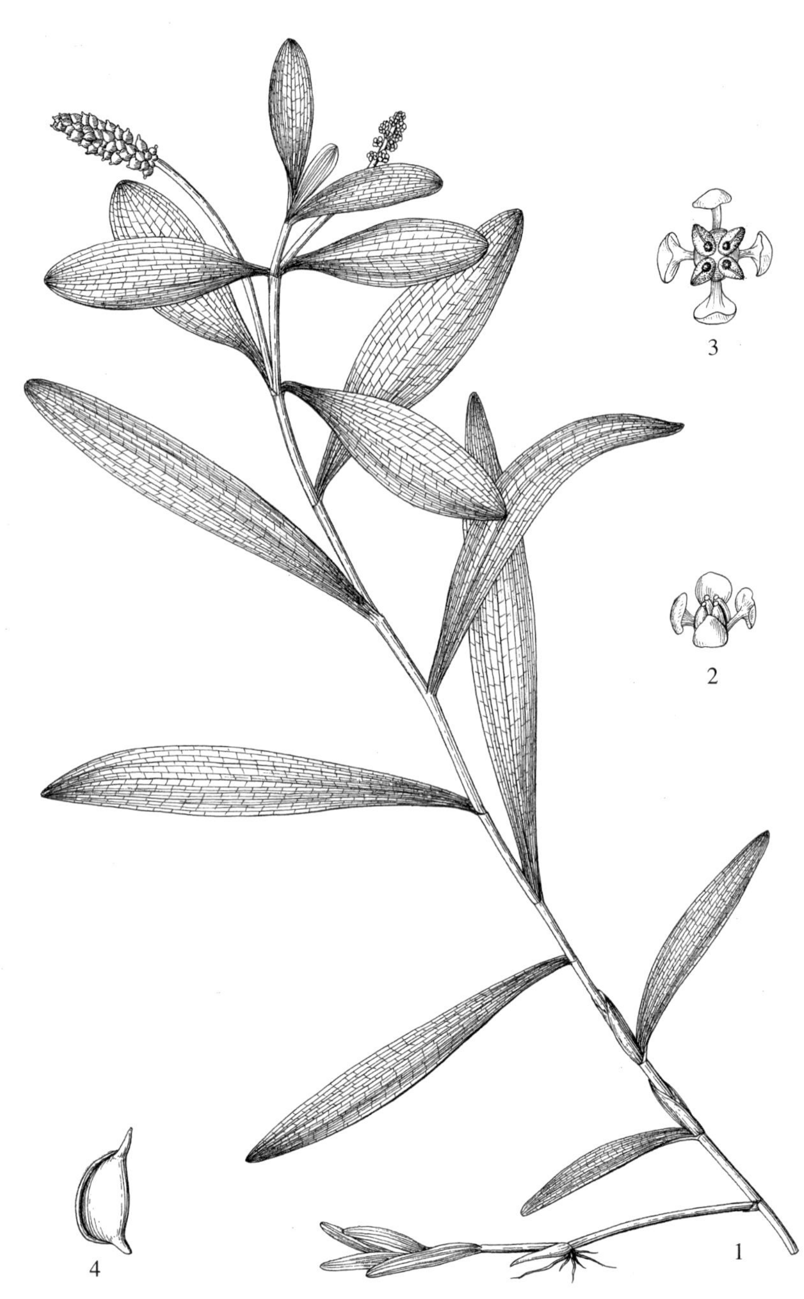

高山眼子菜 *Potamogeton alpinus* Balb.

【孙英宝绘图，根据静生生物调查所植物标本室，标本号 26868】

1. 植株一段，2. 花侧面观，3. 花顶面观，4. 果实。

本，当时将其命名为无柄竹叶眼子菜。1994 年，植物学者于丹又在大兴安岭发现了高山眼子菜的新分布。1996 年，于丹在“中国东北水生植物区划”中将高山眼子菜等分布区划为黑龙江水生植物区，隶属泛北极植物区。

中国数字植物标本馆中收藏了 25 份高山眼子菜标本样品，最早于 1884 年在日本北海道南部采集，最晚于 1989 年在瑞典采集。目前，认为其分布可达中国东北、新疆、云南、西藏等省、区，日本、中亚、欧洲、北美等其他北温带地区也有分布。

高山眼子菜喜微碱性水体环境，作为一个地区绝灭物种，相关研究在中国国内报道极少。国外学者就高山眼子菜对高浓度氯化钠（NaCl）水平的耐受生理响应进行了相关研究，发现高山眼子菜净呼吸速率随水体氯化钠浓度的升高而降低，其异柠檬酸脱氢酶（ICDH）和谷氨酸脱氢酶（GDH）的活性随处理时间的增加和氯化钠浓度升高而显著降低；在铜、铁、镍、锌、锰等重金属胁迫下，相较于同水体条件下生长的毛柄水毛茛［*Batrachium trichophyllum* (Chaix) Bosch］、金鱼藻（*Ceratophyllum demersum* L.）等植物，高山眼子菜相关抗氧化酶活性较低，重金属吸附能力较弱。

可以检索到的国内关于高山眼子菜原分布地水体污染相关的信息较少，鉴于国外对高山眼子菜的相关研究，水体富营养化等污染是高山眼子菜在中国境内地区绝灭（RE）的可能原因之一。

研究名人

建设水下草原的植物学者于丹

武汉大学教授于丹是中国著名的水生植物及湖泊生态专家，他首次在东北地区发现了高山眼子菜。

1992 年，于丹从东北林业大学博士毕业，进入武汉大学进行水生植物生态研究。他选中长江中下游的梁子湖作为试验点，尝试过种植水草修复湖泊生态。最初，由于水体污染严重、透光率差，水草成活率很低。于丹请教陈宜瑜院士，发现了先将水草种植在吊篮里，长到一定年限后再沉入水中的方法，大大提高了成活率。

梁子湖多次受到洪水影响。一次洪水过后，所有沉水植物、大多数挺水植物、上百吨鱼、蟹死亡，腐烂的尸体将水质污染。面对此景，于丹不免伤心落泪，经过多次实验，他通过种植水草，重新建立起“水下草原”。于丹在梁子湖坚守了 23 年，每年驻岛超过 300 天，18 个春节在岛上度过，终于建起 20 万亩的水生植被，形成了由沉水植物组成的“水下草原”。其强大的净化能力使水质常年达到二类，局部达到一类，有“水中大熊猫”之称的淡水桃花水母在此大面积出现。2001 年，浙江台州的水源地长潭湖连续三年暴发蓝藻水华，当地有关部门向于丹求援。于丹免费提供数吨水草，在湖底种下了“万亩草场”，此后该湖未再发生过蓝藻水华事件。

数十年间，于丹教授带领研究生走遍全国调查水草资源，高山眼子菜的东北分布由此得以发现，其生态价值与应用潜力也值得深入研究。

所属类群：令人欢喜令人愁的眼子菜属植物

中国约有眼子菜属（*Potamogeton*）植物 20 种，遍布全国。它们有“多重身份”：有的是侵害农田的杂草、有的是肥壮牲畜的饲料，还有的是守护湖泊的净化植物。本属代表性植物眼子菜（*Potamogeton distinctus* A. Benn.），常以宽平结实的叶片覆盖水面，在各地都有生动的别名，如“水案板”“水上漂”“水板凳”“鸭子草”等。眼子菜以根茎和种子迅猛繁殖，习性强健，是水田中的恶性杂草。它常在冷浸田、冬水田中滋生繁殖，可使水稻减产 30% 以上。目前多以药剂进行防治。

大多数眼子菜属植物无害，且对湖泊水域污染有一定的指示作用，如微齿眼子菜（*Potamogeton maackianus* A. Benn.）、竹叶眼子菜（*Potamogeton wrightii* Morong）等能指示有机物污染水域；穿叶眼子菜（*Potamogeton perfoliatus* L.）和浮叶眼子菜（*Potamogeton natans* L.）等可指示水域酸碱性等。

高山眼子菜 *Potamogeton alpinus* Balb.

20. 热带雨林中的攀缘者：吊罗薯蓣

（地区绝灭 RE）吊罗薯蓣（**Dioscorea poilanei** Prain & Burkill）为薯蓣科薯蓣属缠绕草质藤本，产于中国广东、海南，柬埔寨、老挝、马来西亚、泰国和越南也有分布，生长于海拔200米以下的山沟灌丛中和林边。该种于1933年发表，模式标本于1924年采自越南北部，在中国境内该种仅海南保亭吊罗山有采集记录，最早的标本于1935年采集，在1962年、1964年也均有采集记录。此后近50年，相关专家多次前往原生地寻找均没有发现野外活体，因此2013年被《中国生物多样性红色名录——高等植物卷》评估为地区绝灭等级（RE）。

根状茎横生，圆柱形，呈不规则分枝，新鲜时外皮土黄色，干后灰黄色，质硬，除去须根，表面常残留有圆点状须根痕迹。茎左旋，光滑无毛。单叶互生，薄革质，三角状深心形或近三角状箭形，长顶端渐尖，基部裂片圆耳状，两面无毛，网状脉较明显。花单性，雌雄异株。雄花序为总状花序，1～4个聚生于叶腋；雄花有梗，单生或2朵着生，稀疏排列于花序轴上；花被基部联合成管，顶端6裂，裂片长圆形或长圆状卵形，外轮较宽，内轮较狭，反曲；雄蕊6枚，着生于花被管口部。雌花序与雄花序相似。蒴果三棱状，卵圆形，顶端平截，古铜色，有光泽；种子扁圆形，着生于每室中轴中部，成熟时四周有薄膜状翅。

发现之旅：从国外定名到闪现海南

1924年，法国植物学家欧仁·普瓦兰（Eugène Poilane 1888-3-16 ～ 1964-4-30）在越南北部采集到一种精致的攀缘植物，其叶片碧绿光滑，呈优雅的心形，攀缘茎有规律地左旋生长，小心翼翼地缠绕着树木。

1933年，著名植物学家大卫·普兰（David Prain，1857-7-11 ～ 1944-3-16）与艾萨克·伯基尔（Isaac Henry Burkill，1870-5-18 ～ 1965-3-8）共同在邱园《杂文公报》上正式将其发表，定名为*Dioscorea poilanei*。1935年，中国著名植物学家侯宽昭在海南吊罗山也采集到这种植物，故以地名构成其中文

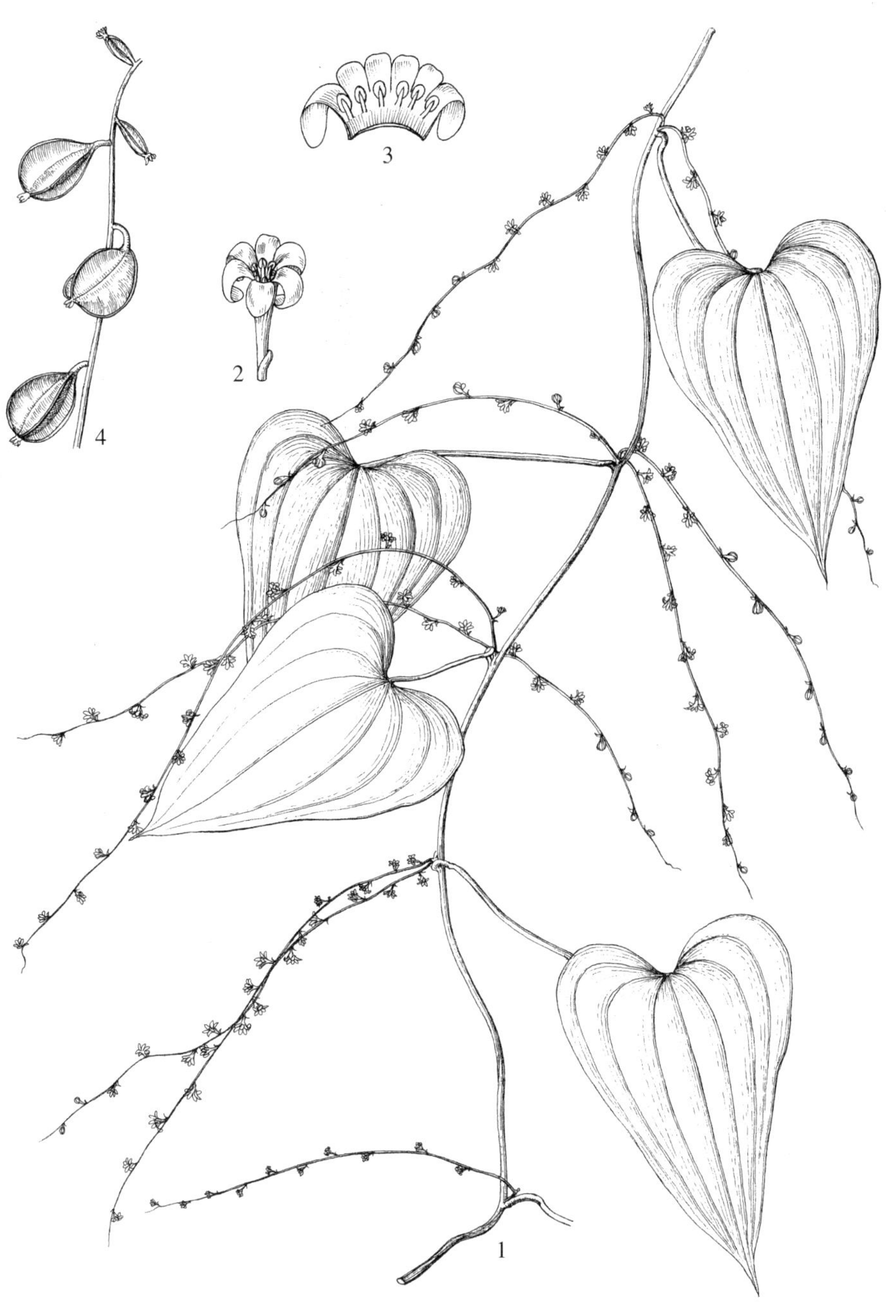

吊罗薯蓣 *Dioscorea poilanei* Prain & Burkill

【孙英宝绘图，根据中国科学院华南植物研究所，标本号 101272】

1. 花枝一段， 2. 花，3. 花冠展开，4. 果枝一段。

学名——吊罗薯蓣。

值得一提的是，吊罗山海拔1000米以上保存有6000余公顷较完整的原始热带雨林。其中有闭壳龟、圆鼻巨蜥、眼镜王蛇等保护动物，还有大量古代残遗植物，包括海南特有植物237种，如绢毛木兰、海南木莲、石碌含笑，其中有52种为吊罗山特有种，如粗毛海南远志、海南节节菜、剑叶三宝木等。

吊罗薯蓣在东南亚分布甚广，但在中国仅见于海南吊罗山。1964年，植物学者秦云程再次采集到吊罗薯蓣，此后就再未见其标本记录。2013年《中国生物多样性红色名录——高等植物卷》评估吊罗薯蓣地区绝灭（RE）。

研究名人

植物学名家侯宽昭

侯宽昭（1908～1959）是中国吊罗薯蓣的发现者，也是中国最优秀的植物学家之一。

1931年，侯宽昭毕业于中山大学，后进入中山大学植物研究所，师从陈焕镛先生。他经常去海南采集植物。当时，海南山区是蚊虫众多、疟疾横行、人迹罕至的荒芜之地，侯宽昭却经常翻山越岭，涉水入林，进入海南腹地的五指山、吊罗山采集植物标本，一去就要历时数月。他在海南的科考工作前后持续了八年之久，采集了4700份标本，发现了201个新种及1个新属——驼峰藤属（*Merrillanthus*）。侯宽昭制作标本非常认真，首先细心观察植物生长与环境的关系，然后再记录每种植物的生境和用途。侯宽昭对海南岛植物的种类分布了如指掌，尤其擅长茜草科、清风藤科、楝科植物的分类，是研究海南植物的绝对权威之一。

长期艰苦的工作环境严重影响了侯宽昭的身体健康，使他饱受高血压和心脏病的折磨。即便如此，他仍于1956年编写出版了中国第一部地方植物志——《广州植物志》。之后又编写了指导人们利用野菜的《救荒植物》。1958年，也就是他去世的前一年，还编写了《中国种子植物科属辞典》，此书在中国农、林、医等诸多领域中发挥了重要作用，1982年进行修订，并更名为《中国种子植物科属词典修订版》。

侯宽昭的许多贡献影响深远，至今仍为人称道。2012年，中国科学院华南植物园研究员王瑞江发现了茜草科植物的一个新属，将其命名为宽昭木属（*Foonchewia* R. J. Wang），经媒体报道后，许多人由此知道了这位无求于名利、无惧于牺牲的"中国植物猎人"——侯宽昭。

所属类群：用途广泛的薯蓣科植物

吊罗薯蓣所在的薯蓣科（Dioscoreaceae）约有9属共650种植物，广布全球热带及温带地区，具有重要的经济价值。中国著名的"怀山药"就是薯蓣科多年生草本植物薯蓣（*Dioscorea opposita* Turcz.）的块根。此外甘薯［*Dioscorea esculenta*（Lour.）Burkill］、参薯（*Dioscorea alata* L.）等也广泛种植于热带和亚热带地区，是古老的食用植物。

薯蓣科具有重要的药用价值。20世纪30年代，日本学者Tsukamoto从山萆薢（*Dioscorea tokoro* Makino）中分离出薯蓣皂苷元，日本植物学家前川文夫（Fumio Maekawa，1908 ~ 1984）等用微生物法在其甾核11位引入羟基，使薯蓣皂苷元成为合成甾体激素类药物的重要原料。随后的研究表明，对薯蓣皂苷元甾体环的每一次化学修饰，都能产生一种疗效奇特的甾体药物——薯蓣皂素，成为生产皮质激素、性激素和蛋白质同化激素的重要原料。

在中国的薯蓣科植物中，含薯蓣皂苷元在 1% 以上的有 12 种，可供工业生产利用的近 10 种。其中，盾叶薯蓣（*Dioscorea zingiberensis* C. H. Wright）和穿龙薯蓣（*Dioscorea nipponica* Makino）根状茎中薯蓣皂苷元含量较高。

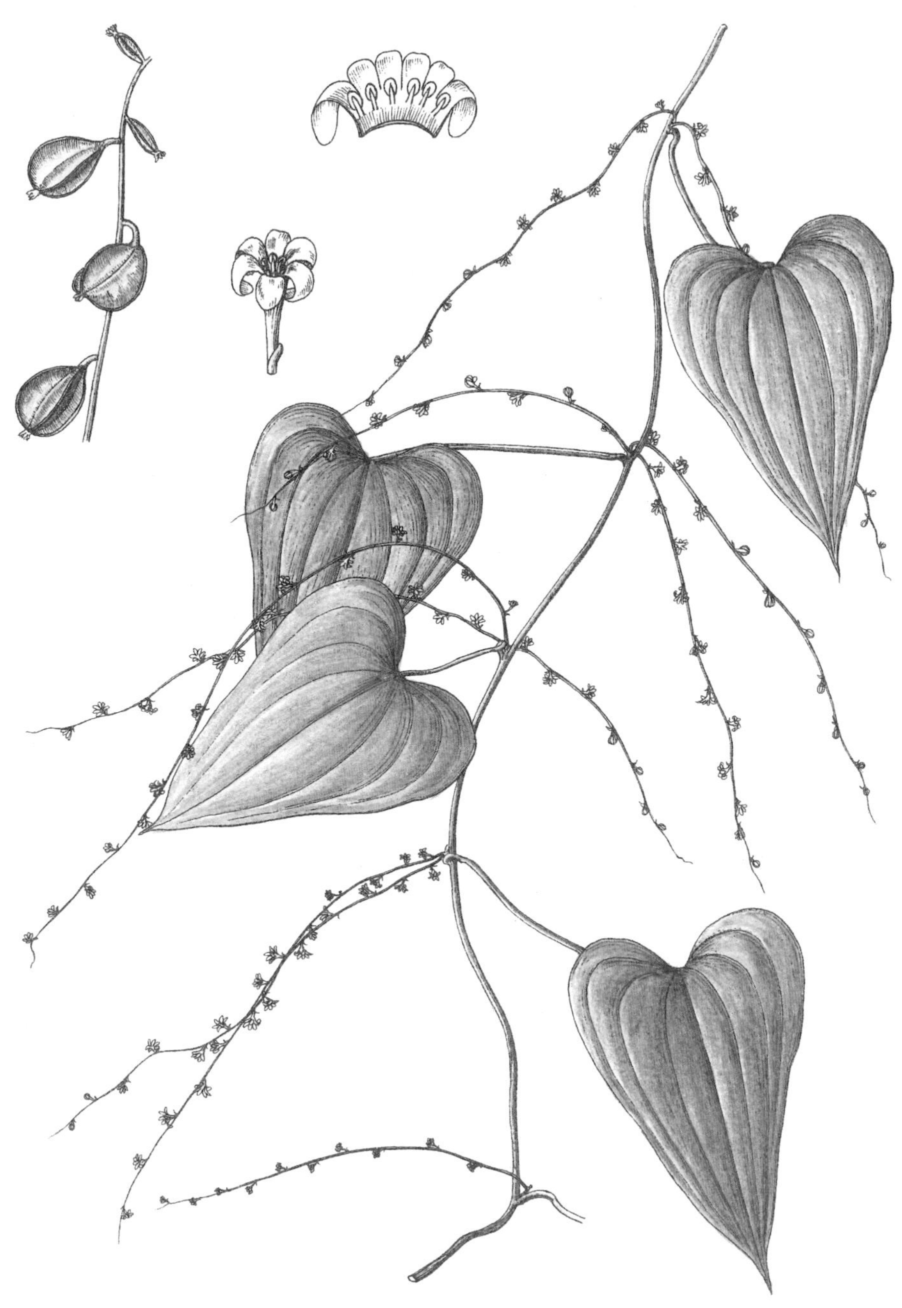

吊罗薯蓣 *Dioscorea poilanei* Prain & Burkill

21. 绽放在腐叶中的幽灵：中华白玉簪

（绝灭 EX）中华白玉簪（**Corsiopsis chinensis** D. X. Zhang, R. M. K. Saunders & C. M. Hu）为白玉簪科白玉簪属多年生腐生植物，中国特有种，仅产于中国广东省封开县，生长于密林中腐殖土上。该种于 1999 年发表，模式标本于 1974 年采自广东封开县，仅有 1 份。此后近 40 年间，相关专家数次前往该地区调查，均未发现野外活体，目前模式产地生境已经全被破坏，因此 2013 年被《中国生物多样性红色名录——高等植物卷》评估为绝灭等级（EX）。该种作为白玉簪科在中国唯一的代表种，若能重新发现必将是一件震惊植物学界的事件。

全株白色。根状茎椭圆形至倒卵状，长1.2～1.5厘米，宽0.5厘米；茎单生，直立，长5～6厘米。叶膜质，卵状三角形，鞘状，抱茎，多脉，先端尖，长0.4～0.7厘米。花单生；苞片对生，卵状三角形，形状大小与叶略似；花单性，花被白色，两轮，外轮具一中萼片及2枚侧萼片；中萼片椭圆形，囊状，直立，长1.2～1.4厘米，宽约1厘米，基部不具胼胝质；2枚侧萼片及3枚内轮花被片（花瓣）线形，下垂，长4.5～6厘米；雄花具2轮6枚雄蕊，花丝短，丝状，长约50毫米，花药外向，纵裂，药隔具一顶生钝圆状附属体；雌花具3个愈合的柱头，无花柱，子房长约0.5厘米，一室，侧膜胎座3；胚珠多数。

发现之旅：旧标本中的惊人发现

中华白玉簪的发现颇具传奇色彩。1974年，它被采集于广东省封开县，标本尘封二十余年后，由中国科学院华南植物园张奠湘研究员重新发现，鉴定为白玉簪科（Corsiaceae）植物，并且是中国特有种。这也是全亚洲首次发现白玉簪科植物。白玉簪科被称为“美丽腐草”，此前，这类重要的腐生植物仅分布于新几内亚岛及南美洲地区。

张奠湘以中华白玉簪为模式种，建立了单种属：白玉簪属（*Corsiopsis*），并于2000年在《植物分类学报》38卷第6期发表论文《〈中国植物志〉增补：白玉簪科》。2010年，中华白玉簪被收录于*Flora of China*第23卷白玉簪科。至此，白玉

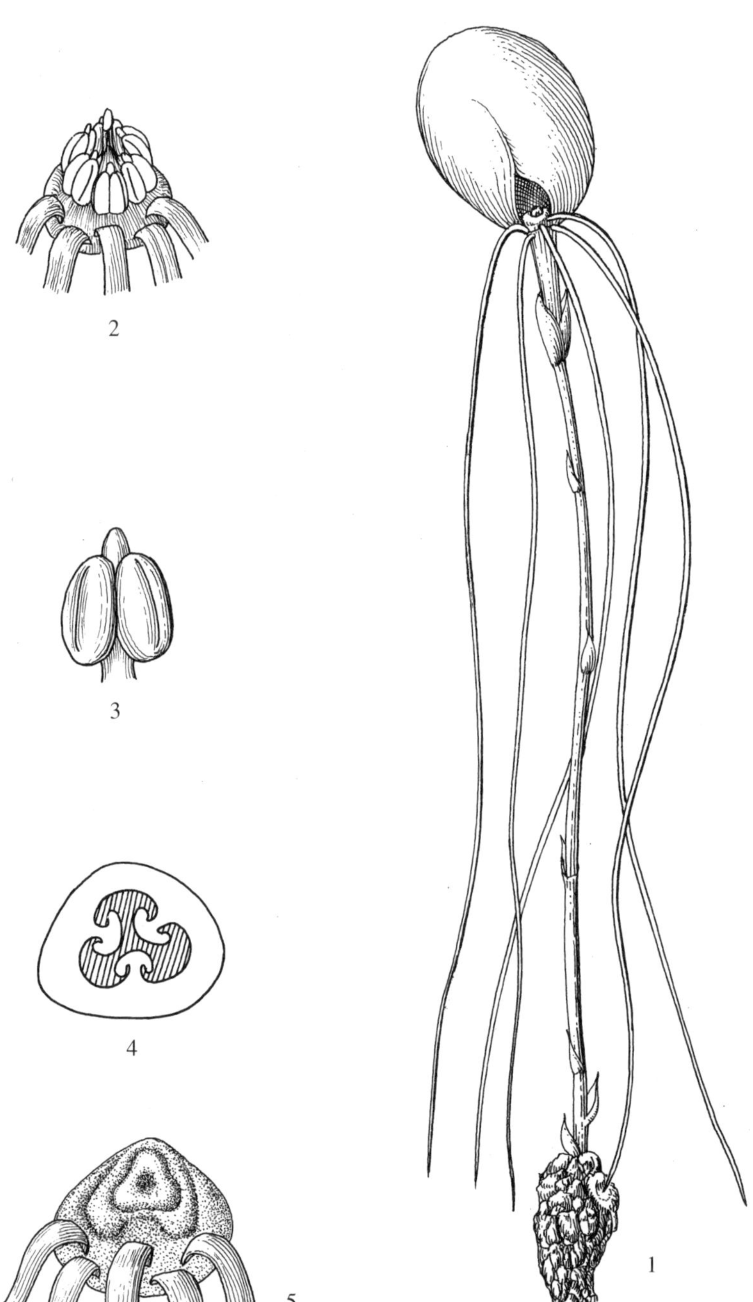

中华白玉簪 *Corsiopsis chinensis* D. X. Zhang, R. M. K. Saunders & C. M. Hu

【仿自 *Systematic Botany* 24(3): 311 ~ 314,1999. 余峰绘图】

1. 雌花全株，2. 雄花后唇瓣脱落，显示两个侧生萼片，三个花瓣和雄蕊的相对位置，3. 离生雄蕊，具有顶端药隔延伸，4. 子房横切面， 5. 雌花具后唇瓣去除，显示两个侧封的相对位置，三个花瓣和合生柱头。

簪科有 3 属，29 种，分别是蜘蛛花属（*Arachnitis*）、美丽腐草属（*Corsia*）和白玉簪属（*Corsiopsis*），分布于亚洲东部、大洋洲、南美洲、太平洋岛屿，其中，在中国分布于广东封开县。白玉簪属与其他两个属的明显区别在于：根状茎直立，茎单生，雌雄异株，无花柱。

中华白玉簪为腐生植物，不能进行光合作用，只能依赖于与根系共生的真菌提供能量。目前，人工环境条件下还无法模拟这么复杂的真菌共生体系，除了很少一部分腐生兰外，大多数腐生植物无法人工栽培。中华白玉簪纤细柔弱，如森林中时隐时现的精灵，很难寻觅其身影。正因如此，人们对它的认知十分有限，直至现在，除了张奠湘研究员发现的模式标本外，尚无人在野外发现中华白玉簪的踪迹。尽管如此，白玉簪科的发现仍为生物区系研究提供了重要资料。

研究名人

白玉簪科的创建者贝卡里

奥多亚多·贝卡里（Odoardo Beccari，1843-11-16 ~ 1920-10-25）出生于意大利佛罗伦萨，幼年便成为孤儿，但他坚强好学，在博洛尼亚大学完成了学业，毕业后到英国邱园学习，幸运地遇到了三位生物学巨人：查尔斯·达尔文，威廉·胡克与约瑟夫·胡克。更加幸运的是，他还遇到了马来西亚沙捞越王公詹姆斯·布洛克爵士，为自己前往马来西亚研究植物提供了宝贵机会。

1865 ~ 1868 年，贝卡里在沙捞越（现马来西亚砂拉越州）、文莱、印度尼西亚和巴布亚新几内亚进行生物学研究，这些地区也是世界生物多样性最丰富的地区之一。

在此期间，贝卡里发现了许多新物种，其中就包括罕见的白玉簪科腐生植物。此外，贝卡里不仅是多种棕榈科植物的发现者，还是世界上首个发现泰坦魔芋的人。1869 年，贝卡里创办了《新意大利植物学杂志》，1878 年他担任佛罗伦萨植物园园长。如今，贝卡里的植物收藏多数保存于佛罗伦萨大学。

所属类群：奇特的腐生植物

中华白玉簪为腐生植物，这类植物不含叶绿体，它们必须找到动植物残体，分泌化学物质将其溶解，再吸收可溶性有机物作为能量。目前全世界已知腐生植物有 400 多种，分属于 11 个科 87 个属。中国有腐生植物 70 多种，主要分布在兰科、鹿蹄草科、水玉簪科、百合科、霉草科、白玉簪科等。

最为人熟知的腐生植物是兰科药用植物天麻（*Gastrodia elata* Bl.），其根系具有消化细胞，能释放溶酶体小泡，用它们杀死并消化土壤中的蜜环菌，然后通过内吞管和内吞泡吸收蜜环菌降解后的可溶性有机大分子物质作为自己的营养。其摄取能量的过程，近似于动物捕猎。猪笼草、捕蝇草等食虫植物，通过分解昆虫残体以吸收能量，也属于泛腐生植物类群。

大部分腐生植物选择与真菌共生，生活在暖热潮湿的林下腐叶层，与真菌一起构成森林的分解系统，具体的生态功能、习性特点以及与真菌的共生关系，还有待深入研究。

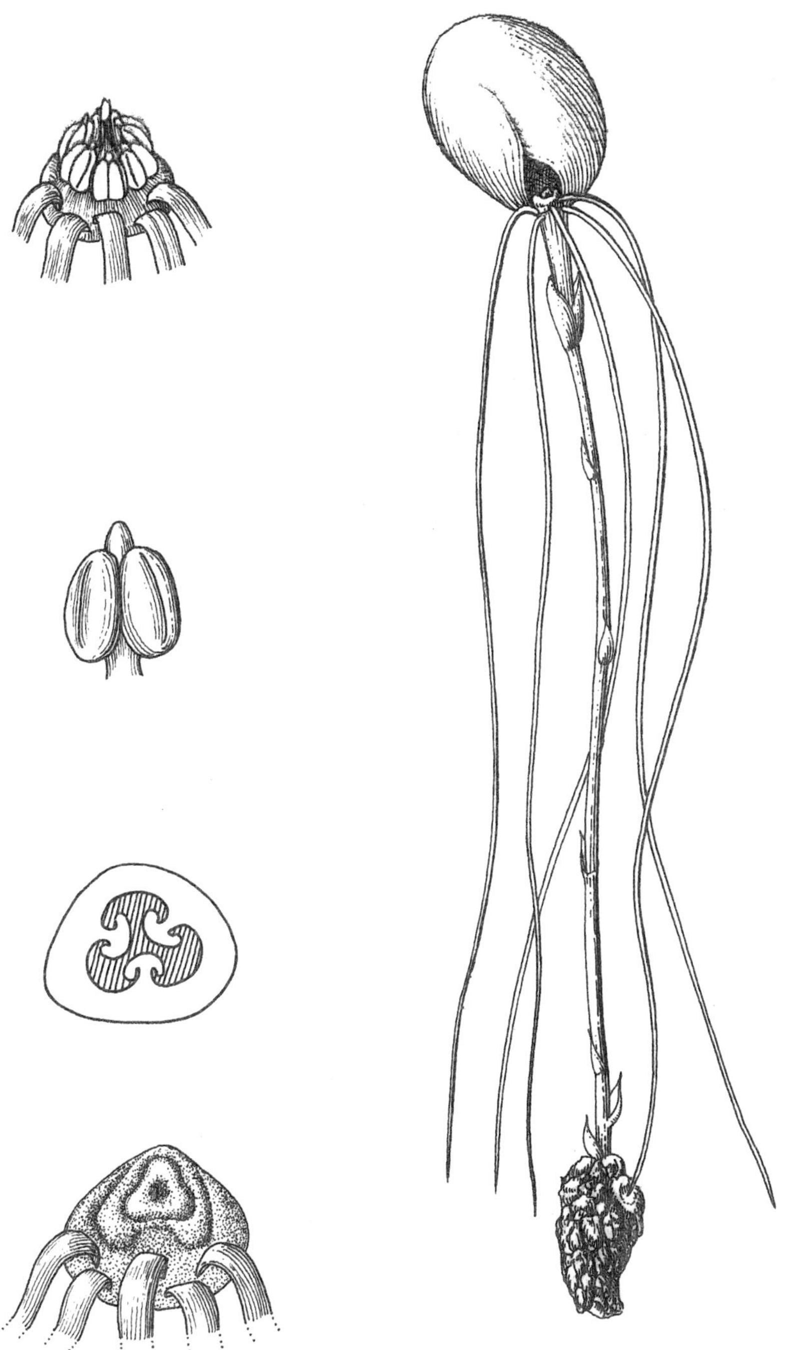

中华白玉簪 *Corsiopsis chinensis* D. X. Zhang, R. M. K. Saunders & C. M. Hu

22. 重回故里的绿美人：单花百合

（绝灭 EX；再发现）单花百合（**Lilium stewartianum** Balf. f. & W. W. Sm.）为百合科百合属多年生草本植物，中国特有种，产于云南，生长于石灰岩上或多石空旷草地或林缘，海拔 3600 ~ 4300 米。该种于 1922 年发表，模式标本于 1913 年采自云南丽江，1914 ~ 1957 年间有若干次采集记录，之后近 50 年再无记录，相关专家多次前往野外寻找，均未发现活体，因此 2013 年被《中国生物多样性红色名录——高等植物卷》评估为绝灭等级（EX）。该种于 2016 年在云南丽江被重新发现。

鳞茎卵圆形，直径 2 厘米；鳞片卵状披针形，白色。茎高 20 ~ 50 厘米，绿色，有的有紫红色斑点，无毛。叶散生，条形，长 2.5 ~ 7 厘米，宽 3 ~ 4 毫米，中脉稍明显，边缘有稀疏的小乳头状突起。花单生，芳香，绿黄色，有深红色斑点，下垂；花被片倒披针状矩圆形，长 4.5 ~ 5 厘米，宽 7 ~ 9 毫米，上端反卷，蜜腺两边无流苏状突起；花丝钻状，长 3 厘米，无毛；子房圆柱形，长 2 ~ 2.2 厘米，宽约 3 毫米，紫色；花柱与子房等长，柱头头状。蒴果矩圆形或椭圆形，长 2 ~ 2.5 厘米，宽 1.5 ~ 2 厘米，褐色。

发现之旅：从频频相见到久别重逢

在近代中国植物采集史上，单花百合既常见又珍贵，留下了一串重要的采集记录。1913 年 7 月，英国苏格兰植物采集者乔治·福雷斯特（George Forrest，1873-3-13 ~ 1932-1-5）跋涉于云南丽江，在海拔 3353 米的高山草甸上发现了一种前所未有的美丽百合，有着独特的黄绿色花被，上面点缀着细密的紫色斑点，惊艳了整片草甸。

此后，福雷斯特在云南省中甸海拔 3658 米的高山上又发现该百合。他将采集的种球寄回欧洲，成为近代百合育种中的种源之一。1922 年，苏格兰皇家植物园的艾萨克·巴尔弗（Isaac Bayley Balfour，1853-3-31 ~ 1922-11-30）将其正式发表，命名为 *Lilium stewartianum*，即单花百合。同年，植物学家约瑟

单花百合 *Lilium stewartianum* Balf. f. & W. W. Sm.

【仿 *Trans. Bot. Soc. Eidin* Vol. XXVIII. Pl. IV】

1. 开花植株下部，2. 开花植株中部，3. 开花植株上部。

夫·洛克（Joseph Francis Charles Rock，1884-1-13 ~ 1962-12-5）在丽江至扬子江流域采集到单花百合；1935年，中国植物学家王启无（1913 ~ 1987）在西藏林芝察隅察瓦乡龙日苏拉格达的草坡上，采集到已结实的单花百合；1949年，约瑟夫·洛克再次于丽江发现并采集；1957年，张泽云和周洪富在四川马尔康县阿木脚沟右坡上，发现含苞待放的单花百合。

然而，自1957年之后近50年间，再无人于野外发现单花百合，它竟消失无踪。究其原因，一方面可能是由于人为采集，另一方面应是气候变化导致其生境改变。尽管植物学家何华杰2008年在西藏林芝再次发现了单花百合，其仍在2013年被《中国生物多样性红色名录——高等植物卷》评估为绝灭等级（EX），令人扼腕叹息。

2016年7月，一场细雨润湿了云南丽江的山野。百花盛开处，几朵黄绿色的小花含露开放，宛如颔首沉思的少女重回她既热爱又伤心的家园。中国摄影师张伟拍下它们的倩影，但并未打扰，更没有采集。单花百合的回归如此宁静、安然又充满信任，一如它脚下百年坎坷的山河，正在重拾着最美的模样。

研究名人

“植物猎人”乔治·福雷斯特

单花百合的采集者乔治·福雷斯特（George Forrest，1873-3-13 ~ 1932-1-5）为首批进入中国云南的西方探险家之一，其身世经历颇为传奇。

福雷斯特早年做过化学家的学徒，当过淘金客，还养过绵羊，都没有什么成就。直到 1902 年，他回到英国，在爱丁堡皇家植物园谋到一份植物标本室的工作，并有机会遇到巴尔福尔教授，再次学习了生物学知识。一年后，厌倦了室内工作的福雷斯特前往中国西南部，主要目标是探索杜鹃花科植物。

1904 年，福雷斯特来到云南大理，学习本地语言，建立科考基地，顺便还帮助当地上千人接种了天花疫苗。从 1905 年开始，福雷斯特先后完成了 7 次云南植物考察，采集了 31 000 份植物标本，震惊了欧洲植物学界。1921 年，他被授予皇家园艺学会维多利亚荣誉勋章；1924 年，他成为林奈学会会员；1927 年获得韦奇纪念奖章。共有三十多种植物以他的名字命名，如紫背杜鹃（*Rhododendron forrestii* Balf. f. ex Diels）、大花马醉木［*Pieris formosa* var. *forrestii*（D. Don）Kitam］、灰岩皱叶报春（*Primula forrestii* Balf. f.）、云南鸢尾（*Iris forrestii* Dykes）、川滇金丝桃［*Hypericum forrestii*（Chitt.）N. Robson］等。能让一个普通的欧洲工人华丽成长为世界知名的植物采集者，足见中国植物资源的巨大魅力。

所属类群：举世闻名的中国百合属植物

中国是世界百合的分布中心，种数占世界百合的一半以上，对世界百合育种影响巨大。原产中国四川的岷江百合（*Lilium regale* Wilson），习性强健，其参与的抗病杂交育种，拯救了当时因病毒病蔓延已濒临绝迹的欧洲百合。产于云南的大理百合（*L. taliense* Franch.），花白色而具精致的紫色斑点，一株可着花 30 余朵，是难得的繁花种类；拥有橙色花朵的湖北百合（*L. henryi* Baker）是现代百合育种的重要亲本，用其与野百合（*L. brownii* F. E. Br. ex Miellez）、美丽百合（*L. speciosum* Thunb.）、通江百合（*L. sargentiae* Wilson）等杂交，获得了许多著名的杂交品种。中国百合属中分布最广、适应性最强的自然三倍体卷丹（*L. lancifolium*）与许多亚洲百合具有种间亲和性，颇负盛名的切花百合品种“魅丽”与“康涅狄格王子”便是由其参与杂交而来的。

单花百合 *Lilium stewartianum* Balf. f. & W. W. Sm.

23. 石缝中的袖珍兰花：蒙自石豆兰

（地区绝灭 RE）蒙自石豆兰（**Bulbophyllum yunnanense** Rolfe）为兰科石豆兰属多年生草本植物，产于中国云南东南部，不丹和尼泊尔也有分布，生长于海拔 1900 ~ 2900 米的山谷岩石上。该种于 1903 年发表，模式标本于 1895 年采自云南蒙自，此后直到 1981 年才再次在云南石屏县采集到标本，此外再无其他信息，因此 2013 年被《中国生物多样性红色名录——高等植物卷》评估为地区绝灭等级（RE）。

根状茎匍匐生根。假鳞茎在根状茎上斜立，彼此靠近，狭卵形，顶生1枚叶。叶质地厚，椭圆状长圆形，先端近钝尖，基部收窄为短柄。花葶从假鳞茎基部抽出，细圆柱形；花序柄极短，顶生1～2朵花；花苞片膜质，卵状长圆形，先端锐尖；花稍下垂；中萼片卵形，先端钝；侧萼片卵状三角形，与中萼片等长，较宽，基部贴生在蕊柱足上而形成宽钝的萼囊，先端近钝尖，具6～7条脉；花瓣椭圆形，先端圆形，边缘疏生细齿，具6～7条脉；唇瓣直立，卵状长圆形，基部与蕊柱足末端连接而形成活动关节，两侧边缘从基部至先端具疣状突起，先端钝并且稍向外弯，唇盘无褶片；蕊柱翅在蕊柱基部稍向前伸展呈半月形；蕊柱齿短、近截形；药帽长圆形，前端收窄为狭长的尖头。

发现之旅：从海外采集到杳无踪迹

1895年，英国植物爱好者威廉·汉考克（William Hancock，1847～1914）来到中国海关任职，常常利用有限的业余时间到云南省东南部的蒙自山区寻找植物，但因时间有限，通常收获不大。有一次，他登上一座名为“大黑岩”的山峰，在一条石缝中发现了一种从未见过的兰花，株型非常小巧，每个假鳞茎上只有1片叶子，但假鳞茎饱满而健壮，花朵小巧而精致，如油画般色彩鲜明。汉考克如获至宝，立刻采集标本并寄回英国。

此后不久，声誉卓著的植物学家奥古斯丁·亨利也来到

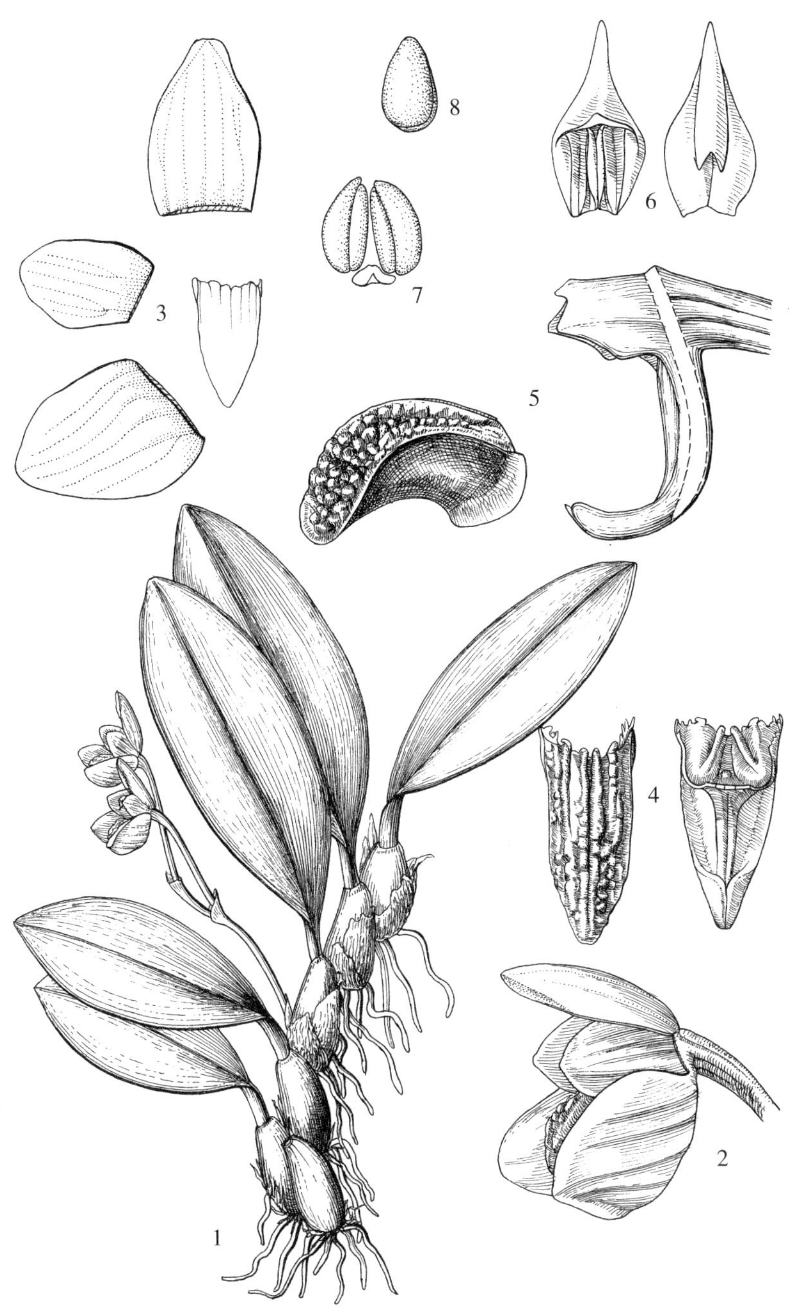

蒙自石豆兰 *Bulbophyllum yunnanense* Rolfe

【仿自 *Flora of China* Vol. 25: 406−408. Figure 532】

1. 植株，2. 花，3. 中萼片花瓣，侧萼片和唇瓣，4. 唇瓣正、背面，

5. 带有花梗连同子房、蕊柱和唇瓣，6. 药帽正、背面，7. 花药与粘盘，8. 花粉块侧面。

蒙自，同样采到了这种美丽的兰花并寄回英国。根据他们采集到的标本，邱园兰花专家罗伯特·罗夫（Robert Allen Rolfe，1855 ~ 1921）于 1903 年正式将其发表并命名为 *Bulbophyllum yunnanense*，即蒙自石豆兰。它与同属植物长足石豆兰（*Bulbophyllum pectinatum* Finet）外形颇为相近，主要区别在于蒙自石豆兰的花瓣先端圆形，边缘具细齿；唇瓣基部无胼胝体，先端不下弯，两侧边缘具疣状突起，蕊柱足较短。

蒙自石豆兰的种群数量极少，正式发现记录只有 3 次。除了以上两次，1981 年，中国兰科植物专家吉占和在云南石屏县冒合公社银柱塘大队也发现了蒙自石豆兰，此后再无任何信息。2013 年，蒙自石豆兰被评估为地区绝灭等级（RE）。石豆兰属植物自古便用作药用植物，这可能是蒙自石豆兰消亡的重要原因。

研究名人

中国植物通奥古斯丁 · 亨利

蒙自石豆兰的采集者之一奥古斯丁·亨利（Augustine Henry，1857-7-2 ~ 1930-3-23）是英国著名植物学家与汉学家，因研究中国植物获得极高赞誉。植物学家约翰·贝桑曾评价他："今天，世界上所有温带地区的花园里都种满了美丽的树木和开花的灌木，这在很大程度上要归功于已故的亨利教授以及他开创性的工作。"

亨利出生于苏格兰，最初学习医学，于 1881 年进入上海海关总署担任医疗助理。第二年，亨利被派往湖北省宜昌市海关，同时开始研究中草药植物。这正如其所愿，他收集了大量植物、种子和标本寄回英国，受到植物界的瞩目。此后，他又被派往四川、云南思茅、云南蒙自、台湾等地工作，开启了植物采集之旅。亨利总共为邱园采集了约 150 000 份标本和种子，500 份植物样本，英国植物学家从中发现了 25 个新属和 500 个新种，亨利由此名声大噪。

1900 年，43 岁的亨利前往法国国家森林学院学习，逐渐成为优秀的树木学家。他与亨利·约翰·艾尔维斯（Henry John Elwes）共同撰写了《大不列颠和爱尔兰的树木志》（*The Trees of Great Britain and Ireland*，1906 ~ 1913）（共七卷），并设计了一个基于树叶、嫩枝和嫩芽位置的识别系统，帮助人们在无花时辨认树木。1907 ~ 1913 年，亨利担任剑桥大学林学系主任。

所属类群：古老的中药良材——石豆兰属植物

蒙自石豆兰为石豆兰属（*Bulbophyllum*）植物，本属植物体内含有丰富的菲类和联苄类化合物，具有很高的药用价值。中国常作民间药用的约 14 种，以全草或假鳞茎晒干入药，有时也服用鲜草。

石豆兰属植物的药用价值很早已见记载，但易与其他植物混淆。其与石斛相混，大约可追溯到《唐本草》中。据苏恭记载："作干石斛，……今荆襄及汉中、江左又有二种，一者（种）似大麦，累累相连，头生一叶，而性冷，名麦斛；一种（茎或假鳞茎）大如雀髀，名雀髀斛，……如麦斛，叶在茎端……。"据李恒等在《新华本草纲要》中考证，认为《唐本草》中所指麦斛即清代吴其濬《植物名实图考》中记载的石豆兰，并判断，据《唐本草》的描述，麦斛与雀髀斛可能均是石豆兰亚族中的石豆兰属、短瓣豆属（*Monomeria*）及大苞兰属（*Sunipia*）植物。

大多数中草药需要进行严谨的医学研究和实验才能提取具有药用价值的有效成分，但过度的采挖会导致物种的濒危或灭绝，影响生态环境，合理利用资源应是人类时刻谨记之事。

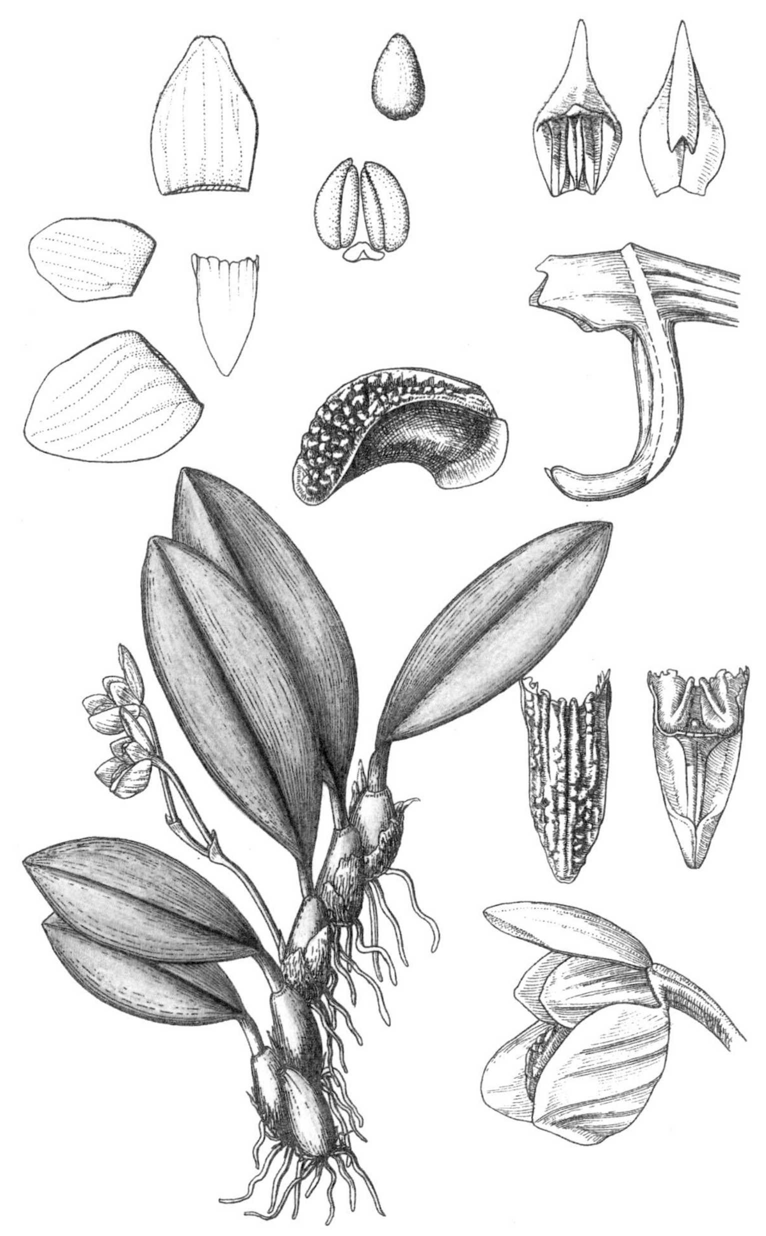

蒙自石豆兰 *Bulbophyllum yunnanense* Rolfe

24. 重新定名的宝岛名兰：日月潭羊耳蒜

（绝灭 EX；被归并）日月潭羊耳蒜（**Liparis hensoaensis** Kudô）为兰科羊耳蒜属地生兰，产于中国台湾中部（南投日月潭），海拔约 750 米。该种于 1930 年发表，模式标本于 1929 年采自中国台湾日月潭，曾被认为是当地特有种，明潭水库的建设使日月潭羊耳蒜的栖息地遭受严重破坏，至今也未能再次发现其踪迹，2013 年被《中国生物多样性红色名录——高等植物卷》评估为绝灭等级（EX）。最新的研究结果显示，该种与锈色羊耳蒜（*L. ferruginea* Lindl.）应为同一物种，后者分布于中国（福建、海南、台湾）、印度尼西亚、柬埔寨、马来西亚、尼泊尔、泰国和越南，因此日月潭羊耳蒜的绝灭视为锈色羊耳蒜在中国台湾地区的区域性绝灭。

假鳞茎卵球形，长约1厘米，直径约8毫米。叶3～4枚，线状披针形，膜质或草质，长10～30厘米，宽3～4厘米，先端急尖。花葶长40～60厘米；总状花序长10～20厘米，具10朵花；花苞片三角形，长4～6毫米；花绿色；中萼片长圆状披针形，长约9毫米，宽约2毫米，具6脉；侧萼片长圆状卵形，长约8毫米，宽约3毫米，具5脉；花瓣线状披针形，与萼片近等长，具3～5脉；唇瓣卵形，先端微凹并具短尖，基部楔形，上面有乳头状突起。

发现之旅：从不幸灭绝到重新鉴定

日月潭羊耳蒜，又称明潭羊耳蒜。1930年由日本人工藤祐舜以 *Liparis hensoaensis* 为名发表于《中国热带农业》期刊。模式标本采自中国台湾南投县日月潭湖心岛，因此得名。1937年，日本植物学家想把日月潭羊耳蒜划入 *Cestichis*（附生羊耳蒜组），但后来又被否认了；1978年出版的《台湾植物志》又将之恢复为 *Liparis hensoaensis*；1990年，应绍舜在《台湾兰科植物彩色图鉴》中又将之处理为紫花羊耳蒜的变种，即 *Liparis nigra* var. *hensoaensis*，也未被认可。

由于历史原因，《中国植物志》中该物种的撰写者当初并未看到台湾地区的模式标本，书中相关形态描述是根据1978年版的《台湾植物志》摘录而来，具体生境与海拔信息不详。《中国植物志》上的拉丁学名 *Liparis hensoaensis* ，在英国邱

日月滩羊耳蒜 *Liparis hensoaensis* Kudô

【孙英宝绘图，根据台湾大学标本馆，标本 033085】

果期植株。

园的植物名录网页上已经作为异名处理，目前该种接受学名是*Liparis ferruginea*。在最新版《台湾原生植物全图鉴》一书中，日月潭羊耳蒜的拉丁学名已经变成了 *Empusa ferruginea*。2016年，台湾大学植物科学研究所林赞标再次研究了模式标本，最终确认日月潭羊耳蒜与广布于东南亚的锈色羊耳蒜（*Liparis ferruginea*）为同一物种。

相比很多生物多样性保护热点兰科植物，该属植物的观赏价值不算高，因此推测日月潭羊耳蒜绝灭的原因应该不是兰科最突出的过度采集导致的，而是由其自身生物学特性或者生境消失等因素导致。在《台湾野生兰图志》一书中指出，明潭水库建设后，日月潭羊耳蒜的栖息地遭受严重破坏，已超过 70 年没有后续发现的记录，也未再次发现其踪迹。目前，在中国香港和东南亚分布的锈色羊耳蒜与日月潭羊耳蒜生境和形态相同，被认为是同一物种，可将日月潭羊耳蒜的绝灭视为锈色羊耳蒜在中国台湾的地区绝灭。期待某一天它能在我国台湾再度出现于人们的视野中。

研究名人

植物学者工藤祐舜

日月潭羊耳蒜的命名人是植物学者工藤祐舜（Yūshu kudō，1887 ~ 1932），他是台湾大学植物标本馆的创立者，也是台湾现代植物研究的奠基人之一。

工藤祐舜的植物学之旅并不平坦，其父是真宗东流山通觉寺的住持，按日本传统，身为长子的工藤祐舜必须继承父亲的衣钵。然而，工藤祐舜坚持学习自然科学，不顾父亲的强烈反对考入大学，并获得植物学博士学位。

1928 年，工藤祐舜担任植物分类学教授、热带植物园园长及标本馆馆长。他带领山本由松、正宗严敬、铃木重良、佐佐木舜一行人采集到大量植物，取得诸多研究成果，并出版《植物园种子目录》《植物园年报》等学术期刊。遗憾的是，工藤祐舜年仅 46 岁便因心脏病发作猝然离世，留下《兰科植物图谱》等多本未竟之作。植物分类学中，以工藤祐舜所命名的植物，命名人的标准写法为 Kudô。

所属类群：复杂又珍贵的羊耳蒜属植物

羊耳蒜属植物为多年生草本，地生或附生，模式标本采自日本。据《中国植物志》记载，全球分布约 250 种，中国有 52 种，主要分布于西部、华南和东南部地区。另有资料显示，全球约有 428 种，从英国邱园网站查到最新纪录是 430 种。该属为多系的属，分类复杂，虽然有很多分类学者对该属植物开展相关研究，但因种类多、材料不易采集等因素，羊耳蒜属的分类至今仍有很多问题有待厘清。

羊耳蒜属植物广泛分布于世界各地，具有广泛的民族药理学记录、化学和药理学报告，却很少有临床证实民族药理学记录。在中国大约有 20 种羊耳蒜属植物被作为药用植物使用，如产于浙江南部、江西、福建、台湾、湖南南部、广东、广西、四川南部、重庆、贵州、云南和西藏东南部（墨脱）的见血青［*Liparis nervosa* (Thunb. ex A. Murray) Lindl.］。据研究，其 75% 乙醇提取物的止血活性与中成药云南白药相当，长期以来一直被民间用作止血药物。近期，有人综述了中国传统药用植物、植物化学、药理学、毒理学等方面的研究进展，为进一步开发利用该属植物提供全面的理论基础。

日月潭羊耳蒜 *Liparis hensoaensis* Kudô

25. 黯然消逝的香兰：单花美冠兰

（绝灭 EX）单花美冠兰（**Eulophia monantha** W. W. Sm.）为兰科美冠兰属多年生草本，中国特有种，产于云南西北部，生长于松林干燥的岩石缝中，海拔 2800 米。该种于 1921 年发表，模式标本于 1913 年采自云南大理，此后 100 多年再没有该种的采集记录（采自海南的该种标本实际是美冠兰 *Eulophia graminea* Lindl. 的错误鉴定所致），因此 2013 年被《中国生物多样性红色名录——高等植物卷》评估为绝灭等级（EX）。

假鳞茎粗大，长圆形，位于地下。叶线形，长18厘米，宽4～5厘米，坚挺，先端渐尖，外面具数枚鞘。花叶同时；花葶侧生，纤细，与叶等长，有2～3枚披针形的膜质鞘；花单朵，顶生，橄榄绿色，有棕色条纹，芳香；萼片狭倒披针形，长约3厘米，宽约5毫米，先端钝；花瓣长圆形，长约2厘米，宽约6毫米，先端钝；唇瓣长约2.3厘米，宽约1厘米，3裂；侧裂片狭小；中裂片不明显，3浅裂，边缘波状，上有7条纵带，带上具糠秕状物；基部的距长约5毫米；蕊柱长约9毫米，无蕊柱足。

发现之旅：从海外发现到彻底消失

单花美冠兰的灭绝，是生态学上的未解之谜。

1921年，英国爱丁堡大学植物系主任、著名植物学家威廉·莱特·史密斯对单花美冠兰进行了科学的描述。此时，它尚能在云南大理周围的松林下繁衍，且根具有较强的生存能力。

单花美冠兰的叶片坚韧且厚实，适合在林下捕捉光线。花朵硕大，气味芬芳，花结构高度适应昆虫传粉。此外，单花美冠兰还拥有粗大的假鳞茎，可以存储水分与营养，应对暂时不利的气候，从进化的角度看，具有很大优势，可促使单花美冠兰绽放在贫瘠的林间石缝，这些地方生存条件恶劣，通常只能生长苔藓等低等植物。

然而，此后近百年间，单花美冠兰却彻底消失在人们的视

单花美冠兰 *Eulophia monantha* W. W. Sm.

【孙英宝绘图，根据 Royal Botanic Garden Edinburgh (E) E00749621】

花期植株。

野中，国内外植物分类学家再无采集报告。检索中国数字植物标本馆（CVH），可查阅到 5 份标注为“单花美冠兰”的标本，采集时间从 1933 年至 1957 年，但逐一核对，均为同属植物美冠兰（*Eulophia graminea* Lindl.），而非单花美冠兰。

研究名人

受封爵士的植物学家威廉·史密斯

单花美冠兰的命名人是著名植物学家威廉·莱特·史密斯（William Wright Smith，1875–2–2 ～ 1956 –12–15），其成就与亚洲植物紧密相连，特别是中国植物。

史密斯出生于苏格兰，大学专业为文学艺术，但他酷爱植物，自学了植物学、地质学、动物学和化学。1902 年应聘为植物学者艾萨克·亨利·伯基尔（Isaac Henry Burkil，1870–5–18 ～ 1965–3–8）的助手，兼任爱丁堡大学植物系讲师。1907 年，史密斯被派往印度，担任加尔各答皇家植物园标本室主任。在此期间，他广泛调查了印度、尼泊尔等地的植物，积累了丰富的实践经验。

1911 年，史密斯重回爱丁堡，此时正值苏格兰植物学家乔治·福雷斯特（George Forrest，1873–3–13 ～ 1932–1–5）等人在中国采集植物的重要时期，大批前所未见的中国植物寄回爱丁堡，亟待分类鉴别。富有亚洲植物经验的史密斯恰逢其时，他一边夜以继日地鉴定，一边与前方的“植物猎人们”紧密联系，发表定名了数百个植物新种，获得了极高的声誉。1932 年，史密斯被乔治五世封爵。1945 年，他当选为英国皇家学会会员。

所属类群：广受威胁的云南野生兰花

是怎样的环境压力使单花美冠兰如此迅速、彻底地消失？这种压力，又是否会影响到中国其他兰科植物呢？

云南大理附近的森林是单花美冠兰的发现地，由于政府较有力的保护措施，并未受到结构性的破坏，但人为活动依然对其栖息地有较大的影响。

一是非法采集野生兰花。大理有悠久的兰花种植传统，所谓“中国兰花看云南，云南兰花看大理”。近二十年来，大理兰花屡屡卖出数百万元的天价，由此带来大量专业兰贩入山采兰，普通山民也在劳动时随手采集野生兰花，下山贩卖。单花美冠兰的花朵雅瘦、平展、芬芳，接近国兰的姿态，难免受到采兰者的青睐，遭到采集破坏。

二是药用采集与兰花走私的威胁。云南传统中药材中，常常用到兰科植物的假鳞茎，因此带来的采挖已持续千百年。虽然未有单花美冠兰入药的记载，但同属植物紫花美冠兰［*Eulophia spectabilis* (Dennst.) Suresh］的鳞茎常被用作替代兰科药材白及［*Bletilla striata* (Thunb. & A. Murray) Rchb. f.］而遭采挖，单花美冠兰也可能因此而走上灭绝之路。

20 世纪 80 年代，杏黄兜兰（*Paphiopedilum armeniacum* S. C. Chen & F. Y. Liu）在香港兰展斩获大奖，引发了人们对兜兰的疯狂采挖和非法贸易，每株售价达数千美元。此后，野生珍贵兰花走私日渐猖獗，单花美冠兰的生存地亦处于走私者活动的范围，这些都给原本野外种群数量较小的单花美冠兰带来了无法估量的伤害。

在非法兰花贸易中，大量野生珍贵兰花以每千克几元钱的低廉价格卖给收购商，收购商挑走少量珍稀植株，其他绝大部分被当作垃圾丢弃。单花美冠兰数量少，分布地域狭窄，原生态环境脆弱。从美冠兰属特性看，它从幼苗成长到开花，至少需要数年时间，自然更新缓慢，一旦破坏便很难恢复。

单花美冠兰的迅速灭绝既是自然的哀歌，也是对人类的警示。当商业利益与自然环境发生冲突时，有必要采取迅速有效的措施保护那些即使看起来不那么脆弱的物种。

单花美冠兰 *Eulophia monantha* W. W. Sm.

26. 重燃希望的火焰：

峨眉带唇兰

（绝灭 EX；被归并）峨眉带唇兰［**Tainia emeiensis** (K. Y. Lang) Z. H. Tsi］为兰科带唇兰属多年生草本，产于中国四川，生长于海拔 800 米的山坡林下。该种最早于 1982 年发表为球柄兰属植物 *Mischobulbum emeiense* K. Y. Lang，模式标本于 1980 年采自四川峨眉山，被认为是当地特有种，自 1980 年模式标本采集以来再未见到野外活体，因此 2013 年被《中国生物多样性红色名录——高等植物卷》评估为绝灭等级（EX）。新的研究结果显示，该种与大花带唇兰 *Tainia macrantha* Hook. f. 应该是同一物种，后者分布于中国中南部、西南部以及越南等地。

植株高23厘米。假鳞茎弧曲上举，几乎细圆柱形，从基部向顶端变狭，顶生1枚叶。叶椭圆形，长12.5～14厘米，宽4.5～6厘米，先端急尖，基部近圆形，具长4～4.5厘米的柄。花莛长约10厘米，被2～3枚筒状鞘，基部的1枚鞘长约5厘米；总状花序具3朵花；花苞片披针形，比花梗和子房长，长1.5厘米，先端渐尖；萼片相似，披针形，长约2厘米，宽约4毫米，先端长渐尖，具5条脉；侧萼片基部贴生于蕊柱足上而形成长约3毫米的宽钝萼囊；花瓣卵状披针形，长1.7厘米，宽6毫米，先端渐尖，具5条脉；唇瓣卵状披针形，不裂，长1.8厘米，基部上方宽8毫米，先端渐尖；唇盘具3条褶片，两侧的褶片在基部上方扩大成三角形，中央的1条略似粗厚的脊突；蕊柱长约4毫米；蕊喙先端急尖。

发现之旅：从重新定名到依旧濒危

1982年，中国植物学者郎楷永发表了一种峨眉山特产的珍稀兰花：峨眉带唇兰（*Mischobulbum emeiensis*）。与普通野生兰花不同，峨眉带唇兰的观赏价值极高，其花莛修长挺立，花瓣鲜红似火，位于中心的唇瓣花纹细腻，如少女粉白的脸颊。即使与精心培育的国兰名品相比，峨眉带唇兰的观赏性也毫不逊色。

正因如此，峨眉带唇兰的生存也岌岌可危。峨眉山旅游业发达，国兰产业兴盛，以致非法采兰者络绎不绝。自正式发表

峨眉带唇兰 *Tainia emeiensis* (K. Y. Lang) Z. H. Tsi

【孙英宝绘图，根据中国科学院植物研究所植物标本室，标本号 923；条形码 00804958】

开花植株。

数十年以来，再未发现野生峨眉带唇兰。2013 年，峨眉带唇兰被《中国生物多样性红色名录——高等植物学》评估为绝灭等级（EX）。自此，它如一团美丽的焰火，寂然熄灭于莽莽的山间。

2015 年，植物学者翟俊文等人发表论文《兰科带唇兰属——新异名》，提出："经过对标本馆馆藏标本的研究，确认原四川特有的峨眉带唇兰（*Tainia emeiensis*）与大花带唇兰（*Tainia macrantha*）为同种植物，因此予以归并。"这一结论获得植物学界的认可，意味着美丽的峨眉带唇兰仍可能重回中国土地上。

大花带唇兰分布于广东西南部、南部（信宜、罗浮山）及广西（融水、上思、贺州），常生长于海拔 700 ~ 1200 米的山坡林下或沟谷岩石边。目前，其野外种群持续衰退，国内分布地点已少于 10 个，生存状况堪忧。峨眉带唇兰的悲剧是否会重演，取决于未来的保护措施。

研究名人

达尔文一生的知己约瑟夫 · 胡克

大花带唇兰的命名人约瑟夫 · 道尔顿 · 胡克（Joseph Dalton Hooker，1817 -6-30 ~ 1911-12-10）是英国著名植物学家，曾担任皇家植物园邱园的主任。

约瑟夫 · 胡克是个天生的探险家，拿到医学学位后，他加入南极探险队，经过整整四年的环球航行，采集了大量苔藓、地衣、藻类和开花植物。南极之旅后不久，胡克又开始了为期四年的喜马拉雅山植物采集，足迹遍及印度、不丹、尼泊尔等国。他一度被敌对国家俘虏拘禁，获释后仍毫不畏惧地继续进行植物考察。胡克还远赴巴勒斯坦、摩洛哥、美国等地探险采集，积累了丰富的经验。

胡克从南极返回英国时，达尔文主动邀请他帮助自己把从南美和加拉帕戈斯群岛收集的植物进行分类，两人的友谊由此建立起来。1844 年，达尔文向胡克提出进化论的早期构想；1847 年，达尔文将自己的初稿交给胡克审阅；1860 年，牛津大学博物馆举行了有关进化的历史性辩论，面对宗教人士的尖锐批判，胡克成为支持达尔文的关键人物。而事后他却谦逊地表示，最有效的论点并非自己提供。

1865 年，胡克担任邱园园长，遇到了前所未有的挑战：大英博物馆负责人、杰出的博物学家理查德·欧文认为邱园应隶属于大英博物馆，不能成为独立的科研机构。而胡克与之针锋相对，认为大英博物馆必须将约瑟夫·班克斯的植物标本收藏归还邱园。这场争论涉及英国议会、皇室大臣，甚至牵扯出胡克本人的隐私。经过这场堪比谍战的较量，胡克成功捍卫了邱园的独立地位，为植物学发展奠定了基础。

所属类群：美丽却濒危的兰科植物

兰科植物（Orchidaceae）是一个既庞大又奇特的家族。全世界共有 800 属，近 3 万种，约占开花植物总数的 10%。它们广布全球，在各种生态环境中扮演着不同的角色，是植物界进化程度最高的类群之一。

兰科植物的花朵唇瓣高度特化，具有精巧的传粉机制，它们与昆虫的协同进化是进化论最有力的证据之一。达尔文曾说：“在我生命中，世上再也没有任何事物像兰花这般让我如此钟情。”兰科植物对环境的适应也达到了“精确入微”的程度，不同类型的兰花完美适应着不同的微环境，与植物、真菌、动物形成精妙的平衡。

不过，精确适应的弊端也很明显：当环境发生剧变时，兰科植物往往不能及时调整，加之分布范围狭窄，容易发生物种灭绝。兰科植物是保护生物学领域的“旗舰”类群，全世界所有野生兰科植物均被列入《华盛顿公约》（CITES）的保护范围，占该公约保护植物的90%以上，其中，中国的651种兰科植物被列入《中国高等植物受威胁物种名录》之中。

峨眉带唇兰 *Tainia emeiensis* (K. Y. Lang) Z. H. Tsi

27. 兰花家族的拇指姑娘：南川盆距兰

（绝灭 EX；再发现）南川盆距兰（**Gastrochilus nanchuanensis** Z. H. Tsi）为兰科盆距兰属多年生草本，中国特有种，产于四川东南部，生长于山地密林中树干上，海拔 1200 米。该种于 1996 年发表，模式标本于 1983 年采自四川南川金佛山，由于评估者当时没有见到其他活体，因此 2013 年被《中国生物多样性红色名录——高等植物卷》评估为绝灭等级（EX）。2010 年该种在南川金佛山三泉镇被重新发现，此外，该种还可能和台湾盆距兰［*Gastrochilus formosanus* (Hayata) Hayata］归并为同一个种，后者分布于台湾、福建、湖北和陕西。

茎匍匐，长4～7厘米，粗2毫米，节间长4～5毫米。叶绿色带紫红色斑点，2列互生，卵形或椭圆形，先端近急尖并且3小裂。伞形花序具2～3朵花；花序柄长5～7毫米，下部被2枚杯状鞘；花黄色带紫红色斑点，不甚开展，花苞片卵形，长约1毫米，先端锐尖；花梗和子房长约9毫米；萼片近相似，椭圆形，凹的，先端钝，具1～3条脉；花瓣相似于萼片，先端钝，具1～3条脉；前唇近半圆形或肾形，先端近截形并且深2裂；裂片彼此交叠，上面尤其在中央密布短毛，中央增厚的垫状物向后唇内壁延伸；后唇近圆锥形，背腹压扁，长3.3毫米，宽4.2毫米，末端圆形，上端的口缘近截形，稍抬起，而其前端具宽的凹口；蕊柱很短；药帽前端收狭呈喙状。

发现之旅：从濒危预警到身世存疑

1996年，植物学家吉占和在《广西植物》上发表了一个兰科新种。植株如一支口红大小，可托在掌心观赏；叶片像几粒美味的咖啡豆，圆整而厚实；花朵浅白嫩黄，还镶嵌着小雀斑一样的紫点，如拇指姑娘般惹人怜爱。这就是产自南川金佛山的南川盆距兰。

南川地处四川盆地东南边缘与云贵高原过渡地带，位于大娄山北侧，早年为四川省南川县，现归属于重庆南川区，位于重庆市南部，地处重庆、贵州交会处，地形以山地为主，地势呈东南向西北倾斜，海拔340～2251米（城区海拔550米），

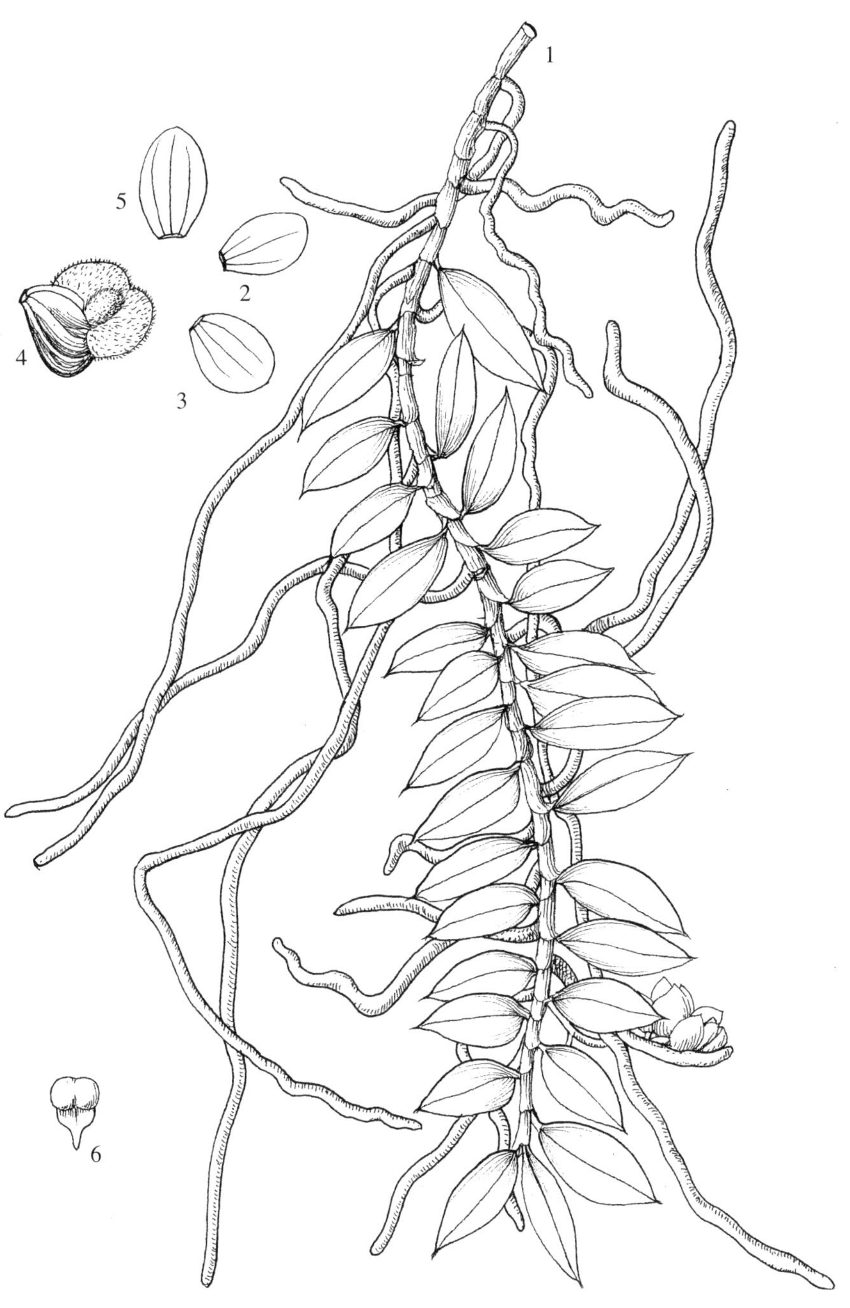

南川盆距兰 *Gastrochilus nanchuanensis* Z. H. Tsi

【孙英宝绘图，根据重庆市药物种植研究所，IMC0012981 标本】

1. 植株， 2. 花瓣 ，3. 侧萼片 ，4. 唇瓣， 5. 中萼片， 6. 药帽。

南川盆距兰的采集地金佛山最高点达 2251 米，地形气候多样，生物多样性丰富，是重庆市的生态后花园。

虽然南川盆距兰于 2013 年被评估为绝灭等级（EX），但经过多方咨询验证，尚缺少其灭绝的确凿证据。在中国科学院植物研究所的中国自然标本馆网页，以南川盆距兰作为关键词，可以查阅到于 2010 年拍摄的该种活植物照片。当时，本地人采集到南川盆距兰活体植株，采集地与模式标本采集地不同，但两地海拔都在 1200 米左右，这说明南川盆距兰在南川不止分布于一个地方。2019 年 12 月，在四川巴中发现疑似南川盆距兰的盆距兰属活植物个体，不过还有待植物分类学家进一步鉴定确认。

另有一种观点认为，南川盆距兰和台湾盆距兰（*Gastrochilus formosanus*）有可能归并为一个种。如果这种观点成立，南川盆距兰不仅没有灭绝，还可能是一个广布种。目前，分类学上还未正式归并，南川盆距兰仍被视为极度濒危的珍稀植物。

研究名人

兰科植物专家吉占和

南川盆距兰的定名人为中国兰科植物分类学家吉占和（1937-6-16 ~ 2001-8-2），他不仅是《中国植物志》第十四卷、十五卷及十九卷的主要撰写者之一，还与陈心启共同编著了《中国兰科植物》《中国野生兰科植物彩色图鉴》等专业书籍。这些著作都是中国兰科植物研究的重要资料。

1963 年，吉占和毕业于中山大学生物系，进入中国科学院植物研究所分类室后，逐渐成长为出色的植物学家。

他参与编著的《全国中草药汇编》，获 1979 年全国科学大会奖；他主要负责编研的《中国高等植物图鉴》第五册兰科部分，获得国家自然科学奖一等奖；他参与的“中国兰科植物研究”课题，获得国家自然科学奖二等奖和中国科学院科技进步奖一等奖。

2000 年，兰花植物学界以吉占和的名字命名了兰科植物新种“ 吉氏槽舌兰”（*Holcoglossum tsii* Yukawa, T.），其花朵细腻、优雅且含蓄，这是对一代兰花学者最美丽的致敬，本种已被归并到滇西槽舌兰［*Holcoglossum rupestre* (Hand.-Mazz.) Garay］。

所属类群：花型独特的盆距兰属植物

盆距兰属植物（*Gastrochilus*）为附生兰类，全属约 47 种，分布于亚洲热带和亚热带地区，中国有 29 种，产于长江以南各省区，尤其台湾和西南地区较多。2007 年，金效华等发表了新种翅膜盆距兰（*Gastrochilus alatus* X. H. Jin & S. C. Chen），从英国邱园网站查到，目前认可的记录是 57 种。

盆距兰属植物为无假鳞茎的单轴生长型兰科植物，多数种类的花朵具有囊状距，是该属植物的一个显著特征。盆距兰属与囊唇兰属（*Saccolabium*）形态相近，容易混淆。2007 年，陈心启等人明确指出，两个属为不同的独立属，两者间具有显著不同特征：盆距兰属的唇瓣为半球形囊状，侧裂片不明显，中裂片甚大，蕊柱无足，花粉团具孔隙；囊唇兰属的唇瓣为圆筒状距形，侧裂片明显，中裂片很小，蕊柱有短足，花粉团实心。前者广泛分布于亚洲热带与亚热带地区，后者则只局限于印度尼西亚的爪哇岛与苏门答腊岛。

盆距兰属植物具有一定属内和属间杂交可育性。2007 年，华南热带农业大学郭丽霞对海南野生兰花进行大范围属、种间远缘杂交，涉及了海南现有兰科植物的 34 个属 70 个种，并获得部分远缘杂交品种。在这 34 个属中，盆距兰属种间杂交亲和性排第四，仅次于毛兰属（*Eria*）、隔距兰属（*Cleisostoma*）和兰属（*Cymbidium*）。在随后的非共生萌发实验中，发现盆距兰属种子容易萌发，在 MS 培养基上也能萌发良好。目前，该属已有属内和属间杂交种近 20 个。

多数盆距兰适宜中温环境栽培，喜半阴或明亮阳光。因为没有储存水分的假鳞茎，这类兰花不耐干旱，生长时期需要以喷雾或浇水的方式提供较高的空气湿度和充足水分。可以绑缚后栽植于粗糙的木段上，或用树皮、木炭、火山岩等排水和透气良好的颗粒状基质栽植于吊篮和多孔的花盆中。春季开始生长以后，要给予温暖、半阴和湿润的环境，增加浇水次数，提高温室内空气湿度，每 1 ～ 2 周施液体复合肥一次，冬季减少浇水量，适当降低空气湿度并增加光照。

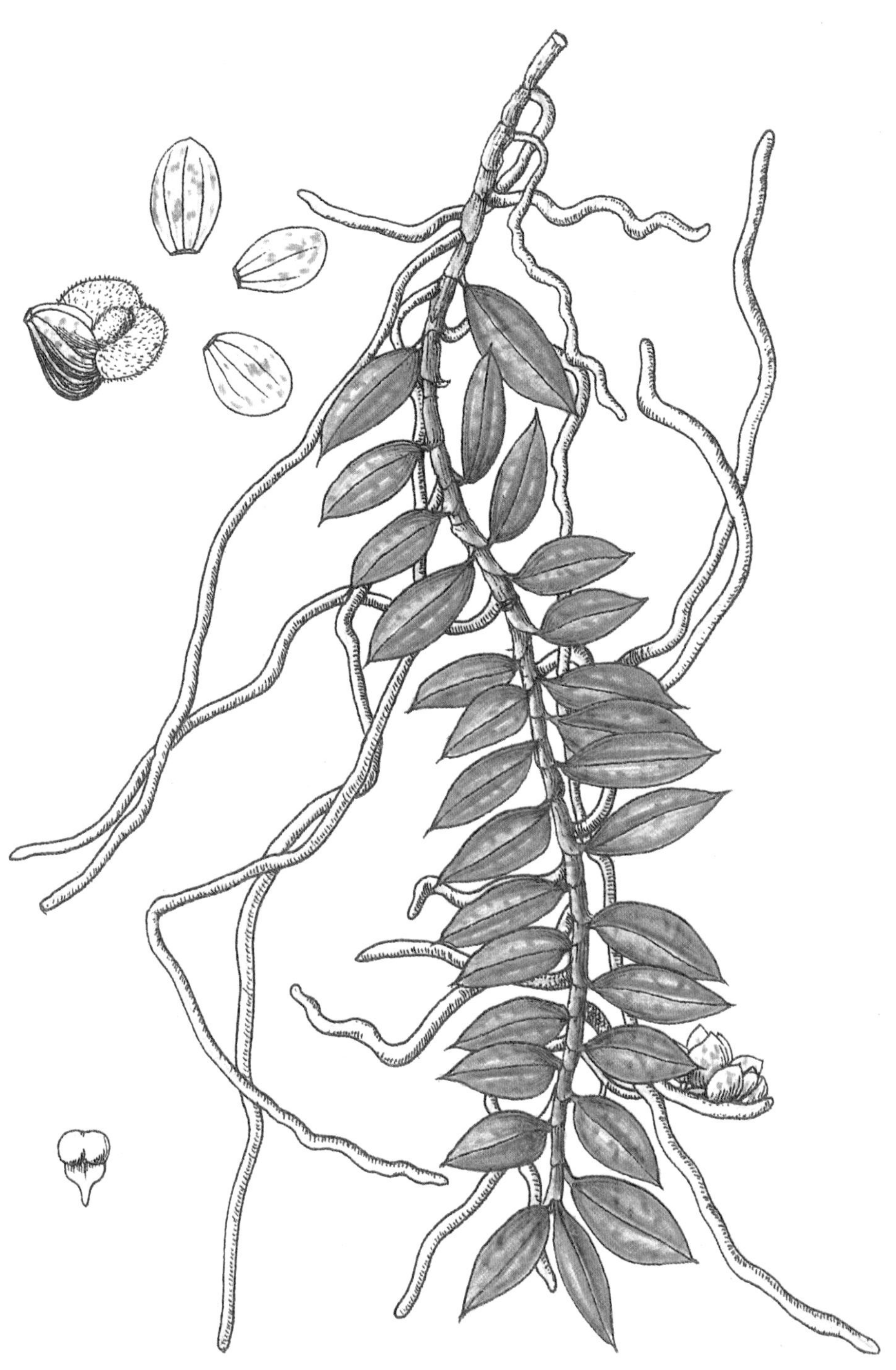

南川盆距兰 *Gastrochilus nanchuanensis* Z. H. Tsi

28. 藏身苗圃的异草：华南蜘蛛抱蛋

（野外绝灭 EW）华南蜘蛛抱蛋（**Aspidistra austrosinensis** Y. Wan & C. C. Huang）为百合科蜘蛛抱蛋属多年生草本，中国特有种，产于广西南宁，仅有栽培。该种于 1987 年发表，模式标本于 1985 年采自广西药用植物园引种保育的植株，由于引种记录不详，至今未发现野外活体，因此 2013 年被《中国生物多样性红色名录——高等植物卷》评估为野外绝灭等级（EW）。

形态特征

根状茎匍匐，近圆柱形，直径 5 ~ 8 毫米，具密的节和鳞片。叶单生，叶片长圆状披针形，长 40.5 ~ 45 厘米，宽 5.3 ~ 5.6 厘米，先端渐尖，基部渐狭，边缘有细锯齿；叶柄坚硬，长 44 ~ 56 厘米，上面具槽。总花梗长 1 ~ 4 厘米，具 4 ~ 5 枚苞片；苞片自下而上逐渐增大，最上面的一枚贴近花，宽卵形，长约 8 毫米，宽约 15 毫米，先端钝，白色，有紫色细点；花单生；花被钟状，肉质，长 15 ~ 18 毫米，6 裂；裂片近三角形，长 8 ~ 10 毫米，基部宽 6 ~ 7 毫米，先端急尖，微向外弯，紫色；花被筒长 7 ~ 8 毫米，直径 10 ~ 12 毫米，淡黄色；雄蕊 6 枚，着生于花被筒下部 1/3 处；花药卵形；子房稍膨大；花柱无关节；柱头碟状膨大，顶部凹陷，边缘浅波状，一侧强烈向内卷曲并在柱头的中央高高突起。

发现之旅：从无心插柳到幸运发现

1985 年，一连串神奇发现震惊了广西乃至全国植物界。广西药用植物园黄长春、广西药科学校讲师万煜两人联手，一次性发表命名 5 个植物新种：十字蜘蛛抱蛋、乐业蜘蛛抱蛋、线叶蜘蛛抱蛋、华南蜘蛛抱蛋、辐花蜘蛛抱蛋。更令人惊奇的是，两个人并没有到野外采集，只是检查了单位苗圃中的植物，就轻而易举地发现了植物新种，这是为什么呢？

答案在于这五种植物都属于蜘蛛抱蛋属（*Aspidistra*）。这

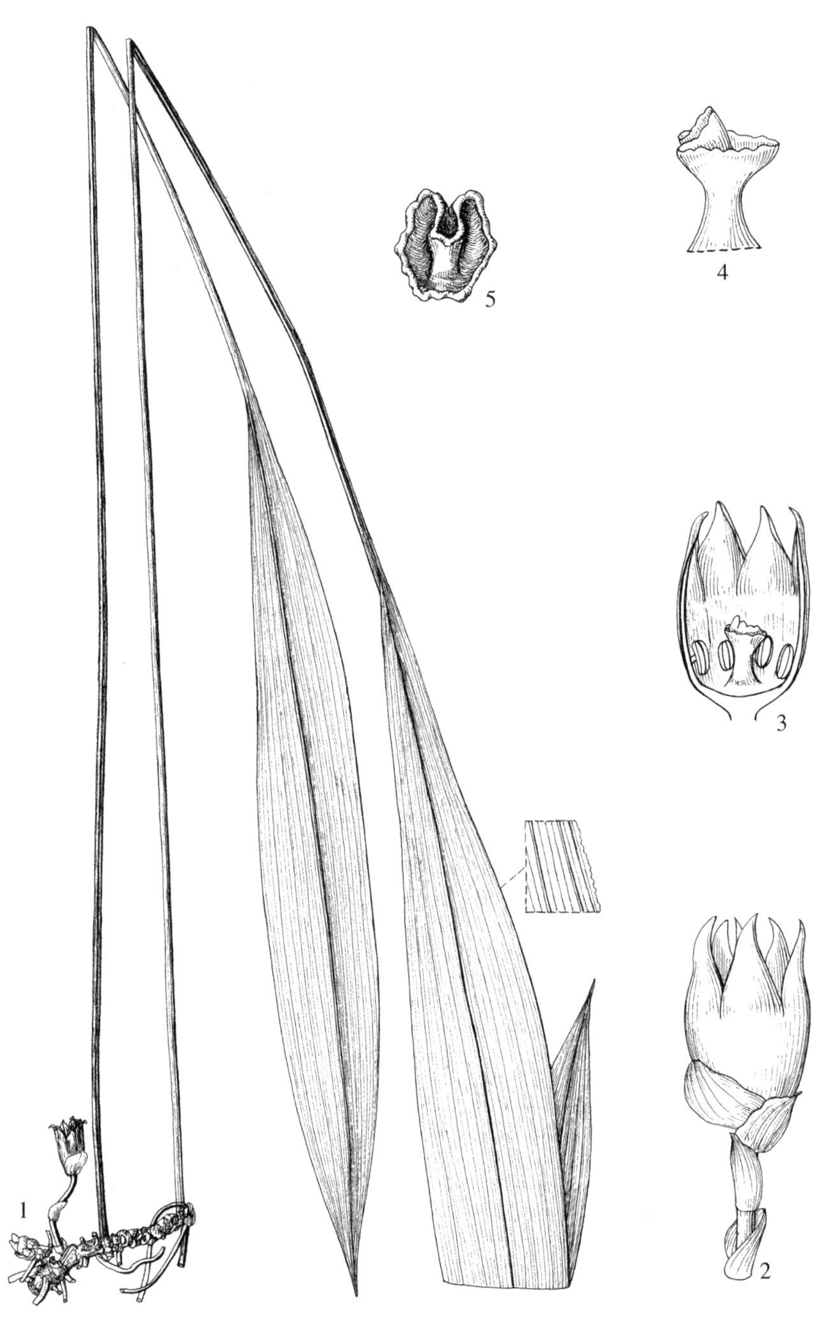

华南蜘蛛抱蛋 *Aspidistra austrosinensis* Y. Wan & C. C. Huang

【孙英宝绘图，根据广西药用植物园标本室，GXMG0038537 标本】

1. 植株，2. 花，3. 花冠纵切，4. 花柱，5. 柱头。

个奇怪的属名，源于其特殊的花型：8 枚花瓣狭长伸展，恰如蜘蛛的八脚；一个浑圆的花被筒藏在花瓣下，宛若蜘蛛产卵后的圆形卵囊，乍一看其花朵就像抱着卵囊的蜘蛛，因此得名“蜘蛛抱蛋”。蜘蛛抱蛋属植物不常开花，因此野外通常无法鉴定，广西药用植物园从野外引种无花的蜘蛛抱蛋时，无法鉴定其种类，只有栽培至开花时，才能进行鉴定。

在发表的 5 个新种中，其中就有珍贵的华南蜘蛛抱蛋。本种与黄花蜘蛛抱蛋（*Aspidistra flaviflora* K. Y. Lang & Z. Y. Zhu）接近，但叶基部渐狭，边缘有细锯齿，花被裂片紫色，柱头碟状膨大，顶部凹陷，边缘浅波状，一侧强烈内卷并在中央高高突起，颇易区别。由于引种时未做详细记录，其野外分布情况不详，此后历经 30 多年的调查研究，至今仍未能找到其野生植株。2013 年该种被认为已在野外绝灭。

华南蜘蛛抱蛋的绝灭，凸显出整个蜘蛛抱蛋属植物的生存危机。首先，它们是林下阴生草本植物，对生态环境要求十分苛刻，一般仅生长在保存较好的原生林中，一旦上层林木受损，很容易大面积死亡；其次，蜘蛛抱蛋属植物具有良好的观赏价值，常被采挖，部分种类不开花时酷似国兰，常被当作国兰误采；第三，绝大多数蜘蛛抱蛋属植物分布范围极狭窄，且处于濒危状态，其生存环境一旦遭到破坏，就有可能彻底灭绝。

中国是世界上蜘蛛抱蛋属植物种类最多的国家，共有 97 种，占世界种数的 64.7%，其中 80 种为中国特有，占世界种数的 53.3%，占中国种数的 82.5%，对蜘蛛抱蛋属植物的保护，可谓任重而道远。

研究名人

蜘蛛抱蛋属命名人约翰·高勒

约翰·贝伦登·科尔·高勒（John Bellenden Ker Gawler，1764 ~ 1862），英国知名植物学者，以编写《植物年鉴》（1801 年）和《兰花精选》（1816 年）闻名于世，在英国被视为博学多才的植物学家。1810 年，植物学界以他的名字命名了山龙眼科，旋桨木属（*Bellendena*）。澳大利亚昆士兰州的第二高山也以他的名字命名为“贝伦登·科尔山”。

约翰·高勒发表命名了许多植物，除了蜘蛛抱蛋属，还有著名的吊兰属（*Chlorophytum*）、夜鸢尾属（*Hesperantha*）、长柱开口箭属（*Tupistra*）、龙须石蒜属（*Eucrosia*）、孤挺蓝属（*Griffinia*），以及香龙血树［*Dracaena fragrans*（L.）Ker Gawl.］、纯白水仙（*Narcissus papyraceus* Ker Gawl.）、珊瑚树（*Viburnum odoratissimum* Ker Gawl.）等。

所属类群：药赏两用的蜘蛛抱蛋属植物

蜘蛛抱蛋属植物清雅、美观、耐阴，自古便是常见的盆栽观赏植物，俗称一叶兰、铁杆兰、箬叶等。其叶上经常带有各种彩纹，观赏性佳。近年来，许多新发现的种，如巨型蜘蛛抱蛋、辐射蜘蛛抱蛋、两色蜘蛛抱蛋等花叶极富特点，具有极高的观赏性。

研究发现，蜘蛛抱蛋属植物普遍含有甾体皂苷，近年来，许多研究表明，甾体皂苷具有广泛的药理作用和重要的生物活性，如抗肿瘤、抗真菌、防治心血管疾病、降血糖、免疫调节等，其药用价值和开发潜力日益受到重视。

在中国，蜘蛛抱蛋属植物不但种类丰富、特有种多、分布区的植被类型及生境多种多样，而且植株、果实、花朵特别是柱头的形态构造变化多端，复杂异常，对植物分类学、形态学、细胞学、孢粉学、生态学，尤其是植物系统发育的研究具有重要价值。

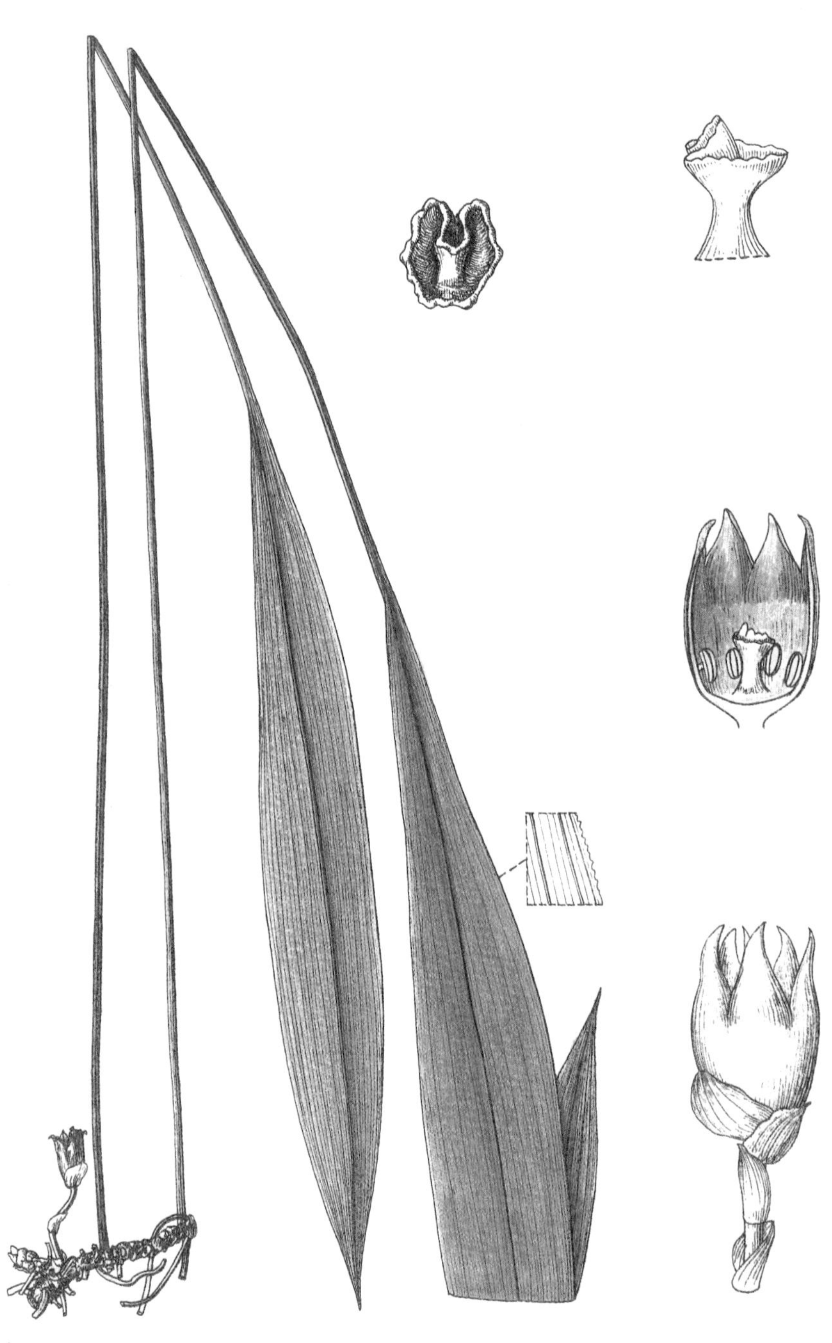

华南蜘蛛抱蛋 *Aspidistra austrosinensis* Y. Wan & C. C. Huang

29. 农田里的姜科珍宝：细莪术

（野外绝灭 EW）细莪术（**Curcuma exigua** N. Liu）为姜科姜黄属多年生草本，中国特有种，产于四川西南部。该种于 1987 年发表，模式标本于 1984 年采自四川米易县。近年来，产地生境已经被破坏，并全部被开垦成农地，相关专家近几年数次前往模式产地寻找，均未发现野外活体，目前仅华南植物园有引种保育，因此 2013 年被《中国生物多样性红色名录——高等植物卷》评估为野外绝灭等级（EW）。

植株高40～80厘米。根状茎多分枝，内部黄色，肉质；根结块茎。叶鞘浅绿色；叶柄长5～8厘米；叶片绿色，并带有紫色，紫色沿着红色中脉形成狭窄条带，叶片披针形或阔披针形，长约20厘米，宽5～7厘米，无毛，基部楔形，先端尾状。花序顶生在假茎上；花序梗长约3.6厘米；穗状花序圆筒状，长约9厘米，宽约2.5厘米；可育苞片卵状椭圆形；苞片白色具紫色先端，长圆形，长约4.2厘米，宽约1厘米，无毛。花萼长约1.3厘米，先端2齿。花冠浅紫色；筒部长约1.4厘米，喉部具长柔毛；裂片黄色，椭圆形，长约1.5厘米。侧生退化雄蕊黄色，倒卵形，长约1厘米，宽约5毫米。唇瓣近圆形，先端黄色，微缺。子房具柔毛。蒴果近球形。

发现之旅：从农田偶遇到迁地保存

1984年，华南植物研究所研究员刘念来到四川省米易县丙谷镇，听说当地有种名叫“黄白姜”的作物，中国民间自古有白姜与黄姜之分，白姜即普通的“姜”，黄姜则是颜色更深、味道更浓的“姜黄”。美味的咖喱之所以呈棕黄色，就是姜黄粉的功劳。

“黄白姜”是何物？刘念带着疑惑到农田周边实地调查，惊喜地发现它很可能是姜黄属（*Curcuma*）一个从未报道过的新种。刘念采集并制作了标本，经过研究，于三年后正式将其发表定名为细莪术。

经历三十余年变迁，米易县丙谷镇的细莪术已经消失，其

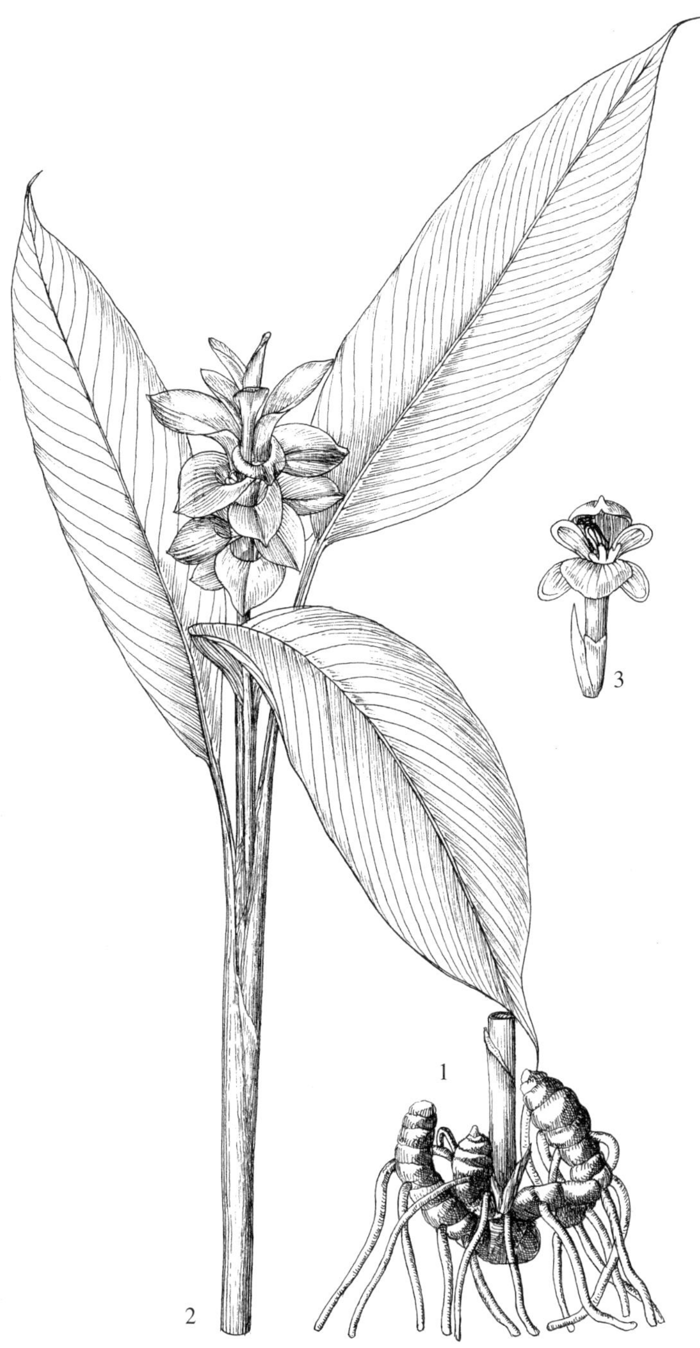

细莪术 *Curcuma exigua* N. Liu

【仿《广西植物》7（1）: 15 ~ 18.；根据中国科学院华南植物研究所，标本号 59081】

1. 植株下部，示根，2. 植株上部，3. 花。

他地方也未发现分布。所幸，刘念将少量细莪术引种到中国科学院华南植物园内，保存了珍贵的种源。刘念研究发现，细莪术是国产姜黄属植物中唯一的二倍体植物。全球 70 种姜黄属植物中，也仅有 4 种为二倍体。这一特性对于姜黄属研究非常重要。不仅如此，细莪术作为独立的物种，对姜黄属植物的应用研究也具有重要价值。

研究名人

姜科植物专家刘念

细莪术的发现者是广东仲恺农业工程学院和中国科学院研究生院教授刘念，他是中国著名的姜科植物专家。

刘念自 1985 年于中国科学院华南植物研究所毕业后，一直就职于该所，2003 年调入仲恺农业工程学院。经过多年的努力，在学院建立了全国最大的姜属和姜黄属花卉种质资源田间库，与华南植物园、西双版纳植物园、广西药用植物园并列为中国四大姜科种质资源收集地。此外，刘念已取得 6 项姜科花卉国家发明专利，培育出 6 个省级新品种，近 40 个等待审定的新品系。

在培育第一个姜科观赏花卉新品种“香凝南岭莪术”时，刘念遇到了极大的困难。几百颗种球只有三四颗能开花。刘念偶然发现，一粒掉在水槽中的种球冒出了芽，于是果断尝试水培法，使“香凝南岭莪术”的开花率达到了 60% ~ 70%。此后，刘念又发现在水养“香凝南岭莪术”之前，对种球进行干旱处理，可将开花率提高到 90% 以上，最终达到了商业推广的目标。

目前，刘念团队的姜科花卉研究已取得一系列成果，完善了中国姜科植物研究的产学研体系。

所属类群：名药云集的姜黄属植物

细莪术所属的姜黄属植物中既有古老的名药，又涵盖当下最前沿的药用成分提取研究植物。

姜黄属中最著名的中药材有姜黄、郁金和莪术。姜黄主治胸胁刺痛、胸痹心痛、痛经闭经、症瘕、风湿肩臂疼痛、跌打损伤。郁金具有解郁、行气、止痛、化瘀、利胆和清心功能。莪术具有破瘀行气、消积止痛的作用。此外，莪术（温莪术）经水蒸气蒸馏提取的挥发油称为莪术油，取莪术油制成莪术油注射液，可用于早期宫颈癌治疗。

近年来，从姜黄属植物中提取的姜黄素成为科研热点。美国国家医学图书馆旗下的 PubMed 数据库显示，近五年来关于姜黄素的科研论文达 5581 篇。2017 年，媒体将姜黄追捧为“十大超级食物”之一。2018 年姜黄上榜“年度全球最受关注的食品原料配方”。研究发现，姜黄素对糖尿病、阿尔茨海默病、癌症、心脑血管疾病、肥胖、关节炎等均具有一定的疗效，极富应用潜质。当然，许多研究还停留在动物试验层面，人体疗效还有待实验验证。

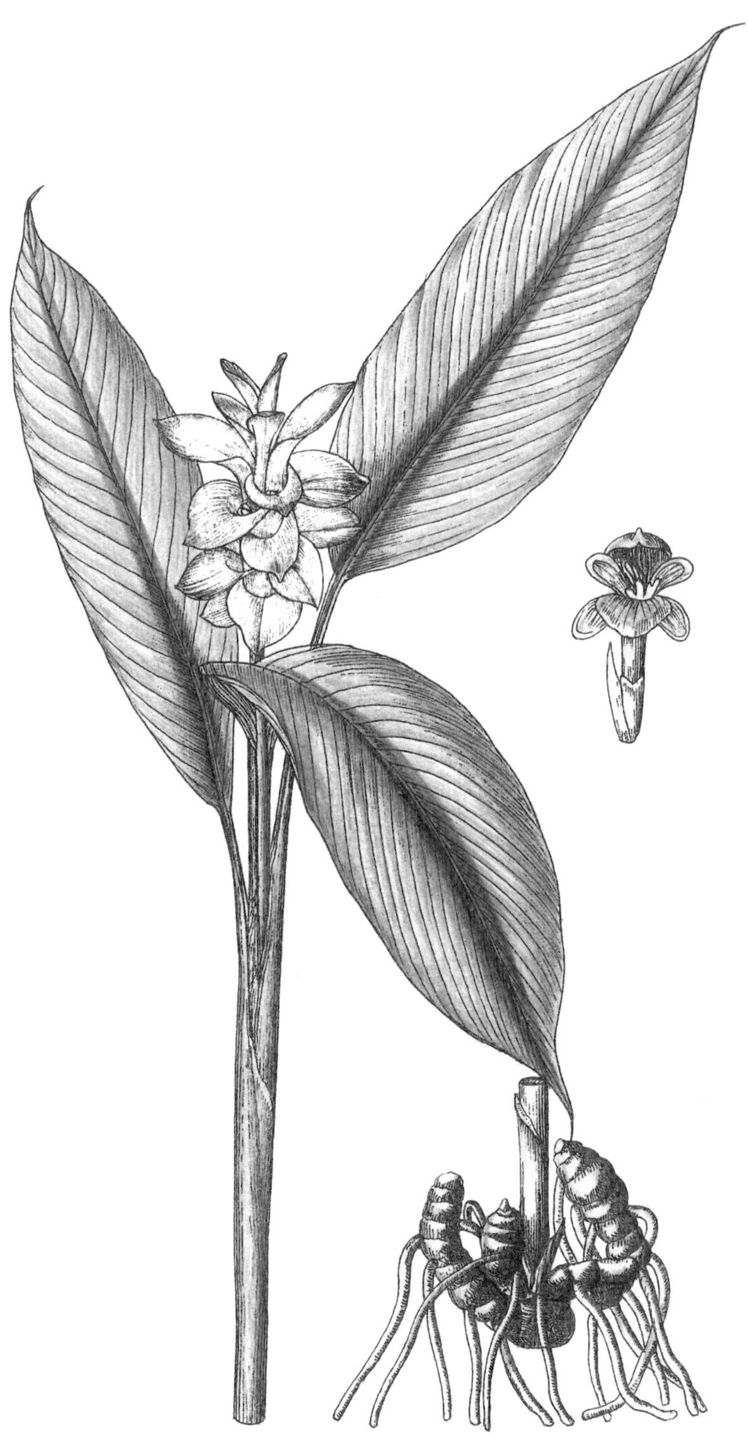

细莪术 *Curcuma exigua* N. Liu

30. 消失在山野的佳果：

倒心叶野木瓜

（绝灭 EX）倒心叶野木瓜（**Stauntonia obcordatilimba** C. Y. Wu & S. H. Huang）为木通科野木瓜属木质藤本，中国特有种，产于云南东南部，生长于热带常绿林中，海拔 1000 米。该种于 1979 年发表，模式标本于 1940 年采自云南富宁，该种至今仅有模式标本，尽管相关专家在 20 世纪 80 至 90 年代曾经专门到模式产地进行寻找，但未能发现野外活体，而原生境森林植被已经被破坏殆尽，因此 2013 年被《中国生物多样性红色名录——高等植物卷》评估为绝灭等级（EX）。

茎纤细，有线纹。掌状复叶有小叶 3 ~ 5 片；小叶革质，倒卵状圆形，有时阔椭圆形，大小变化极大，先端圆、微凹至倒心形，基部阔楔形或近圆形，边缘增厚，上面有光泽，下面苍白色；小叶柄较纤细，长约 1 厘米。花雌雄同株同序，数朵组成簇生于叶腋的总状花序；总花梗和花梗均极纤细，花序基部具数枚阔卵形的苞片。雄花黄绿色；萼片 6，外轮 3 片披针形，先端长渐尖，较薄，两面平滑，内轮 3 片较狭；花瓣缺；雄蕊较萼片短一半，花丝合生几达顶端，长约 9 毫米，药隔突出所成之角状附属体长约 2 毫米，退化心皮 3，很小。雌花：萼片与雄花的相似但较阔，心皮 3，卵状柱形，基部有 6 枚长约 1.5 毫米的退化雄蕊。

发现之旅：从似曾相识到科学定名

1940 年，植物采集家王启无进入云南省富宁县，在海拔 1000 米的密林中看到了一种既熟悉又陌生的植物，一种柔韧的木质藤本静静地攀缘在树梢，纤柔的黄绿色花朵开满枝头，如散漫在林间的星斗。询问当地居民后得知，它能结出土豆般大小的果实，常被部分少数民族当成草药，是云南极为常见的野木瓜。

野木瓜最典型的特点是叶片。几片狭长的小叶聚在一起，组成酷似手掌的掌状复叶，因此又被称为鸭脚莲、五爪金龙或七叶莲。但王启无发现的这种“野木瓜”却非常奇怪，叶片虽

倒心叶野木瓜 *Stauntonia obcordatilimba* C. Y. Wu & S. H. Huang

【孙英宝绘图，根据中国科学院华南植物研究所，标本号 00664831】

1. 花枝一段， 2. 雄花， 3. 雄蕊。

然也是掌状，但每片小叶又宽又圆，叶尖还微微凹陷，形成奇特的倒心形。这种由倒心形小叶组成掌状复叶的“野木瓜”实属少见，为此，王启无先后采集了两份标本。

1979年，根据王启无采集的标本，中国科学院资深院士吴征镒与植物学家黄素华一起将其发表定名为一个新物种：倒心叶野木瓜，成为中国野木瓜属植物的重要一员。遗憾的是，此后虽然植物学家多方寻找，却再未发现任何一株野生植株。倒心叶野木瓜最后的枝条、叶片、花朵，宛若时光的剪影，黯然尘封于纸间。

研究名人

国家最高科学技术奖得主吴征镒

倒心叶野木瓜的定名人是中国科学院院士、2007年国家最高科学技术奖获得者吴征镒（1916-6-13 ~ 2013-6-20）。他是中国植物分类学、植物系统学、植物区系地理学、植物多样性保护以及植物资源研究的权威学者，参与定名的植物分类群达1766个，是中国发现和命名植物最多的植物学家，被誉为中国植物的“活词典”。

1916年，吴征镒生于江西九江。他少年时记忆力超群，偶然在书房里看到清代吴其濬的《植物名实图考》和牧野富太郎的《日本植物图鉴》，竟按图索骥，在自家对面的花园中认知了几十种树木花草，也埋下了日后专攻植物学的种子。1933年，17岁的吴征镒考入清华大学，1937年毕业后留校，任生物系助教。

1950年2月，中国科学院植物分类研究所成立，吴征镒任研究员、副所长。然而1958年，年逾不惑的吴征镒却毅然主动请缨，举家迁往昆明，任昆明植物研究所所长，这是他一生中最大的转折点。吴征镒从编辑《云南植物名录》（1958 年油印本）起步，主持编纂《云南植物志》。1959 年，他担任《中国植物志》编委，1973 年任副主编，1987 年任主编。在主编任上，《中国植物志》共出版 82 册，约占全志的 2/3。至 2004 年，《中国植物志》82 卷 126 册全部出版，最终获得 2009 年度国家自然科学奖一等奖。

所属类群：药食两用的野木瓜属植物

野木瓜属创立于 1824 年，属名以英国医生乔治·斯汤顿（George Staunton) 的名字命名。该属的模式种为产自中国南方的野木瓜（*Stauntonia chinensis*）。20 世纪 30 年代，中国植物学家吴印禅对该属进行了分类学系统研究，并于 1936 年出版了关于野木瓜属研究的专著。

大多数野木瓜属植物的果实可食用。长期以来，江西、湖南各地民间都有食用野木瓜果实的传统。每年深秋，一些山区集市常有野木瓜鲜果出现。果实一般呈长椭圆形，单果可达 300 克左右。成熟期为每年的 9 ~ 11 月份，熟时多为橙黄色，黄瓤，可食部分为发达的胎座组织，果味香甜，口感独特且营养丰富，是一种很具开发潜力的山珍野果。此外，野木瓜种子的含油率达 35.2%，可榨油。

野木瓜属植物还是一种常用药材，具有镇静、止痛、抗炎、消肿等作用，对治疗风湿性关节炎、跌打损伤等具有一定的疗效。现代药物研究集中于野木瓜属中的野木瓜与六叶野木瓜两种，发现其体内含有三萜苷元、糖苷、脂肪酸类及甾醇类物质。临床试验发现，野木瓜注射剂与其他药物联合使用，对治疗鼻咽癌、坐骨神经痛、术中及术后镇痛等具有一定疗效。

倒心叶野木瓜 *Stauntonia obcordatilimba* C. Y. Wu & S. H. Huang

31. 翘在水中的绿尾巴：四蕊狐尾藻

（地区绝灭 RE；再发现）四蕊狐尾藻（**Myriophyllum tetrandrum** Roxb.）为小二仙草科狐尾藻属多年生沉水草本植物，产于中国海南（海口、三亚、乐东），印度、越南和马来半岛也有分布，生长于浅水中。该种于 1820 年发表，模式标本于 1820 年前采自印度，尽管分布较为广泛，但在中国，该种直到 1935 年才首次在海南三亚被发现。此外，早年乐东也有过记载。随着海南岛的开发及经济的发展，湿地数量和面积锐减，四蕊狐尾藻的生境遭受破坏，加之气候变化加剧，多年来再未采集到标本，因此 2013 年被《中国生物多样性红色名录——高等植物卷》评估为地区绝灭等级（RE），2014 年该种在海南海口羊山湿地被重新发现。

根状茎发达，在底泥中蔓延，节部生根。茎圆柱形，顶部伸出水面，少分枝，长达 2 米。叶通常 5 片轮生，蓖状分裂，常长达 9 厘米，裂片羽毛状，长达 13 毫米，茎顶部水上叶披针形或匙形，有齿刻或不明显的锯齿，渐次变成苞片状、掌状浅裂，长 0.4 毫米。花单生于叶腋，具短梗，5 朵轮生；花小、单性，雌雄同株，上部为雄花，下部为雌花；萼管四棱形、具 4 槽裂片三角形，长 0.2 毫米，宽 0.15 毫米；花瓣匙形，扁平，膜质，长约 1 毫米，宽约 0.4 毫米；雄蕊 4 枚；花柱 4，向外伸出而下弯，柱头有乳头状突起。果直径 2 毫米，成熟时褐色。

发现之旅：从零星分布到重新发现

1820 年，印度正式发表命名了一种有趣的水生植物，其叶片青翠欲滴、层层相叠，宛若一条绒柔的狐尾在浅水之中摇曳，这就是美丽的四蕊狐尾藻（*Myriophyllum tetrandrum* Roxb.）。

植物学家很快发现，四蕊狐尾藻果然“活泼好动”，它们从印度开始一路向东旅行，进入孟加拉国、泰国、越南、马来西亚，而中国正处于这条东进之旅的终点。

1935 年，中国首次在海南崖县（今三亚市）的浅水塘中发现了四蕊狐尾藻，但数量十分有限。据 20 世纪 60 年代编写的《海南植物志》、20 世纪末编写的《中国植物志　第五十三卷　第二分册》小二仙草科记载：四蕊狐尾藻仅分布在海南南端三亚市、乐东市的浅水塘中，数量稀少，不常见。随着海南岛的

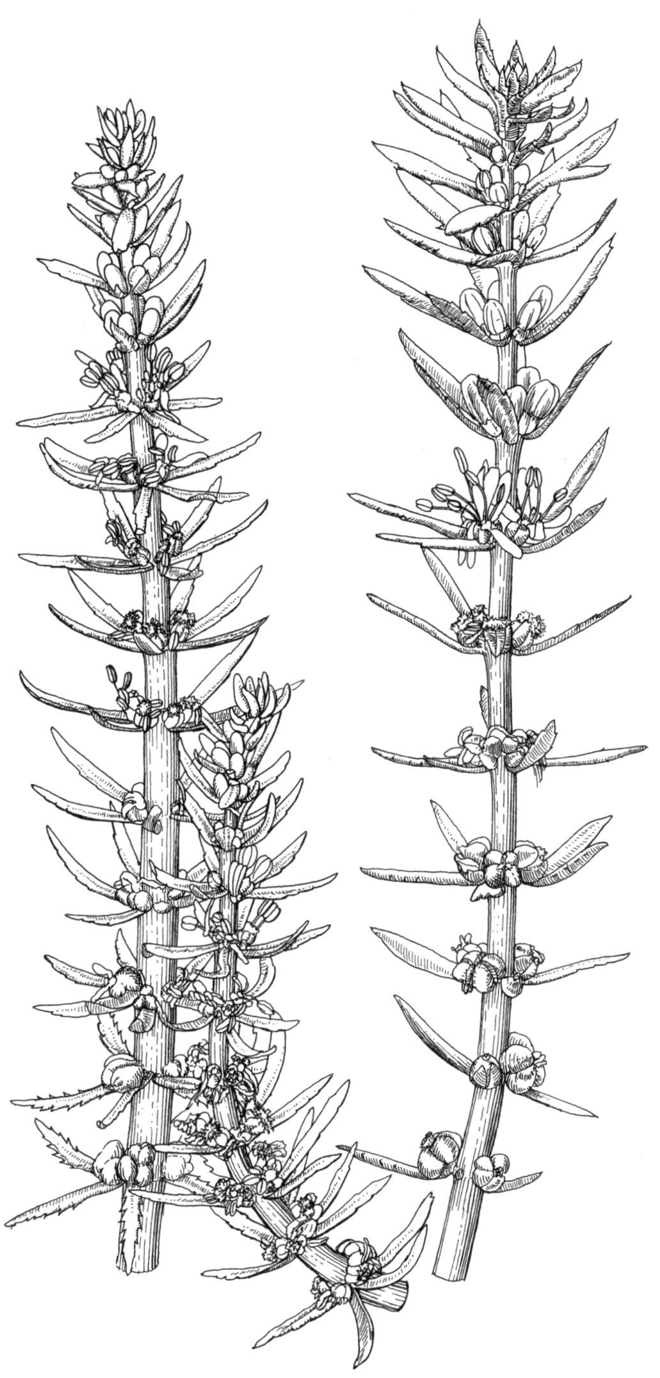

四蕊狐尾藻 *Myriophyllum tetrandrum* Roxb.

【孙英宝绘图，根据卢刚提供的照片】

植株上部。

开发，岛上湿地面积锐减，四蕊狐尾藻的生境遭受破坏，加之气候变化加剧，这些优雅的“绿尾巴”多年来没有被再次发现。

直到 2014 年，海南的卢刚老师带领一批志愿者来到海口羊山湿地考察，陆续发现了珍贵的水菜花、野生稻、水蕨，也再次找到了漂亮的四蕊狐尾藻。它在此地与众多植物一起，构建起一个既美丽又独特的湿地植物群系，仿佛温馨的家园，令人不忍打扰。如今，四蕊狐尾藻正受到积极的保护、迁移，一根根美丽的绿尾巴，又踏上了寻找新家园的道路。

研究名人

印度植物学奠基人罗克斯伯勒

四蕊狐尾藻的命名人是英国植物学家威廉·罗克斯伯勒（William Roxburgh，1751-6-29 ~ 1815-4-10），他编著了《英属印度植物志》（*The Flora of British India*），被誉为印度植物学奠基人。

罗克斯伯勒本是一位外科医生，但对植物学兴趣浓厚，经常与植物学家们一起采集植物。在工作之余，他一边试验种植黑胡椒、咖啡、桑树、面包果，一边收集野生植物，并雇用印度艺术家进行绘图。同时，罗克斯伯勒还坚持记录气象数据，分析印度的热带气候特点。1790 年，罗克斯伯勒把自己的植物绘图寄给远在英国的班克斯爵士，并在图纸上写下详细注释，其广博的学识立刻受到植物学界的瞩目。

1793 年，罗克斯伯勒被任命为印度加尔各答皇家植物园的第一位带薪总监。在任期间，他对印度植物进行了广泛调查，共命名植物 3615 种，其中很多是南亚、东南亚及东亚广泛分布的广域种，这也使他的名字频繁出现在众多亚洲国家的植物志中。他还大力推进种植亚麻、大麻、西米等经济作物，向各地分发幼苗进行试耕，以此发展印度本地经济。罗克斯伯勒的工作受到广泛赞誉，至今，印度很多植物园中都矗立着威廉·罗克斯伯勒的纪念碑。

所属类群：水体净化植物——狐尾藻

四蕊狐尾藻所在的狐尾藻属，是中国重要的水生植物，也是应用最广的水体净化植物之一。

中国最常见的狐尾藻属植物是穗花狐尾藻（*Myriophyllum spicatum* L.），它的生长能力很强，植株上部能挺出水面 30 厘米左右，形成密集的绿毯，有时甚至会阻碍其他水生植物生长。它还具有超强的耐寒能力，在北京、内蒙古等地，冬季枯萎后，根茎在水下越冬，第二年重新展叶开花。

正是这种强悍的习性，使之能快速吸收水中的氮、磷等营养，改善水体的富营养化趋势。有研究表明，每公顷狐尾藻湿地，每年可吸氮 1 ~ 2 吨，磷 100 ~ 300 千克，相当于吸收了 600 头成年猪的粪便排放量。在吸收营养的同时，狐尾藻的根系还能吸收重金属及有机污染物，脱毒后储存在体内。因此它也是净化工业污染水源的重要植物。

不仅如此，狐尾藻还是水中氧气的提供者。它利用水面上的叶片进行光合作用，再将氧气通过中空的圆柱形茎干传递到根系区，最终缓慢释放到水中。这些氧气能帮助水中的有益细菌大量繁殖，从而给鱼虾提供食物，最终使整个水生生态系统保持良好运转。近年来，诸多文献聚焦狐尾藻的水体净化作用，且已有许多养殖场、工业企业尝试用狐尾藻净化水体，取得了很好的效果。

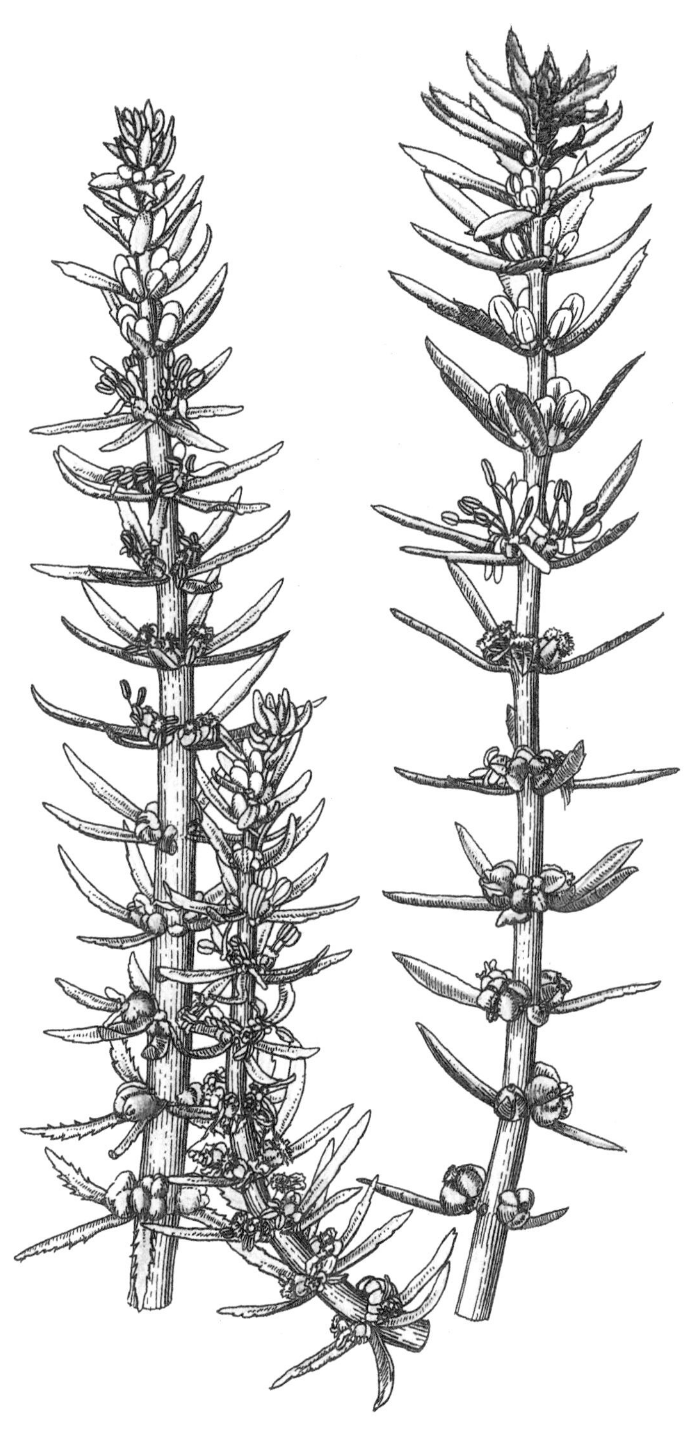

四蕊狐尾藻 *Myriophyllum tetrandrum* Roxb.

32. 消失风中的绿影：柳州胡颓子

（绝灭 EX）柳州胡颓子（**Elaeagnus liuzhouensis** C. Y. Chang）为胡颓子科胡颓子属常绿灌木，中国特有种，产于广西。该种于 1980 年发表，模式标本于 1941 年采集于广西柳州，至今没有新的采集记录，有关专家去模式产地寻找也未能发现野外活体，因此 2013 年被《中国生物多样性红色名录——高等植物卷》评估为绝灭等级（EX）。

植株无刺；小枝开展成 80 ~ 90 度的角，幼枝密被锈色鳞片，老枝鳞片脱落，灰黑色。叶纸质，倒披针状椭圆形，顶端骤渐尖，向基部渐窄狭成窄楔形，边缘反卷、波状，上面幼时密被星状细柔毛，成熟后脱落，干燥后黑褐色或褐绿色，下面灰白色，密被灰白色鳞片和鳞毛，混生少数淡褐色鳞片，侧脉 7 ~ 9 对，不规则分叉和开展，上面略凹下，下面凸起；叶柄褐色。花淡黄白色，被银白色和黄色鳞片；常 1 ~ 3 花生于叶腋短小枝上，花枝锈色；花梗纤细；萼筒圆筒状漏斗形，在裂片下面和在子房上面均略收缩，内面无毛，裂片卵状三角形，内面具淡白色星状柔毛，雄蕊的花丝基部三角形，比花药短，花药细小，矩圆形，约长 1.1 毫米；花柱直立，疏生白色星状柔毛，长不超过雄蕊，柱头尖。果实未见。

发现之旅：从寒冬偶遇到黯然消失

1941 年，中国著名植物学家钟济新来到柳州市沙塘镇，在一个名叫木棉村的地方偶遇到一株有趣的灌木：其身材不高，枝叶开散，叶片如纸，全身还有密集的白毛。当天正是元旦，天气清寒，此树不但叶片润绿如常，还开着细密的小花，散发出阵阵幽香。

钟济新很快判断出它属于胡颓子科胡颓子属植物，密集的白毛是最容易辨识的特点。但具体是哪个种却一时无法判断。他采了两份标本（采集号 84582）带回去进行研究。1960 年，

柳州胡颓子 *Elaeagnus liuzhouensis* C. Y. Chang

【孙英宝绘图，根据中国科学院华南植物研究所广西分所，标本号 84582】

1. 花枝， 2. 花， 3. 花纵切面 ，4. 叶下面鳞片。

胡颓子科分类专家张泽荣教授判断其为胡颓子属的一个新种，初步将其命名为 *Elaeagnus liuchouensis*。1980 年，已是《中国植物志》胡颓子科撰写人的张泽荣教授，在《东北林学院植物研究室汇刊》上发文，将其正式定名为柳州胡颓子（*Elaeagnus liuzhouensis* C. Y. Chang）。

然而，自 1941 年钟济新采集后，再无人发现过柳州胡颓子。2013 年，被《中国生物多样性红色名录——高等植物卷》评估为绝灭等级（EX）。如今，柳州市尚有沙塘镇，但木棉村却已无处可寻。沙塘镇距柳州市中心仅有 7 千米，早已成为繁华之地。当年那株自在开花的柳州胡颓子或早已消逝于风中，唯有两份尘封的标本记录着它曾经的往事。

研究名人

发现银杉的植物学家钟济新

柳州胡颓子的采集者是著名植物学家钟济新（1909-9-1 ～ 1993-6-27）。他是广西植物研究所的创始人之一，曾用野生萝芙木成功研制生产降血压药物，结束了中国依靠进口原料生产降压药品的历史。他最为人称道的事迹是发现了“国宝”银杉。

数千万年前，银杉广布于北半球，植物学者曾在法国发现过它的化石。由于同期植物受到冰川袭击早已灭绝，国外植物权威们断言：银杉也是一种灭绝的“化石植物”。

1954 年，钟济新带学生到广西临桂县实习，听到一位农民提起附近有一片原始林区，山高坡陡，少有人烟。第二年早春，钟济新带队前往考察，经过一个多月的搜寻，并未有重大收获。4 月，钟济新再次带队前往，一直考察到 5 月中旬。有队员在红崖界发现了一株奇怪的树苗，认为是油杉。钟济新觉得不像，而很可能是另一种松科新种。他要求考察队员注意追寻它的母树。5 月 16 日，队员们在红崖界一棵树挨一棵树地反复搜寻，终于在海拔 1300 米的伍家湾首次找到了母树，并采到了它已经开裂的球果。

此后，钟济新又收集了大量标本，送到著名植物分类学家陈焕镛和匡可任手中。二人经过认真分析，判断其为松科新属新种。根据其叶片形似杉树，叶背为银白色的特征，命名为“银杉”。又经过古植物分类学家徐仁教授的鉴定，确认它就是在法国发现的银杉化石活体。

这一发现迅速轰动世界，钟济新也作为银杉的发现者名留史册。值得一提的是，早在 1938 年，植物学家杨衔晋就在四川金佛山采到了银杉标本，可惜未能引起重视。而钟济新凭借特有的执着与敏锐，终于使银杉展露真容，成为中国的骄傲。

所属类群：价值极高的胡颓子属植物

柳州胡颓子为胡颓子属植物，该属植物在中国约有 55 种，是极富潜力的经济作物之一。

胡颓子属植物的果实虽不显眼，却符合现代营养的要求。首先，其富含维生素、矿物质及有机酸，口味适宜。本属中的著名果树沙枣，自古就是西北闻名的珍果。其次，其果实出汁率很高，适合制作果汁；再次，本属植物的果实大多在春天成熟，此时正是水果青黄不接的季节，正好弥补市场的鲜果空白。

胡颓子属植物还是重要的园林观赏树种。本属中有许多美丽的灌木，叶片四季常绿，花朵清香扑鼻，果实嫣红欲滴，配合独特的银白色叶片，极富美感。研究表明，胡颓子属植物还能吸附二氧化硫等空气污染物，种植在园林中有净化空气之效。

胡颓子属植物具有发达的根系，加之萌蘖力强，很容易形成密集的灌丛。在西北荒漠地区，它们是重要的治沙植物，可改良土壤，绿化荒山。此外，胡颓子属还是重要的蜜源植物，亦是荒漠生态系统中的重要组成部分。

柳州胡颓子 *Elaeagnus liuzhouensis* C. Y. Chang

33. 最后的江滩部落：鄂西鼠李

（野外绝灭 EW）鄂西鼠李（**Rhamnus tzekweiensis** Y. L. Chen & P. K. Chou）为鼠李科鼠李属平卧低矮灌木，中国特有种，产于湖北西部，生长于沙滩岩石缝中。该种于 1979 年发表，模式标本于 1957 年采自湖北西部（秭归），当时野外仅发现 2 株，随后被迁地保育于武汉植物园，多次寻找再未发现野外活体，因此 2013 年被《中国生物多样性红色名录——高等植物卷》评估为野外绝灭等级（EW）。在武汉植物园“鄂西鼠李保护工程”项目努力下，目前该种个体数量得到了扩大。

株高 8 ~ 20 厘米；当年生枝纤细，浅黄色，无毛，顶端具芽而不变成刺，老枝常扭曲，皮黑褐色，具纵条纹或不规则的裂纹。叶小，纸质或薄革质，在长枝上互生或上部近对生，或在短枝上簇生，狭倒披针形或倒披针形，顶端圆钝或微凹，基部狭楔形，边缘具疏小圆齿，或下部全缘或近全缘，多少背卷，上面绿色，下面干时变金黄色，两面无毛，侧脉每边 3 ~ 5 条，纤细，弧状弯曲，中脉和侧脉在上面稍下陷，网脉明显，在下面稍凸起；叶柄上面有小沟，无毛；托叶钻状刚毛形，与叶柄近等长或短于叶柄，宿存。花未见。核果 1 或 2 个生于小枝下部或短枝叶腋，倒卵状球形，基部有浅盆状的宿存萼筒；果梗长，无毛，稀 3 个分核；种子倒卵状矩圆形，淡褐色，有光泽，背面有长达种子 4/5 的狭深沟。

发现之旅：从江滩瘦影到迁地保护

1957 年盛夏，植物学家傅国勋、张志松来到湖北秭归县郊外采集植物，他们搜索一片荒草遍地的江滩，在一道石缝里发现了两棵孤独的小树，株高不到 20 厘米，枝干古朴扭结，宛若天然盆景。薄如纸片的叶子形如一粒粒瓜子，在大枝上交互而生，在小枝上又聚成花朵般的一簇，尽最大可能利用着有限的空间。傅国勋、张志松判断它们是鼠李属植物，采集了数份标本以便深入研究。

1979 年，植物学家陈艺林、周邦楷根据标本，正式将其命

鄂西鼠李 *Rhamnus tzekweiensis* Y. L. Chen & P. K. Chou

【孙英宝绘图　中国科学院植物研究所标本室，标本号 704；IBK00271987】

1. 果枝，2. 种子。

名为鄂西鼠李，为中国特有的鼠李属植物，也是湖北秭归地区的特有植物。调查发现，本物种仅存最初发现的两株。失去这两株鄂西鼠李，就可能失去一个珍贵的物种。三峡工程开始前，鄂西鼠李最初的栖息地变成库区消涨带，定期起落的江水卷走大量土壤，可能进一步摧毁未知的鄂西鼠李种群。它们藏身的石缝，经常受到江水的强烈冲刷，水位上涨时，还会淹没植物根系，造成部分根系死亡。为保护鄂西鼠李，2011 年，武汉植物园实施“鄂西鼠李保护工程”，将它们移植到武汉植物园中，建成鄂西鼠李迁地保护基地，极大地推动了这个珍贵物种的保存工作。但由于种群数量太少，鄂西鼠李已无法产生种子，而稀疏的枝叶，也为植物学者的扩繁实验增大了难度。

研究名人

植物学名家陈艺林

鄂西鼠李的定名人之一陈艺林（1930 年生）为中国科学院植物研究所研究员，是中国菊科、凤仙花科植物的权威专家。

1955 年，陈艺林毕业于中山大学生物系，1959 年获中国科学院植物研究所硕士学位。当时，中国植物学泰斗林镕先生专注于菊科植物研究，这是被子植物中最庞大的类群之一，中国菊科植物拥有 248 属 2336 余种，研究难度很大。林镕数十年如一日，收集国内外菊科植物资料，按族属手抄了 30 余本大册，编成《中国菊科文献大全》。陈艺林深受林镕教授品行及学风的影响，也投身于菊科研究之中。多年来发现植物新种、新系及新分类群共 100 余个，尤以中国菊科、凤仙花科植物为多，他还提出菊科飞蓬属、东亚千里光族的适宜分类系统，厘清了存在多年的分类混乱问题，促进了中国植物研究的薪火相传。

陈艺林是《中国植物志》编辑委员会成员，编著了第四十八卷第一分册鼠李科，第七十四卷和第七十五卷的菊科。此外，他还参与编著了《中国高等植物图鉴》的第二和第四册，《中国高等植物图鉴（补编第二册）》和《中国高等植物科属检查表》《西藏植物志》《贵州植物志》等，为中国植物分类夯实了基础。

所属类群：不可或缺的鼠李科植物

鼠李科植物大多数外形普通，却有着丰富的实用价值，其鼠李属、勾儿茶属中很多种类都可作为天然染料的原材料，可以提取黄色、绿色或蓝色染料，自古就用于纺织、造纸等。有些种类还是提取食用天然色素的优良资源，有些种类可作为生物染色剂和工业染色原料。

鼠李科中还有很多美味的水果，例如，我们耳熟能详的大枣、酸枣都是维生素 C 含量很高的水果，号称活的“维生素丸”。北枳椇、枳椇、皱枣、滇刺枣等也是优良的潜在果树资源。在华东、华中至西南地区也有人把一些鼠李科植物当作茶，如光枝勾儿茶、多花勾儿茶、翼核果等种类的嫩叶均可代替茶叶使用，味道可与茶叶媲美，极富开发价值。

有研究表明，鼠李属植物的提取物中含有多种生物活性分子，这些活性分子对利尿、通便、保肝、解酒等药理功能的实现具有积极作用。鼠李科植物药用价值还有待进一步开发，需要更多的临床试验和研究。

在园林应用上，鼠李科植物也积极发挥作用，其中鼠李、冻绿、枳椇是较常见的园林树种。雀梅藤属、鼠李属、勾儿茶属中的部分种类枝干虬曲，古朴苍劲，是制作盆景的良材。

鄂西鼠李 *Rhamnus tzekweiensis* Y. L. Chen & P. K. Chou

34. 消失在雨林的稀有树种：闭壳柯

（地区绝灭 RE）闭壳柯（**Lithocarpus cryptocarpus** A. Camus）为壳斗科柯属乔木，产于中国和越南边境，生长于低海拔河溪两岸常绿阔叶林中。该种于 1934 年发表，模式标本于 1933 年采自越南境内，除模式标本外，之后就再没有发现植株活体。云南河口瑶族自治县是闭壳柯在中国境内的唯一可能分布地，但是近几十年来一直未能采集到闭壳柯的标本，仍有希望被再次发现。因此 2013 年被《中国生物多样性红色名录——高等植物卷》评估为地区绝灭等级（RE）。

形态特征

株高 10 ~ 15 米，枝、叶无毛。叶纸质，椭圆形或有时为倒卵状椭圆形，长 18 ~ 25 厘米，宽 6 ~ 8 厘米，顶端渐尖，基部楔形，沿叶柄下延，全缘，中脉在叶面近于平坦，侧脉每边 10 ~ 12 条，支脉颇明显，两面同色或叶背稍带苍灰色；叶柄长 2 ~ 3 厘米。雌花每 3 朵一簇，很少有 5 朵一簇。果序长达 18 厘米，果序轴基部粗 7 ~ 10 毫米，有干后呈灰棕色糠秕状鳞秕，无毛；壳斗扁圆形，全包坚果，横径 15 ~ 20 毫米，壳壁上薄下略厚，厚约 2.5 毫米，小苞片宽三角形，紧贴，覆瓦状排列，干后灰棕色，两侧边缘颜色较深且略油润；坚果略扁圆形，宽 12 ~ 16 毫米，无毛，栗褐色，果脐浅凹陷。

发现之旅：从越南采集到法国定名

闭壳柯生长在雨林深处，直至 1933 年才被植物学家发现。法国咖啡种植者及植物学家普瓦兰（Eugène Poilane，1887-3-16 ~ 1964-4-20）于 1922 ~ 1947 年间，系统探索越南及中缅边境植物，采集到约 3.6 万份植物标本，其中就有数份闭壳柯标本。普瓦兰也因此项工作声誉鹊起，著名的博兰树（*Poilaniella fragilis* Gagnep.）最初以他的名字命名。

1934 年，法国植物学家加缪（Aimée Antoinette Camus，1879-5-1 ~ 1965-4-17）根据普瓦兰采集的标本，正式命名了闭壳柯 *Lithocarpus cryptocarpus*，种加词 cryptocarpus 词义为“隐藏的果实”。目前，闭壳柯标本很少见，中国互联网上一些闭

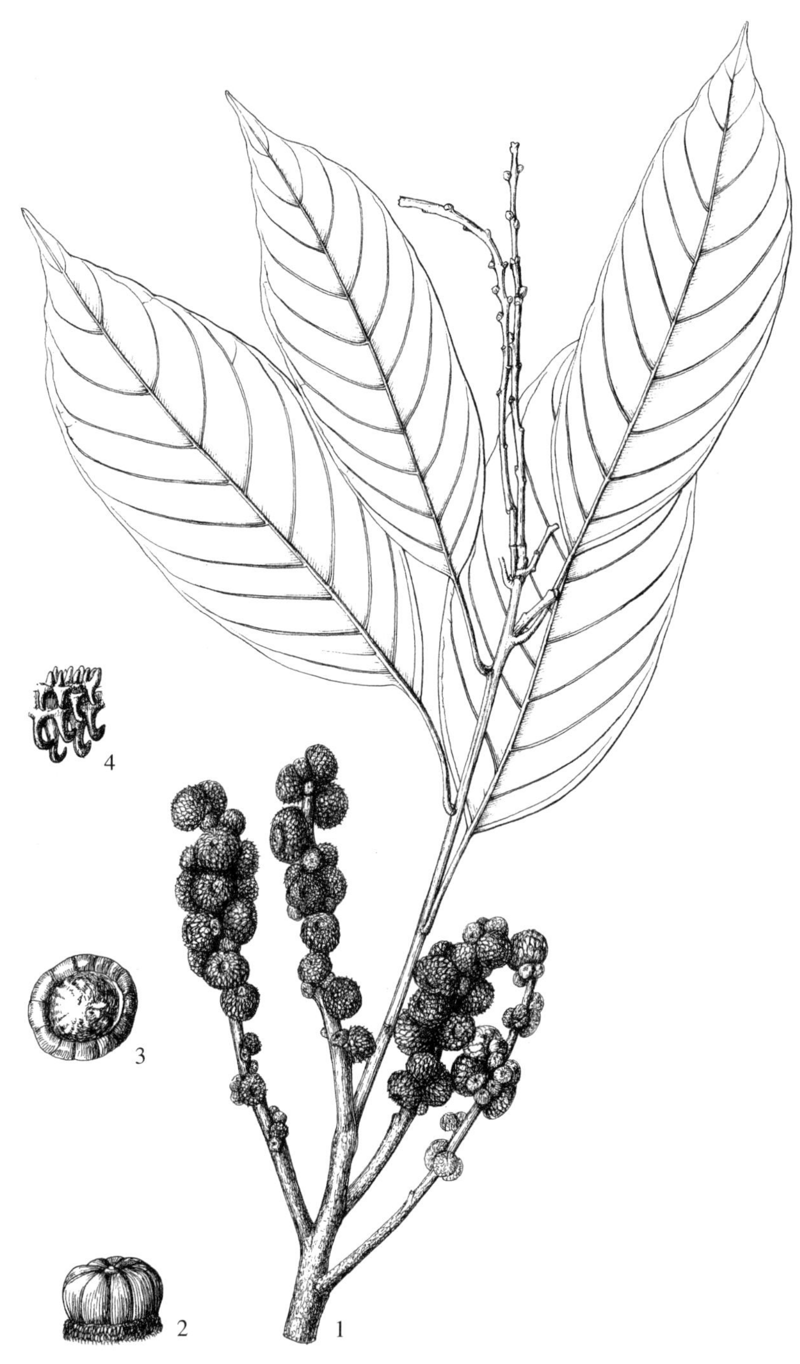

闭壳柯 *Lithocarpus cryptocarpus* A. Camus

【孙英宝绘图，根据 Herbier Museum Paris, P00744248】

1. 果枝， 2. 果实侧面观，3. 果实顶面观， 4. 壳斗外的苞片。

壳柯照片也多为同属植物的误认。普瓦兰与加缪依据的模式标本现藏于法国国家自然历史博物馆，另有少数藏于美国阿诺德树木园标本馆及越南。观察普瓦兰采集的闭壳柯模式标本，可见其显著特征，是一串串美丽而奇特的果序。每串果序长约 15 厘米，前端缀满大小不一、包裹密集苞片的果实，很像一串干缩的荔枝。苞片自下而上，越来越小、越来越密集，直到完全包裹住里面的种子，使整个果实如一朵未开放的雏菊花蕾。这种“全封闭”的结构在壳斗科柯属植物中很少见，是明显的进化特征。

普瓦兰采集的数份标本，来自越南中部及北部不同地区，对闭壳柯的生存环境进行了大致描述。分析可知，其适合生长于海拔 600 ～ 800 米的森林及溪边，分布范围较狭窄。

闭壳柯的地区性绝灭，敲响了中国柯属植物保护的警钟。截至 2016 年，中国 123 种柯属植物无一列入保护树种。不法分子大量采集烟斗柯、厚鳞柯的果实充作壮阳类保健品在网络销售。短尾柯在上海佘山、天马山地区原有野生分布，而后多次排查都杳无踪迹。有效保护柯属植物，让闭壳柯的悲剧不再重演，是中国生态事业中一项虽不显眼却极为重要的课题。

研究名人

杰出的女植物学家加缪

法国女植物学家加缪（Aimée Antoinette Camus，1879-5-1 ～ 1965-4-17）是著名的兰科、竹类及壳斗科植物研究者。她一生命名了 677 种植物新种，是历史上命名新种第二多的女植物学家。

加缪的父亲也是一位植物学家，父女二人共同建立了

一个拥有5万份标本的家庭植物标本馆。加缪一直供职于巴黎历史自然博物馆，发表了数百篇文章；出版了许多植物专著。她主要研究兰科植物与植物解剖学，也关注闭壳柯这类壳斗科植物。她认为壳斗科植物（即欧洲人统称的“橡树”）具有巨大的生态与经济效益，她曾写道：“橡树林使我们的祖先能够与饥饿、寒冷和黑暗作斗争，为他们提供住所、武器、建筑材料、家具、船只等。虽然煤、铁、水泥、混凝土正取代木材，但橡木仍对人类有用，保护它们至关重要。”

所属类群：出产良材的柯属植物

柯属（*Lithocarpus*）是壳斗科中仅次于栎属（*Quercus*）的第二大属，全球约350种，是亚洲南部及东南部森林的重要构成树种。中国有122种，1亚种，14变种，以云南、广西、广东的种类最多，广州即有柯子岭、柯木塱等与之相关的地名。闭壳柯为柯属植物中进化程度较高的种类，自然分布于中国、越南两国境内，位于中越边境的云南河口瑶族自治县是其在中国境内的唯一分布地。

近年来的科学研究发现，柯属植物的茎、叶、花、果均具有较高的价值。首先，可作为优良的坚果，其中包果柯［*Lithocarpus cleistocarpus* (Seem.) Rehder & Wils.］、烟斗柯［*Lithocarpus corneus* (Lour.) Rehder］、紫玉盘柯［*Lithocarpus uvarifolius* (Hance) Rehder］、厚鳞柯（*Lithocarpus pachylepis* A. Camus）等均可作为干果树种；其次，可作为食用植物资源，果实不仅能提取淀粉，还能制作特色食物。最后，柯属植物还是优良的造林与观赏树种，其花序硕大，花期长，观赏性极高，是壳斗科中少见的可以赏花的种类，如短尾柯［*Lithocarpus brevicaudatus* (Skan) Hayata］、港柯［*Lithocarpus harlandii* (Hance) Rehd.］，具顶生的大型圆锥花序，用于园林绿化中，观赏性颇佳。

柯属植物是亚洲南部热带、亚热带阔叶林生态系统中的主力树种，分布区域与人类活动密集区高度重叠，一直面临三大环境压力：一是大量作为薪炭材被砍伐。其枝干较矮，采伐容易，燃烧效率高，部分种类在砍伐严重时期变为灌木状；二是木材生产需要。部分柯属植物材质优良，与壳斗科青冈属相同，在南方木材市场上二者通称为“椆木类”，色泽深红的称为红椆，属一类材，质坚重，结构致密，耐水湿，抗白蚁蛀蚀，为优质船、车、桩柱、器械及建筑用材，因此常遭到掠夺性砍伐；三是部分柯属植物种子富含淀粉，涩味较浅，且柯属植物的结果量远高于其他壳斗科植物，故自古是当地居民重要的食用淀粉来源。因此，中国西南地区的壳斗科植物资源一直面临较大压力，这也是闭壳柯在中国境内地区性绝灭的主要外因。此外，柯属的果实成熟期较长，多数果实发育不良，天然更新缓慢，是闭壳柯地区性灭绝的内因。

闭壳柯 *Lithocarpus cryptocarpus* A. Camus

35. 盐沼中的美人树：盐桦

（绝灭 EX；被归并）盐桦（**Betula halophila** Ching）为桦木科桦木属落叶灌木，中国特有种，产于新疆阿勒泰地区，生长于海拔1500 米的盐沼泽地。该种于 1979 年发表，模式标本于 1956 年采自新疆阿尔泰山南麓的巴里巴盖。由于牧民放牧，以及缺乏有效的保护措施等原因，研究人员多次前往模式产地调查，但未找到野生活体，因此 2013 年被《中国生物多样性红色名录——高等植物卷》评估为绝灭等级（EX）。此后相关资料显示可能还有 30 余株，另有专家认为盐桦（*Betula halophila* Ching）可能是小叶桦（*Betula microphylla* Bunge）的一个变异类型，可以归为异名，后者分布于中国（新疆阿勒泰）、俄罗斯（布里亚特共和国）、图瓦、哈萨克斯坦、吉尔吉斯斯坦、蒙古和乌兹别克斯坦。

株高 2 ~ 3 米；树皮灰褐色；枝条褐色，无毛；小枝密被白色短柔毛及树脂腺体。芽卵形，芽鳞褐色，无毛。叶卵形至菱卵形，长 2.5 ~ 4.5 厘米，宽 1.2 ~ 3 厘米，顶端渐尖或锐尖，基部近圆形、宽楔形或楔形，上面无毛或疏被短柔毛，下面疏生腺点，仅幼时沿脉疏被长柔毛，具侧脉 6 ~ 7 对；叶柄长 5 ~ 10 毫米，密被白色短柔毛。果序圆柱形，单生，下垂，长 2 ~ 3 厘米，直径约 1 厘米；花序梗长 5 ~ 8 毫米，密被短柔毛；果苞长约 7 毫米，两面均密被短柔毛，边缘具纤毛，中裂片近三角形，顶端渐尖，侧裂片长卵形，顶端渐尖或钝。小坚果卵形，长约 2 毫米，宽约 1.5 毫米，两面的上部均疏被短柔毛，膜质翅宽为果的 1.5 倍，并伸出果之上。

发现之旅：从盐沼发现到希望尚存

1956 年 9 月 11 日，著名植物学家秦仁昌先生到新疆阿尔泰山南麓的巴里巴盖进行野外采集。在一片含盐度极高的沼泽地里，他发现了一株桦木属植物，并采下标本（采集号 3151）。根据该植物的外部形态特征，特别是果苞的性状，与新疆分布的其他几种桦木属植物容易区别，再加上它的生境为盐沼泽地带，故把这种植物定名桦木属中的新种——盐桦。

盐桦的原分布区气候较为干旱，冬季十分寒冷，最低温度可达 −50 ℃，年平均降水量只有 180 毫米，年平均蒸发量却高达 1900 毫米。严酷的环境造就了盐桦强健的习性，其病虫害少、

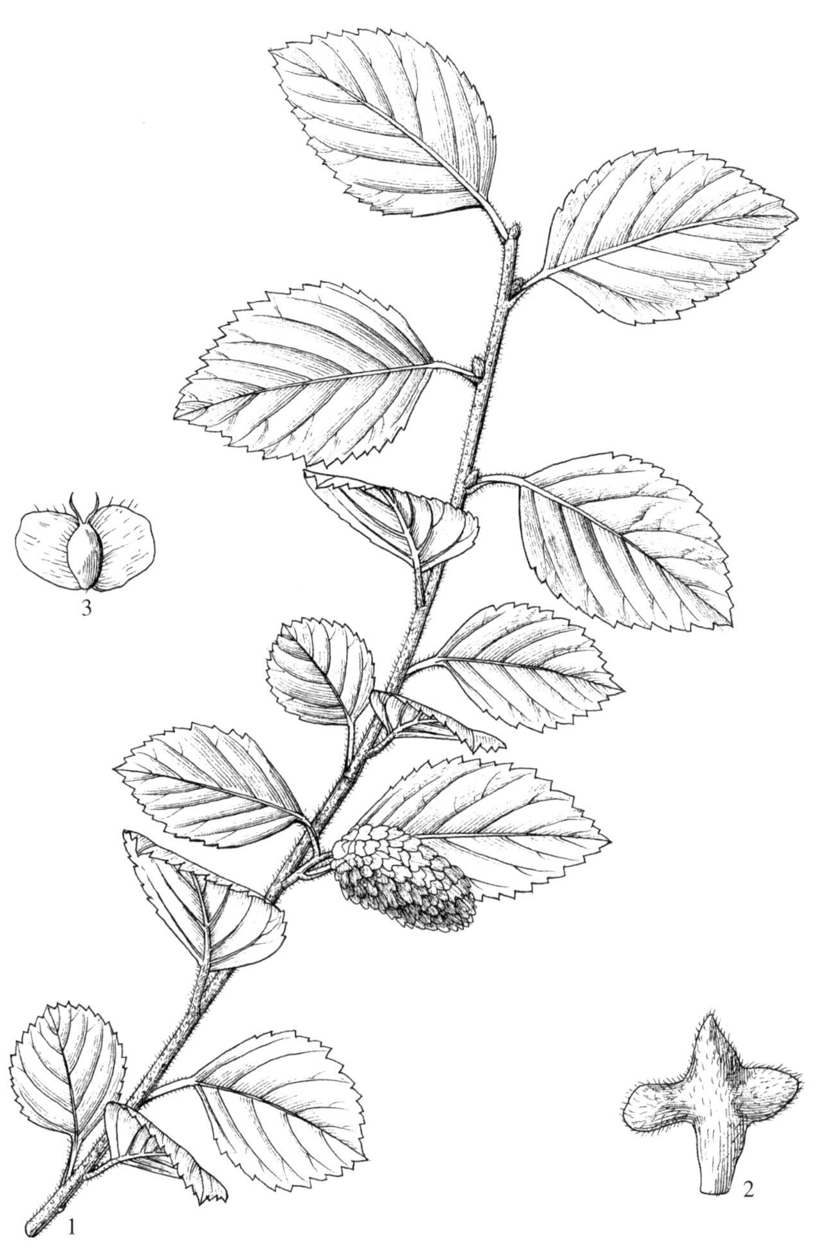

盐 桦 *Betula halophila* Ching

【孙英宝绘图，根据中国科学院昆明植物研究所标本室，标本号 0043639】

1. 枝条一段，2. 果苞，3. 果实。

耐寒、耐干旱，抗盐能力尤其突出。盐桦幼苗期抗盐率即可达1.3%以上，是以抗盐碱著称的胡杨、沙枣的5倍以上，也是唯一能在含盐量达1.74%以上的重盐碱土中生存的桦木科植物。

然而，由于砍伐、放牧及生态环境恶化，盐桦种群日渐衰微。自秦仁昌先生采得盐桦后的40余年里，再无人在野外发现它。1984年，盐桦被列为国家二级珍稀濒危保护植物，载入中国濒危植物红皮书。

1997年，阿勒泰林科所联合新疆农业大学杨昌友教授开展了以发现盐桦为主要目的的专项调查。调查范围以阿勒泰市为中心，与模式标本采集地同纬度，东起精河县，西至吉木乃县，历时15天，行程600余千米，终于在阿勒泰市阿拉哈克乡盐湖边的沼泽地上发现了与盐桦相似的桦树居群。此生境与当年秦仁昌先生发现盐桦的生境极其相似，与巴里巴盖直线距离不过18千米。

虽然得到的所有形态学特征，包括叶片形状、大小、腺点分布、叶脉数目、树皮和小枝颜色鉴定与盐桦相似，但由于模式标本上未见雄花序，只有雌花序，而阿拉哈克乡盐湖边发现的桦树只有雄花序，又不见雌花序，所以仍需用分子生物学手段对雌果序特征进一步研究鉴定。不管最后结果如何，阿拉哈克乡盐湖边的这片桦树也具有很强的抗盐能力，其耐盐阈值达1.5%以上，比一般木本植物高出数倍甚至数十倍，与盐桦有着同等特殊的适应性，是极具价值的植物抗逆性科研材料。

研究名人

新疆植物学名家杨昌友

盐桦的调查者杨昌友教授（1928 ~ 2016），是中国著名的植物分类学家和古植物学家，也是新疆树木学的权威。

杨昌友生于鄂西山区的农家，抗战时多所著名大学内迁至其故乡，使杨昌友从小接受了良好的教育。新中国成立后，杨昌友进入华中农学院，1955 年大学毕业后到新疆八一农学院任教，主要研究新疆的杨树。那时常有人带着在新疆各地采集的杨树标本请他鉴定，他只需看一眼，就能说出种类、生长地及生长环境。由于他的俄语极好，又熟悉英语、德语，对外文文献的研读多，因此能说出新疆的许多树种在中亚、俄罗斯的分布情况。疑似盐桦的再发现，主要得益于杨昌友对新疆树木的熟悉。

杨昌友是质朴而专注的植物学者。据他的子女回忆，他的生活简单甚至枯燥，要么在授课实习，要么在各地考察植物，要么在标本室研究标本与写作，数十年如一日。他带过八个研究生，倾注的心血远远超过自己的子女。谈起研究生们的学习、工作、婚姻甚至家人，他都一清二楚、如数家珍。即使这些研究生去了外地工作，他每逢春节都会去看望这几个研究生在本地的父母。

国际植物学文献和标本中，常会出现杨昌友名字的标准缩写：Y. C. Yang，寸寸草木牵出悠悠往事，让人追忆起这位拥有一片赤子之心的学者。

所属类群：珍贵的盐生植物

当今在世界范围内，土壤盐渍化及次生盐渍化日趋加重，成为严重的环境问题。

盐碱地改良，植物必不可少。地表植被覆盖度高，地表蒸发会大大降低，土壤盐分在地表的聚集也得到减弱。此外，植物本身在长期进化、演变过程中形成了不同的适应盐生环境的特性，许多盐生植物有耐盐、泌盐等功能。

调查发现，中国有500余种盐生植物，其中木本植物所占比例稀少，盐桦是其中十分珍贵的种类，在改造和利用盐渍土方面，是优良的候选树种之一。盐桦还是西北干旱、半干旱地区盐碱地造林的好树种，在维系荒漠地区生态平衡中发挥着重要作用，具有很高的生态和经济价值。据当地牧民反映及分布区所残存的植被调查显示，盐桦常与芦苇、甘草、阿尔泰针茅、芨芨草、盐生假木贼等植物组成群落，在个别小片地段上，有时与胡杨构成混交林。

盐桦 *Betula halophila* Ching

36. 重归雨林的红粉佳人：保亭秋海棠

（绝灭 EX；再发现）保亭秋海棠（**Begonia sublongipes** Y. M. Shui）为秋海棠科秋海棠属多年生草本，中国特有种，产于海南保亭县，生长于灌丛下或山谷潮湿处石上，海拔 960 ~ 1500 米。该种于 2004 年发表，模式标本于 1936 年采自海南保亭。目前，除模式标本外，80 多年以来再无相关采集记录，并且目前模式产地环境毁坏严重，因此 2013 年被《中国生物多样性红色名录——高等植物卷》评估为绝灭等级（EX）。2015 年该种被重新发现。

根状茎长圆柱状，有残存褐色鳞片和多数纤维状根。叶均基生，有长柄；叶片两侧极不相等，轮廓卵形至宽卵形，先端渐尖，基部两侧极偏，心形至深心形，边缘有大小不等的三角形浅齿，并常有浅裂，裂片三角形，先端急尖，上面褐绿色，密被卷曲或直的稍硬毛，下面淡绿色，叶脉突起，沿脉被卷曲稍长之毛；叶柄密被褐色卷曲长毛；托叶膜质，卵形，先端急尖。花葶有棱，被卷曲毛或近无毛；花淡粉色，通常4朵，呈聚伞状；苞片长圆形，先端急尖，幼时边有疏缘毛，老时脱落；雄花：花梗疏被卷曲毛；花被片4，外面2枚长圆形至卵形，先端钝，基部宽楔形，外面疏被毛，内面2枚，椭圆形，先端钝，基部楔形，无毛；雄蕊多数，花药长圆形，顶端急尖。蒴果。

发现之旅：从雨林现身到迁地保护

1936年10月26日，植物采集名家刘心祈进入海南保亭县白马岭，在一片原始密林中发现了几株美丽的秋海棠。那时，在中国南北各地的山林里，秋海棠十分常见，它们常常镶嵌在山岩石缝里，铺开盾牌一样的叶子，开出标志性的粉红花。然而，刘心祈眼前的秋海棠却与众不同：它的叶片有修长的叶柄，把叶片高高挑起，显得格外优雅轻盈。花型也颇为特殊，是他之前没见过的秋海棠类植物。因一时无法准确鉴定，刘心祈采集了标本，留待后人研究。

半个世纪后，中国科学院昆明植物研究所研究员税玉民发

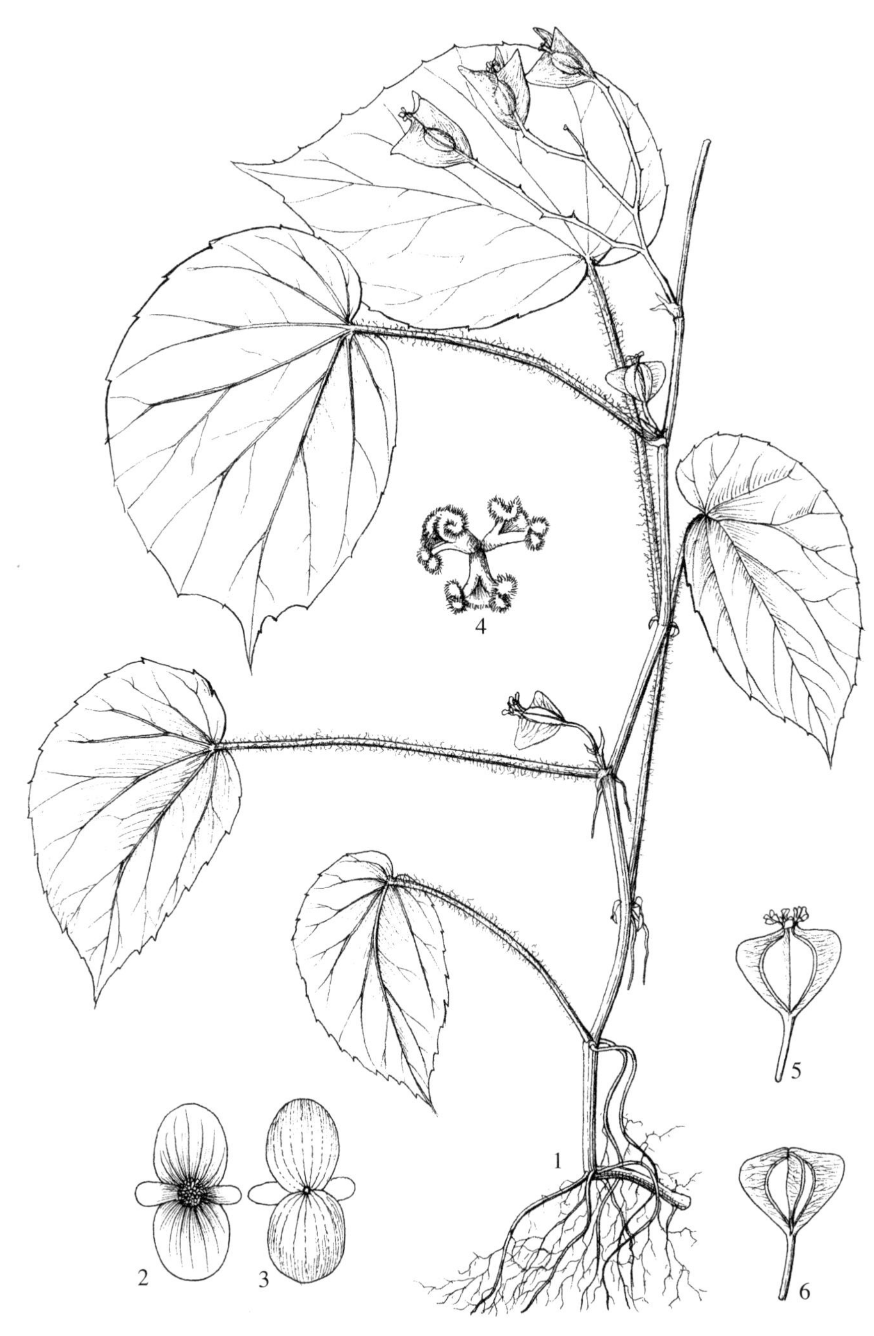

保亭秋海棠 *Begonia sublongipes* Y. M. Shui

【孙英宝绘图，根据刘心祈，标本号 28103，1936 年】

1. 植株，2. 花正面观，3. 花背面观，4. 柱头，5. 幼果，6. 果实。

现了这份珍贵的标本，经过仔细研究，将其正式发表命名为一个秋海棠属新物种——保亭秋海棠。因其叶柄修长，又名长柄秋海棠。然而，尽管植物学家们多次寻找，却再无人发现保亭秋海棠，2013 年，《中国生物多样性红色名录——高等植物卷》将其列为绝灭等级。

近年来，虽一直有发现保亭秋海棠的传闻，但一直查无实证。直到 2015 年，税玉民等人再次发文，记录考察人员进入海南琼海市会山省级自然保护区，搜索一片已经受到人为干扰的热带次生季雨林边缘，在一片只有 3000 平方米的狭窄谷地，发现了 16 株成年的保亭秋海棠。考察人员拍摄了清晰的照片，此后还进行了少量移栽保护。人工栽培的保亭秋海棠萌发新芽，展开新叶，叶色柔绿中掺杂着粉白色彩晕，极为娇艳可人。

研究名人

秋海棠属命名人林奈

卡尔·冯·林奈（Carl von Linné，1707-5-23 ～ 1778-1-10）是瑞典生物学家，也是植物分类学的鼻祖。

林奈出生于瑞典的一户农家，其父亲尼尔斯·林奈热爱自然，在一个牧师庭院里开辟了园圃并逐渐增加植物种类，直至成为当时瑞典种类最丰富的园圃之一。小林奈在其中度过了童年和少年时光，在心里埋下了热爱生物学的种子。

1727 年，林奈进入大学学习医学，凭借渊博的博物学知识，大三时就被任命为学校植物学讲师。大学毕业后，瑞典皇家学会就指定他前往拉普兰德进行植物考察。1735 年，林奈在荷兰拿到医学博士学位，并迅速在荷兰成为颇负盛名的植物学家。阿姆斯特丹市长格里弗尔德委托他担任大型植物园的主管，在此期间，林奈出版了划时代的名作《自然系统》（*Systema Naturae*），之后数年间，林奈又相继出版了一系列植物学名作，如《植物学基础》《植物学书目》《植物属志》《瑞典北部植物志》《植物学评论》《性别分类法》《植物之纲》等。

1738 年，林奈回到瑞典，开设了自己的诊所，凭借精湛的医术，迅速获得了成功，也由此结交了大批社会名流。1739 年瑞典科学院成立，年仅 32 岁的林奈成为第一任院长。他主张瑞典一般学校全部开设自然课程，而老师也必须经过专业考试，这极大地推动了瑞典乃至北欧自然教育的发展。

1753 年，林奈在《植物种志》一书中第一次使用了双名制命名法（简称双名法），用拉丁语对大约 7300 种植物进行了命名。至今，植物学界仍在使用双名法的命名规则，避免了以往各类命名的混乱现象。

在普通人眼里，林奈的一生如同开挂一般，连他自己也觉得不可思议。晚年，他对人笑谈自己的大脑："由于我兴致勃勃、全力以赴、顽强地努力奋斗和工作，即使是铁也用坏了。"1776 年，林奈两次中风后瘫痪在床，两年后去世。他以极富开创性的工作，当之无愧地成为"现代植物分类学之父"。

所属类群：美丽而濒危的秋海棠科

保亭秋海棠为秋海棠科植物，本科植物全球共有1800种，却只有两个属，即秋海棠属（*Begonia*）和夏威夷秋海棠属（*Hillebrandia*），后者是仅有的一种海岛型植物，因此秋海棠属几乎等于整个科。

1695年，法国博物学家查尔斯·普鲁米尔（*Charles Plumier*，1646-4-20 ~ 1704-11-20）发现了加勒比海岛屿上6种秋海棠的相似之处，他想起此前法国植物收藏家迈克尔·贝根（Michel Bégon）给予自己的帮助，便以“Bégon”来命名“秋海棠属”，即“*Begonia*”。林奈1753年发表《植物种志》，将此6种合并为1种，并定名为*Begonia obliqua* L.，为秋海棠属的模式种。

中国野生秋海棠属植物资源丰富，主要分布于华南及西南地区，云南、贵州、四川、西藏四省、区的种类尤多。世界自然保护联盟（IUCN）的红色名录中，列有60种珍稀秋海棠，其中5种为中国特有种，即昌感秋海棠（*Begonia cavaleriei* Lévl.）、齿苞秋海棠（*Begonia dentatobracteata* C. Y. Wu）、海南秋海棠（*Begonia hainanensis* Chun et F. Chun）、掌叶秋海棠（*Begonia hemsleyana* Hook. f.）和盾叶秋海棠（*Begonia peltatifolia* H. L. Li），《中国生物多样性红色名录——高等植物卷》中列有49个秋海棠种类。许多秋海棠物种生长在原始密林中，至今仍有待发现。近年来，中国植物学家陆续发现了30多个秋海棠科新种，使本类植物研究成为植物学的热门领域之一。

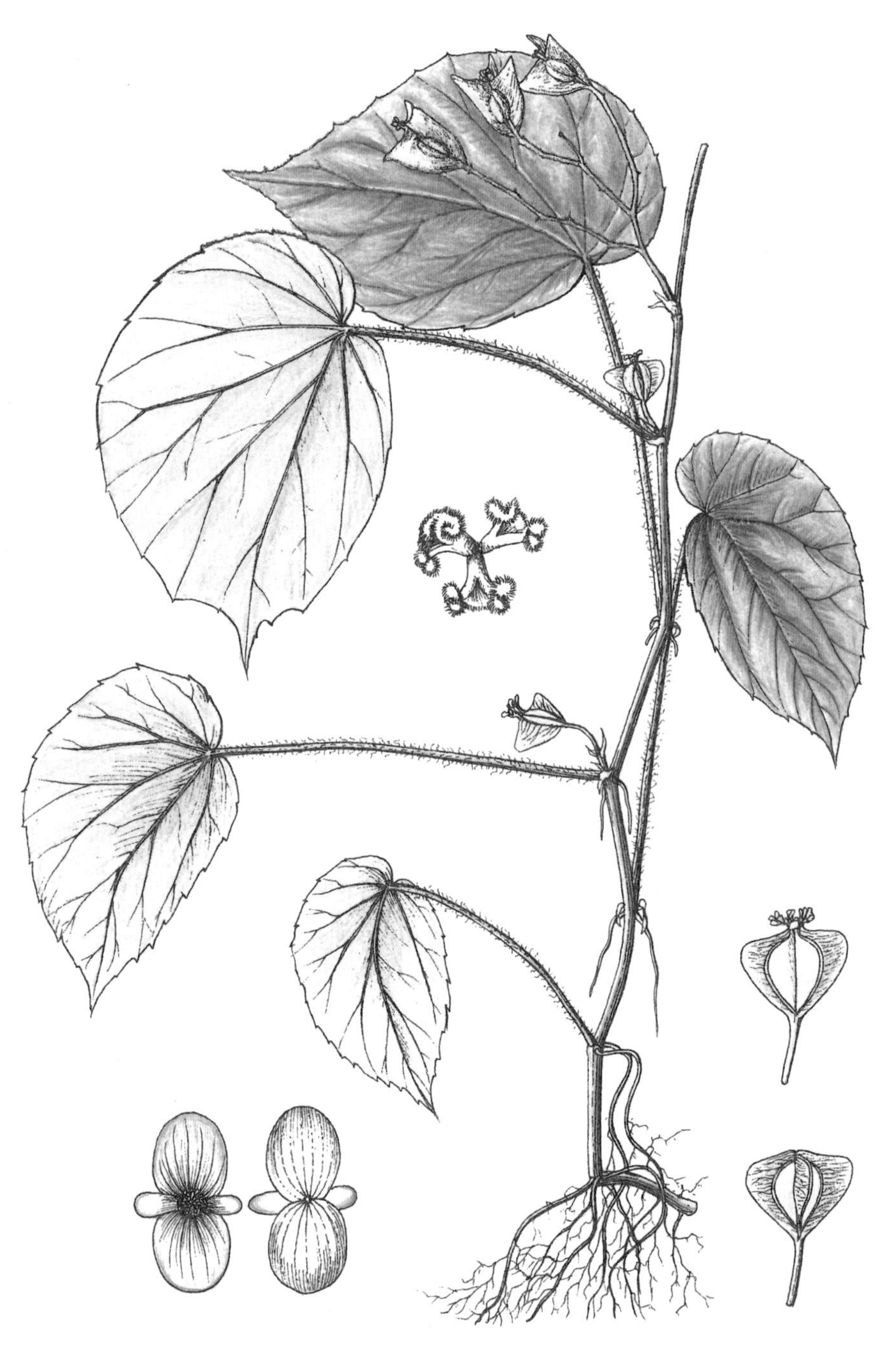

保亭秋海棠 *Begonia sublongipes* Y. M. Shui

37. 消失八十年的国宝：爪耳木

（绝灭 EX；再发现）爪耳木［**Lepisanthes unilocularis** Leenh. — *Otophora unilocularis* (Leenh.) H. S. Lo］为无患子科鳞花木属（爪耳木属）常绿小乔木或大灌木，中国特有种，产于海南三亚，生长于林中。该种于 1969 年发表，模式标本于 1935 年采自海南乐东县佛罗镇（原属崖县），此后 80 多年没有再次发现野外活体，因此该种在 1992 年的《中国植物红皮书——稀有濒危植物》、2004 年的《中国物种红色名录（第一卷）》、IUCN 红色名录官网以及 2013 年《中国生物多样性红色名录——高等植物卷》中均被评估为绝灭等级（EX）。该种 2013 年在海南乐东尖峰镇被重新发现，但仅有 1 个居群，由 1 株繁育而来 5 株个体。

株高约3米；小枝粗壮，红褐色，有皮孔。一回奇数羽状复叶，互生，无叶柄，长22～30厘米，叶轴和小叶柄被短绒毛；小叶15～29，第1对小叶无柄，宽卵形，长约1.5厘米，着生在叶轴的基部，宛如1对托叶，其余的具短柄，披针形或狭披针形，长5～7厘米，宽1～1.5厘米，顶端渐尖，基部两侧不对称，两面均有小凸点，上面中脉上被糙伏毛，侧脉8～10对，较纤细，网脉两面均明显。果序近顶生，圆锥状，分枝近平叉开；果实浆果状，成熟时红色，近椭圆形，长10～12毫米，光滑无毛，有种子1颗。

发现之旅：跨越八十年的重逢

1935年，著名植物采集家刘心祈在海南岛崖县采到爪耳木带果序的模式标本（S. K. Lau 5773），自此以后80年间，人们再也没有找到它的踪迹。1992年《中国植物红皮书——稀有濒危植物》将爪耳木列为灭绝等级（EX），是388种评估植物中唯一被认为灭绝的物种。此后，《中国生物多样性红色名录——高等植物卷》《IUCN濒危物种红色名录》也都将其列为灭绝物种。爪耳木的命运，似乎已经盖棺定论。

海南岛植被以热带雨林和季雨林为主，山上为雨林或山地常绿阔叶林。据《海南植物名录》记载，海南岛野生种子植物含218个科，1102个属，3715种，发现爪耳木的崖县现在已经归属于海南省乐东黎族自治县。这里地形复杂，地质结构丰富，

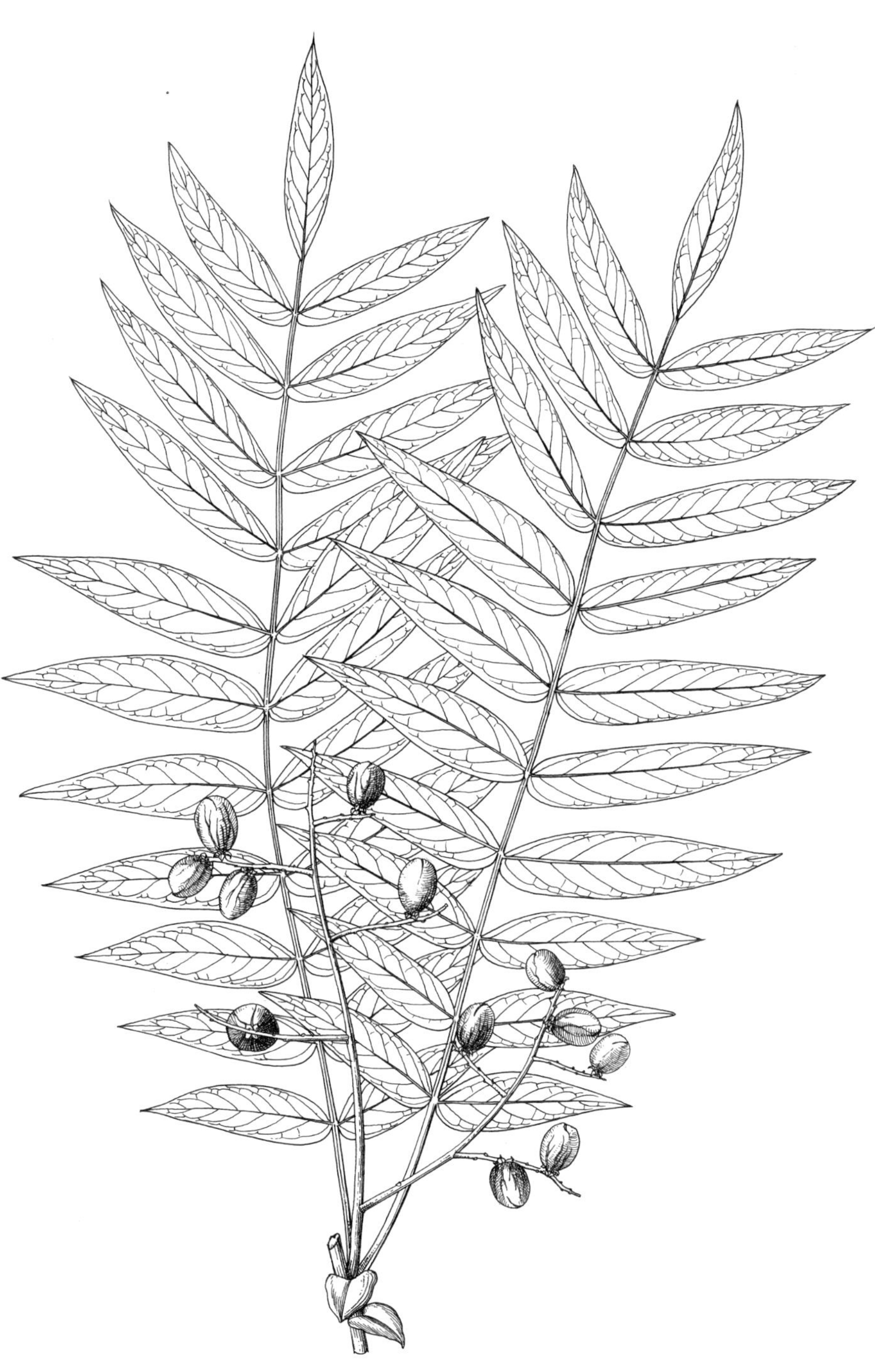

爪耳木 *Lepisanthes unilocularis* Leenh.

【仿 The Harvard University Harbaria No. 00050808】

果枝。

不同成分的母岩和母质形成了多样化的土壤类型，也形成了自然植被的多样化，爪耳木就长在这样的自然环境中。同时，居住在此地的黎族、汉族人也种植了多样化的农作物，如哈密瓜、甘蔗、水稻、番薯等。药用植物资源也很丰富，有万京子、天东、香附子等，人们辛勤地耕耘，享受着大自然的馈赠。

2013年，科学家们进入海南乐东县尖峰镇，再一次惊喜地发现了一个爪耳木小群落，一棵母株头径约6厘米，它的横走侧根上的不定芽萌发，又繁殖出四株小树，树干基径约2厘米。5株珍贵的爪耳木均开出了红色的小花，这是一个令人无比振奋的发现！

科学家们认真勘查了爪耳木的生存情况，结果却不容乐观。其分布区极为狭窄，个体数量非常稀少，处于极危状态。附近农田逐渐蚕食爪耳木的原生境，加上爪耳木自然结实率很低，顽拗性种子易失活，通过自身的能力已经很难在自然界繁衍后代了。爪耳木的根具有补肾的功效，遭到当地人过度挖掘，这些原因都加速它走向灭绝。但爪耳木根的萌蘖能力很强，可以无性繁殖。科学家们现在通过各种努力已经在植物园成功引种了爪耳木，对爪耳木的保育研究工作正在顺利地开展，或许不久的将来，爪耳木会重新在自然界占有一席之地。

爪耳木耐旱、耐瘠薄，是很好的绿化植物，并且有着重要的药用价值，对爪耳木进行生物物理、亲缘地理和遗传多样性等方面的研究，可以更深刻地解读海南岛的形成及其岛上植物区系划分归属，揭示其濒危机制。

研究名人

爪耳木的命名人林霍茨

爪耳木的命名者为荷兰植物学家彼得·威廉·林霍茨（Pieter Willem Leenhouts，1926 ~ 2004），他是热带及亚热带植物研究的专家，尤其擅长橄榄科（Burseraceae）、牛栓藤科（Connaraceae）、毒鼠子科（Dichapetalaceae），以及爪耳木所在的无患子科（Sapindaceae）分类研究。

热带植物种类多，变种和变型复杂，科属分类的难度很大，争议也很多。林霍茨既耐心又严谨，而且非常注重构建科学的分析体系，因此获得了相当高的成就。常年埋头于标本室的林霍茨看上去安静、谦逊、内敛。只要谈论到植物，他明亮的眼睛就会散发出智慧的光芒。

林霍茨倡导资源节约与环保，并以身作则。他的植物标本室中有一部老式复印机，工作时分为两个步骤：先制作底片，后把底片复制成正片。林霍茨认为第二步完全是浪费资源，他只制作底片，然后对着光研究底片上的图像。为了纪念他的贡献，宿萼榄属植物（*Haplolobus leenhoutsii* Kochummen）、髯管花属植物（*Geniostoma leenhoutsii* B. J. Comn）、马钱属植物（*Strychnos leenhoutsii* Tirel）均以林霍茨之名“leenhoutsii”命名。

所属类群：美味的无患子科植物

爪耳木属无患子科，为热带及亚热带植物中的大科，全球共有 150 属，2000 种左右，中国有 25 属，53 种，2 亚种，3 变种。其中最为国人熟知的有三个属：第一是荔枝属（*Litchi*），拥有鲜美多汁的肉质假种皮，包括著名水果荔枝（*Litchi chinensis* Sonn.）；第二是龙眼属（*Dimocarpus*），假种皮比荔枝属薄一些，包括名果龙眼（*Dimocarpus longan* Lour.）；第三是韶子属（*Nephelium*），出产著名的红毛丹。

中国北方亦有知名的无患子科植物，如分布于华北至东北辽宁的油料植物文冠果，其种子可食，味道似板栗。其可食性脂肪高达 57% 以上，还含有蛋白质、淀粉等，极具营养价值。文冠果树形清秀，繁花似雪，也是常见的园林植物。再如北方常见的行道树——栾树，其花朵金黄，果实如可爱的小灯笼，十分秀雅。中国东南沿海还有常见树种无患子，其果皮含皂素，是天然的清洁剂，可代替肥皂。

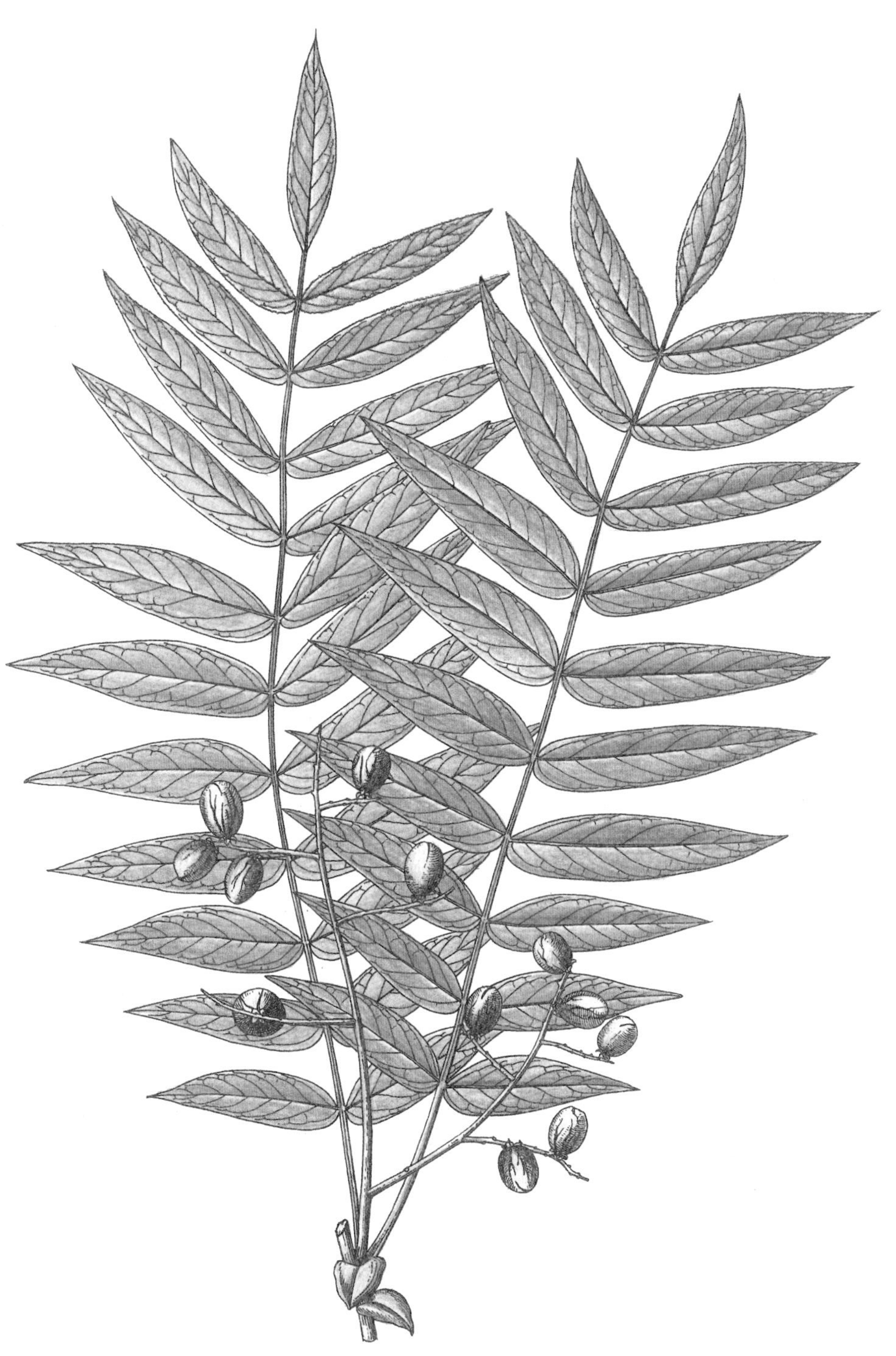

爪耳木 *Lepisanthes unilocularis* Leenh.

38. 开在水中的凤仙花：水角

（地区绝灭 RE；再发现）水角［**Hydrocera triflora** (L.) Wight. & Arn.］为凤仙花科水角属多年生水生草本，产于中国海南，印度、印度尼西亚、马来西亚、泰国、柬埔寨、老挝、缅甸、斯里兰卡、越南、孟加拉国也有分布，生长于湖边、沼泽湿地或水稻田中，海拔 100 米。该种最早于 1753 年发表为 *Impatiens triflora* L.，模式标本于 1753 年前采自斯里兰卡，虽然该种分布广泛，但在中国仅海南省陵水、三亚有分布，并且此前能看到的标本均为 20 世纪 50 年代之前的，后来有关专家多次前往海南原产地进行采集，均未发现活体，而原来水角生长的沿海水边湿地生境随着海岸的开发建设几乎都被破坏了，因此 2013 年被《中国生物多样性红色名录——高等植物卷》评估为地区绝灭等级（RE）。2014 年该种在海南海口南郊的羊山湿地被重新发现，2017 年又发现了水角的新分布点。

全株无毛。茎直立，肉质，高达1米，多分枝，具棱，水下部分白色，具纤维状根，水上部分绿色，常带粉红色。叶互生或螺旋状排列，基部具1对无柄腺体；叶片线形或线状披针形，顶端尖或长渐尖，基部楔形，边缘具疏锯齿，上面深绿色，下面淡绿色。总花梗短，腋生，具3～5花；花总状排列，粉红色或淡黄色；花梗细，基部具苞片；苞片披针形，尖或渐尖，脱落；侧生萼片4，外面2枚椭圆形或椭圆状长圆形，内面2枚椭圆状倒披针形；旗瓣半兜状，倒卵形，具小尖头；翼瓣4，全部离生，基部2枚狭长圆形，上部2枚椭圆状倒卵形；唇瓣舟状，口部平展，基部急收缩成距。雄蕊5，花药钝。子房无毛，5室。果为肉质假浆果，球形，具5棱，顶端具短喙，熟时紫红色。

发现之旅：三顾茅庐终相遇

水角的定名人是现代植物学之父林奈，他根据采集自锡兰（今斯里兰卡）的蜡叶标本，将其命名为*Impatiens triflora* L.，于1753年发表在《植物种志》上。林奈认为水角是凤仙花属下面的一个种，但后人将其从凤仙花属分离出来，单独设立水角属。水角属为单种属，其拉丁名于1834年被罗伯特·怀特（Wight Robert，1796-7-6 ～ 1872-5-26）与乔治·阿诺特（George Arnott Walker-Arnott，1799-2 -6 ～ 1868-6-17 ）共同发表。

水 角 *Hydrocera triflora* (L.) Wight. & Arn.

【孙英宝绘图，根据中国科学院华南植物研究所，标本号 26859】

1. 植株，2 ~ 3. 侧生萼片，4. 旗瓣，5 ~ 6 翼瓣，7. 唇瓣，8. 花丝及花药，9. 子房。

据《中国植物志》记载，水角在中国仅见于海南陵水、三亚，分布范围十分狭窄，其采集记录非常少。20 世纪 20 年代至 50 年代之间，仅有 4 人在崖县（今三亚市）和陵水县采集过水角的标本，共 11 号，之后鲜见踪迹。2013 年《中国生物多样性红色名录——高等植物卷》将水角评估为地区绝灭（RE）。

植物学家们一直没有放弃寻找水角。2014 年 4 月至 8 月，中国科学院昆明植物研究所助理研究员、昆明植物研究所种质资源库采集员张挺、刘成和亚吉东 3 次进入海南岛进行野外采集工作，但都没有找到水角的踪迹。可喜的是，同年 10 月，他们又来到海南，经多方寻找，最后在时任香港嘉道理中国保育驻海南保育主任卢刚的带领下，在海口南郊的一火山岩涌泉湿地找到了美丽的水角。

2017 年，王景飞等人在海南省多个市、县进行水角分布调查，在海南北部 6 个自然村发现 8 个水角分布点。水角生长在农田河沟水库、村边鱼塘、沼泽湿地的边缘浅水地带及周边潮湿的坡地和石缝中，伴生植物多为水生草本植物，如莎草、辣蓼、毛草龙、野生稻、凤眼莲、水蓑衣等。

目前水角在中国仅有零星分布，其生长过程中受到多种因素的干扰和威胁。一方面，城市的过度开发使水田面积减少，其生境受到破坏；另一方面，农田大量使用除草剂，其污染排放可能殃及水角。此外，水角与伴生植物有竞争关系，其他植物种群的旺盛生长也会导致水角种群的日益缩小。保护水角，依旧任重道远。

研究名人

发现水角的引路人卢刚

在本书中，有三种植物早已被列为绝灭等级，却神奇地在同一片湿地中被重新发现，它们就是水菜花、四蕊狐尾藻和水角。它们共同的重生之地是海南羊山湿地，这片湿地的保卫者与重新发现者名叫卢刚。

2012年，嘉道理中国保育主管陈辈乐从飞机上俯瞰海南，偶然发现海口南郊有大小不一的湖泊水域，他让驻海南保育主任卢刚进行种植资源的调查。卢刚找不到与湖泊水域相关的任何资料，物种记录信息空白，甚至区划都不明确。为此，他募集了具有一定专业背景的志愿者组建团队，利用一年的时间对羊山地区的32处湿地进行详细调查。于2014年发表《羊山湿地快速生物多样性调查报告》，指出在羊山地区共记录到水生植物62种、鸟类96种、两栖爬行类16种、鱼类44种、蜻蜓32种、蝴蝶134种、大型真菌60种，其中就包括水菜花、水蕨、野生稻等珍稀濒危植物。羊山湿地的巨大生态价值，首次被发现。

由于珍稀植物与动物的陆续被发现，羊山湿地迅速成为海南的一张名片。2015年，海南省将其列入《全省城镇内河（湖）水污染治理三年行动方案》；2016年，又将其列入《海南省人民政府关于深入推进六大专项整治加强生态环境保护的实施意见》和《海南省林业生态修复与湿地保护专项保护实施方案》里。

羊山湿地是许多濒危植物的“诺亚方舟”，而卢刚正是最早发现并保护这艘方舟的志愿者。

所属类群：美丽的凤仙花科植物

水角为凤仙花科植物。其英文名为“Water balsam”或“Marsh Henna”，即“水生凤仙花”或“沼生散沫花”。

凤仙花科植物中，有许多美丽的观花植物，有的还用作染色剂。凤仙花（*Impatiens balsamina* L.）和散沫花（*Lawsonia inermis* L.）是大家熟知的可以用于染指甲的植物。水角也具有相似的用途，但它的生长环境与凤仙花和散沫花不同。

水角具有重要的科研价值。凤仙花科有凤仙花属和水角属两个属，水角属为单种属，只有水角一个种。这就意味着凤仙花科除了“水角”这个种以外，其他植物均为凤仙花属。植物分类研究中，常以凤仙花属的姊妹属——水角属的水角为外类群，研究构建凤仙花属植物的系统发育树，从而进行凤仙花属植物的系统进化研究。

水 角 *Hydrocera triflora* (L.) Wight. & Arn.

39. 转危为安的良木：云南藏榄

（地区绝灭 RE；已保育）云南藏榄（**Diploknema yunnanensis** D. D. Tao, Z. H. Yang & Q. T. Zhang）为山榄科藏榄属乔木，产于云南陇川。该种于 1988 年发表，模式标本于 1985 年采自云南德宏傣族景颇族自治州陇川县。长期以来，该种已知野外活体仅存采集模式标本的那 1 株，相关专家多次到模式产地寻找，均未能发现新的个体。2005 年，在德宏傣族景颇族自治州大盈江地区发现 6 株云南藏榄，并将其中 3 株采取抢救性迁地保育至瑞丽植物园。而后，其野外居群则被破坏，因此 2013 年被《中国生物多样性红色名录——高等植物卷》评估为地区绝灭等级（RE）。不过，有关专家推测缅甸北部仍可能分布有该种野生居群。

株高 25 ~ 30 米。小枝具柔毛。叶片长圆状倒卵形或披针状倒卵形，长 25 ~ 55 厘米，宽 10 ~ 17 厘米，革质，背面具贴伏柔毛，正面无毛，基部楔形，先端短渐尖，侧脉 21 ~ 24 对，脉上被明显短柔毛；叶柄长 2 ~ 5 厘米。花序簇生于小枝的顶端，有花 16 ~ 25 朵，花具香气。花梗长 5 ~ 6 厘米，密被锈色短柔毛。萼片 5 或 6，黄绿色，卵形，内部的 1 片萼片通常较小。花冠较大，直径 2 ~ 2.4 厘米，下垂；裂片 12 或 13，卵状长圆形，长 0.8 ~ 1 厘米，先端圆形或截形，外面无毛而在喉部内面被锈色棉毛。雄蕊极多，通常 80 ~ 90 枚或更多，花丝长 2 ~ 3 毫米，具微毛；花药长 5 ~ 6 毫米，浅棕色，箭形。子房花盘状，密被锈色绒毛，长 2 ~ 3 毫米，具 10 ~ 12 室。花柱长 2 ~ 2.5 厘米。

发现之旅：从野外发现到迁地保护

1985 年，植物学家杨增宏、张启泰在云南德宏傣族景颇族自治州陇川县采集到云南藏榄标本。1988 年，植物学家陶德定等人以此为模式标本（KUN No. 0036926），正式发表定名。此后数十年，再无人于野外发现云南藏榄，其标本也仅有当初采集的模式标本。

云南藏榄是中国特有的珍稀常绿树种，也是山榄科藏榄属植物中中国唯一有标本凭证的物种。《中国植物志》记载的另一种藏榄属植物藏榄［*Diploknema butyracea* (Roxb.) Lam］，在

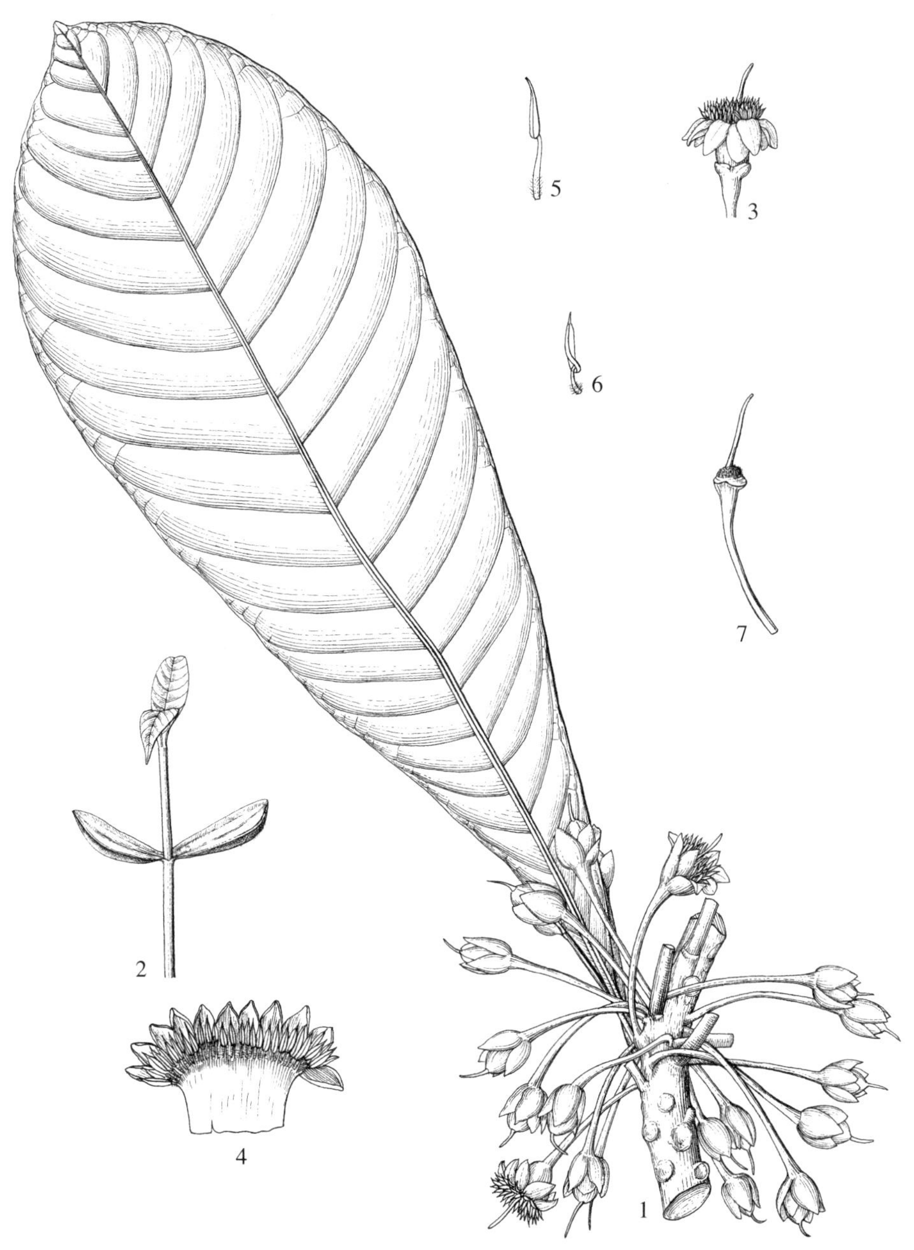

云南藏榄 *Diploknema yunnanensis* D. D. Tao, Z. H. Yang & Q. T. Zhang

【仿《云南植物研究》10(2): 257 ~ 258, 1988, 吴锡麟绘图】

1. 花序及叶，2. 幼芽，3. 花，4. 花冠展开，5 ~ 6. 雄蕊，7. 雌蕊。

中国尚未采到标本。因此，云南藏榄对研究中国植物区系具有重要的科研价值。

1997 年，中国启动国家重点保护野生植物资源调查，云南藏榄被列为云南省调查的 90 种目标植物之一。令人遗憾的是，经 5 次调查，只找到它死去的伐桩。云南 90 种目标植物中，有包括云南藏榄在内的 3 种没有找到野外植株。因此，一度推测它或已在野外绝灭。

2005 年，西南林业大学杜凡教授带领团队进行德宏傣族景颇族自治州大盈江四级电站环评调查，在电站施工区发现 6 株云南藏榄，并将其中 3 株及时移植到瑞丽珍稀植物园进行迁地保护。当时这 3 株云南藏榄树冠高 2 ～ 3 米，胸径不到 10 厘米，到 2019 年，其中最大一株高度已达 10 余米，胸径超过 30 厘米，它枝繁叶茂并首次开花结果，对其迁地保护获得初步成功。

研究名人

重新发现云南藏榄的植物学家杜凡

云南藏榄的关键发现者是西南林业大学教授杜凡，他是云南知名植物分类专家，也是多种极度濒危植物的发现者。

2005 年，杜凡在澜沧江自然保护区邦东大雪山采集到一个报春花科植物新种，经过详细研究，进一步确定其为一个新属：假珍珠菜属（*Paralysimachia*）。这将世界报春花科植物从原有 22 属增加为 23 属，在报春花科研究中具有重要意义。

2011 年，杜凡团队考察南滚河自然保护区，发现珍贵的长蕊木兰［*Alcimandra cathcartii* (Hook. f. & Thoms.)

Dandy］和中华双扇蕨（*Dipteris chinensis* Christ）。长蕊木兰是国家一级保护植物，也被国际自然保护联盟列为极濒危物种；中华双扇蕨也极度濒危，这也是首次在滇南发现，仅有不到30株。

所属类群：南亚名木——藏榄属

根据*Flora of China*最新记载，藏榄属植物约有10个种，其中中国特有2种。藏榄属植物以乔木为主，除了藏榄本种之外，其他种类目前在研究上为数不多。

本属中最著名的藏榄［*Diploknema butyracea*（Roxb.）H. J. Lam］分布地点除中国西藏地区外，还包括印度、尼泊尔、不丹等地。藏榄具有极高的经济价值。用种子提取天然油脂，即著名的藏榄脂（又名基乌里油脂，Chiuri Butter），可治疗风湿痛、扁桃体炎症和糖尿病等，还常被添加到化妆品中。尼泊尔人用其照明和制作肥皂，还用于制作食品及天然酥油。此外，藏榄的果肉甜而多汁，可榨取果汁饮用；树叶适合作饲料；树皮用于染色；花朵是重要的蜜源。印度人认为，用藏榄叶子制成的盘子是神圣的，用来盛放献给神灵的食物。印度植物学奠基人威廉·罗克斯伯勒将藏榄称为“东印度黄油树（East India Butter Tree）”。

由于藏榄的种子含有大量油脂，容易吸引甲虫、蚂蚁等捕食者，自然繁育困难，加之其自然生境逐渐消失，其生存也面临着严重威胁。

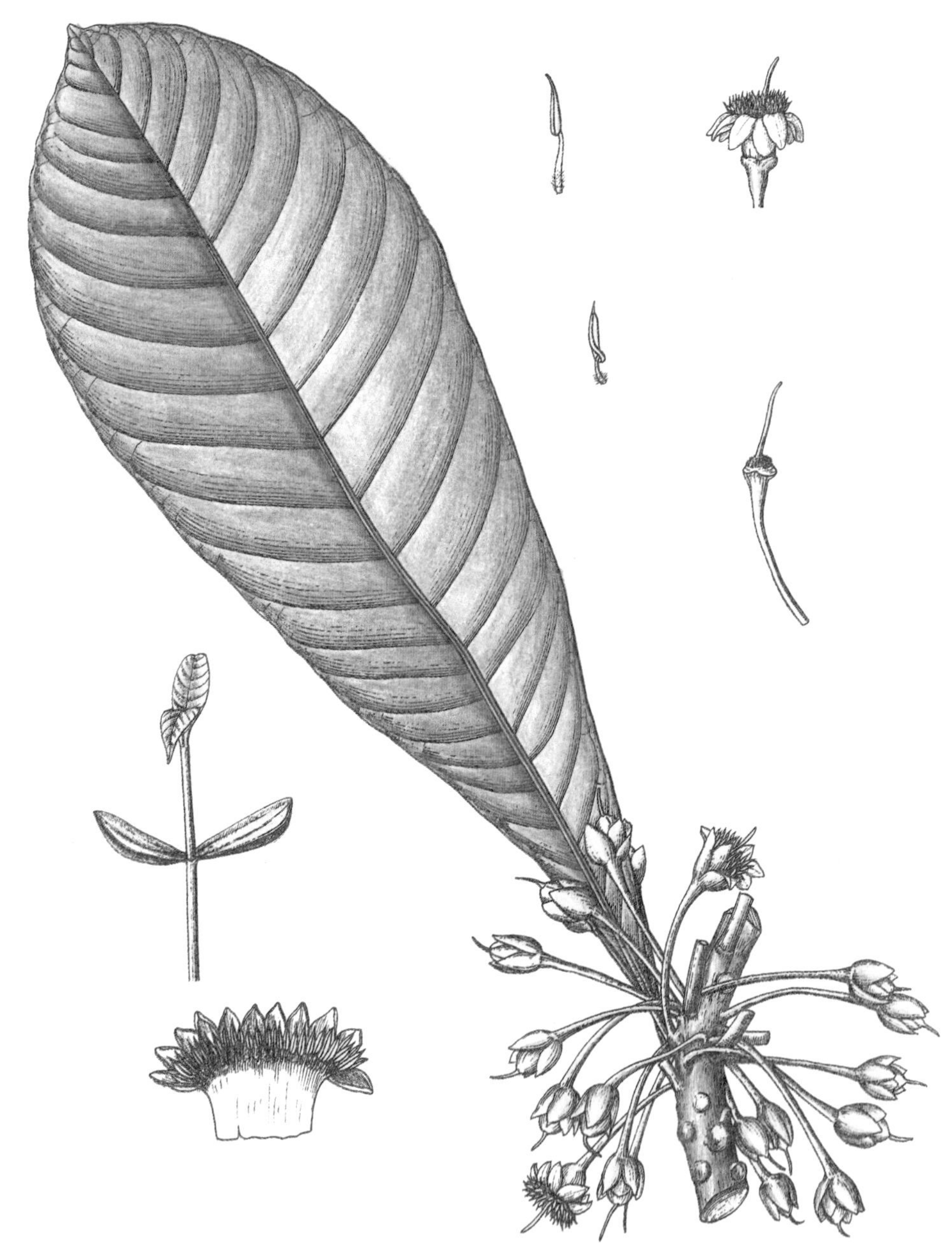

云南藏榄 *Diploknema yunnanensis* D. D. Tao, Z. H. Yang & Q. T. Zhang

40. 飘零海外的山岭少女：

枯鲁杜鹃

（野外绝灭 EW；再发现）枯鲁杜鹃［**Rhododendron adenosum** (Cowan & Davidian) Davidian —— *Rhododendron kuluense* D. F. Chamb.］为杜鹃花科杜鹃花属灌木，中国特有种，产于四川西南部木里县，生长于云杉林中，海拔 3350 ~ 3550 米。该种最早于 1953 年发表为 *Rhododendron glischrum* var. *adenosum* Cowan & Davidian，模式标本于 1929 年采自四川木里，此后 1984 年及 2008 年在四川凉山普格县螺髻山分别被再次发现。之后有关专家专门寻找但未再能发现野外活体，其原产地森林砍伐、植被破坏严重，但该种在国外多个植物园有迁地保育，因此 2013 年被《中国生物多样性红色名录——高等植物卷》评估为野外绝灭等级（EW）。

2020 年 5 月 26 日，一个令人激动的消息冲上热搜，中国科研人员在四川省凉山彝族自治州野外考察时重新发现了被宣布野外绝灭的枯鲁杜鹃。

幼枝密被腺头刚毛。叶革质，卵形至披针形或椭圆形，长 7 ~ 10.5 厘米，宽 2.4 ~ 3.4 厘米，先端急尖至渐尖，基部圆形，边缘软骨质有乳头状突起，上面成熟后无毛，在中脉上有刚毛叠盖，下面具小刚毛及散生的绒毛，至下向顶部绒毛消失或多少宿存；叶柄同于中脉，密被腺头刚毛。花序疏松，有花 6 ~ 8 朵；总轴长 5 毫米；花梗长 1.5 ~ 2.5 厘米，密被腺头刚毛；花萼长 7 毫米，被毛同花梗；花冠漏斗状钟形，长 3.5 ~ 5 厘米，淡粉红色，具紫红色的斑点；子房密被腺头刚毛，花柱无毛。蒴果长 20 毫米，直径 4 毫米，弯曲。

发现之旅：从高山采集到异乡扎根

1929 年，美国植物采集家约瑟夫·洛克进入四川西南部的木里藏族自治县。当他攀登到海拔 3000 米左右进入一片茂密的云杉林时，在林中发现了一种格外美丽的杜鹃花，其叶片暗绿修长，如藏族女子的裙裾；其花朵柔白中带着粉晕，宛若少女羞红的脸颊。两个月后，洛克再次遇到了这种高山上的杜鹃花，因当地藏语“山岭”一词的发音为“Kulu”，暂将其命名为枯鲁杜鹃。洛克将标本寄回英国，当时有植物分类学家认为，枯鲁杜鹃只是粘毛杜鹃的一个变种，并未引起重视。然而，在栽培过程中，枯鲁杜鹃的独特性日渐显露。1962 年，爱丁堡植物园杜鹃花专家达维迪安（H. H. Davidian）将其提升为种级。1984 年及 2008 年，中国植物学家在与木里县相邻的普格县（属

枯鲁杜鹃 *Rhododendron adenosum* (Cowan & Davidian) Davidian
【孙英宝绘图，根据 United States National Herbrium, NO. 00116698】
枝条一段。

凉山彝族自治州）螺髻山分别于海拔 3720 米和 3900 米高处采集到枯鲁杜鹃，标本现存于中国科学院成都生物研究所植物标本室与昆明植物研究所标本馆。此时其海拔分布已有所上升，可能与全球温度变暖有关。2008 年后的历次植物调查中，再没有采集到枯鲁杜鹃，2013 年《中国生物多样性红色名录——高等植物卷》将其列为野外绝灭（EW）。

所幸，洛克当年引种的枯鲁杜鹃早已在欧美各地生根发芽。比如爱丁堡植物园、哈佛大学阿诺德树木园、加拿大英属哥伦比亚大学植物园、丹麦哥本哈根大学植物园等都有枯鲁杜鹃活体保存。让美丽的“山岭少女”重返家园，一直是中国植物学家们努力研究的课题。2020 年 5 月，中国科学院昆明植物研究所极小种群野生植物综合保护队的马永鹏、刘德团、姚刚等人在四川省凉山彝族自治州，对某山区开展了为期两天的调查，就在大家觉得此次调查无果且快要下山时，发现了一株花团锦簇的杜鹃，经与模式标本比对，与《中国植物志》核对，确认其为枯鲁杜鹃。此次野外科学考察改写了枯鲁杜鹃“野外绝灭”的历史。不过，科研人员当时仅发现一株。而几乎同时，中国科学院植物研究所华西亚高山植物园（以下简称“华西植物园”）与贡嘎山国家级自然保护区的科研团队在甘孜藏族自治州也发现了枯鲁杜鹃的身影，在康定、九龙两地都发现有枯鲁杜鹃分布，疑似种约有 40 多株，目前能确定为枯鲁杜鹃的有 20 多株。

研究名人

著名探险家、植物采集家洛克

枯鲁杜鹃的采集者是美国“植物猎人”约瑟夫·洛克（Joseph Francis Charles Rock，1884-1-13 ~ 1962-12-5）。

洛克出生于奥地利一个贫寒的家庭，高中毕业后只身前往欧洲、北非等地漫游。他在美国不幸感染肺结核，在夏威夷疗养期间自学植物学，之后进入当地林业部门工作。1920 年，洛克接受美国农业部聘用，前往中国从事植物采集工作。

1922 年初，洛克为美国农业部采集抗枯萎病栗树种源，他率领考察队从泰国出发，取道中国云南的思茅、普洱、景东、蒙化、大理，5 月上旬抵达目的地丽江，在此，他制作了数目惊人的植物标本。尤其是在丽江采集到的抗枯萎病栗树样本，成功挽救了美国的栗树产业。此后，美国国家地理学会、哈佛大学阿诺德树木园等多家机构开始积极资助洛克继续在中国考察。

洛克在中国工作生活了 27 年，采集了数万件标本，其中 100 多种成为重要的模式标本。他还积极为《国家地理》杂志撰稿，介绍中国西南地区的自然风光、风土人情，在美国引起巨大反响。作家詹姆斯·谢尔顿正是阅读了洛克的系列散文游记，才获得了创作著名小说《消失的地平线》的灵感。洛克对中国文化颇为着迷，还深入研究丽江纳西族的文化和语言，他曾说：“我将在丽江扎根，直至我的生命献给燃烧着的火焰，我的骨灰随风散落在这方泥土上。”

洛克高度评价中国的自然资源。1924 年，他在甘南迭部的考察日记中写道：“在我一生中从未见到过如此绮丽的风景，假如《创世纪》的作者到过迭部，他一定会把亚当和夏娃的出生地放在这里；在迭部，有种类繁多的绣球、荚蒾和槭树，有栎树、苹果树、花楸树、泡花树以及生着庞大复叶的大栾树，有高达 20 米的棠梨树，有漂亮的五加灌木，伞形大果穗长度超过 30 厘米，长着圆锥花序的各种楤木；有美丽的丁香、茶藨子、溲疏、山梅花和锦鸡儿等；此外，还有茉莉属植物、山楂树、黄叶树和从未见过的杜鹃、杨树、蔷薇、悬钩子、小檗等。”

所属类群：植物丰富的川西高原植物区系

枯鲁杜鹃的故乡川西高原是四川西部与青海、西藏的交界处，是中国建设长江、黄河上游生态屏障的重要组成部分，生物多样性丰富，但很多植物处于濒危边缘，其植被状况日益引起人们的关注。

川西高原盛产名贵中药材，以多年生宿根性草本为主。代表植物有川贝母、冬虫夏草、秦艽、羌活等。冬虫夏草分布在高寒山区，生长在海拔 3500 ～ 4500 米以上的高山草地灌木带、草甸、雪山上，川西高原是其分布中心。川贝母喜冷凉气候，生长在温带高山、高原地带的针阔叶混交林、针叶林、高山灌丛中，广泛分布于川西高原的大部分地区。

川西高原是四川省的最高点，气温低，生境复杂，植物生长缓慢，植被一旦被破坏，很难恢复。目前，该地区已被中国列为生态优先保护区，受到严格的保护。

枯鲁杜鹃 *Rhododendron adenosum* (Cowan & Davidian) Davidian

41. 痛失家园的宝岛名花：乌来杜鹃

（野外绝灭 EW）乌来杜鹃（台北杜鹃）（**Rhododendron kanehirae** E. H. Wilson.）为杜鹃花科杜鹃花属落叶灌木，中国特有种，产于中国台湾北部，生长于山地丘陵。该种于 1921 年发表，模式标本于 1918 年采集自台湾乌来花园中的栽培植株，该种于野外居群，后来在台湾北部淡水河上游北势溪乌来山区沿岸向阳的岩壁上发现，1984 年为供应台北地区用水兴建翡翠水库，将乌来杜鹃唯一已知的原生地淹没，此后 30 年再未发现野生植株。今日所见都是人工栽培，因此该种在 2004 年《中国物种红色名录　第一卷　红色名录》《IUCN 濒危物种红色名录》以及 2013 年《中国生物多样性红色名录——高等植物卷》中均被评估为野外绝灭等级（EW）。

形态特征

株高1～3米；分枝繁多，幼枝纤细，密被栗褐色扁平糙伏毛，老枝黑褐色，有残存毛。叶线状披针形或线状倒披针形至倒卵形，先端钝尖，基部渐狭，边缘微反卷，全缘或不明显的圆锯齿，被糙伏毛，上面深绿色，下面苍白色，中脉和侧脉在上面凹陷，下面凸出，两面散生亮栗褐色糙伏毛；叶柄密被栗褐色糙伏毛。花芽卵球状，鳞片阔卵形，外面沿中脉被刚毛，边缘具纤毛。花1～3朵生枝顶；花梗直立，密被栗褐色扁平糙伏毛；花萼裂片5，卵形至椭圆形，具亮栗褐色糙伏毛，边缘具长睫毛；花冠狭漏斗形，洋红色至深红色；雄蕊10，不等长，比花冠短，花丝线形，花药卵形；子房卵球形，密被栗褐色刚毛状糙伏毛。蒴果长圆柱形，具刚毛状糙伏毛。

发现之旅：从偶然发现到迁地栽培

1918年，英国著名植物采集者威尔逊到中国台湾采集植物。其主要目标是台湾特产的高大树种台湾杉（秃杉 *Taiwania cryptomerioides* Hayata）和红桧（*Chamaecyparis formosensis* Matsum.）。4月，威尔逊经过台北乌来地区，在一座简陋的警察局花园里，发现了一种独特的杜鹃花，花朵粉柔精致，有一种含蓄的东方之美；叶片碧绿狭长，像一枚尖锐的柳叶飞刀。威尔逊采集了标本，并于1921年将其正式发表命名为 *Rhododendron kanehirai*。种名“kanehirai”，是其向导金平亮

乌来杜鹃 *Rhododendron kanehirae* E. H. Wilson.

【孙英宝绘图，根据 The Harvard University Herbaria，No. 00015437】

1. 花枝，2. 雄蕊，3. 花柱及雌蕊。

三的名字，又因为此花发现于乌来地区，故中文学名为乌来杜鹃，又称台北杜鹃、柳叶杜鹃。

乌来杜鹃极为罕见，仅少量生活在中国台湾北势溪上游的岩壁上。1984 年，台湾有关部门修建翡翠水库，将这唯一的原生地淹没。此后三十年再未发现野生植株，2013 年被《中国生物多样性红色名录——高等植物卷》评估为野外绝灭（EW）。

值得庆幸的是，目前台湾林业试验所、特有生物研究保育中心、阳明山花卉中心及台北植物园均引种栽培了乌来杜鹃。其花色有淡紫、紫、粉红及桃红等，花开时节形成一片独具韵味的风景。近年来，中国植物学家正着手让乌来杜鹃重返野外，目前已取得一定进展。

研究名人

植物采集者欧内斯特 · 亨利 · 威尔逊

乌来杜鹃的采集者与命名人是世界闻名的“植物猎人”欧内斯特 · 亨利 · 威尔逊（Ernest Henry Wilson，1876-2-15 ~ 1930-10-15）。

威尔逊生于英国，13 岁辍学成为一名学徒工，17 岁起在伯明翰植物园做了 4 年园丁，他每周都到伯明翰技校进修植物学，终于在 21 岁进入英国皇家植物园——邱园当园丁。1899 年，英国维奇园艺公司（Veitch Nurseries）希望招募一名采集人去中国寻找植物，23 岁的威尔逊抓住机遇，开始了颇具传奇的中国之旅。

1900 年，威尔逊跋涉在湖北巴东的深山密林。一次他被植物绊倒，险些跌落悬崖。起身时，威尔逊发现头顶有一株开满鸽子状花朵的树木。由此，他发现了西方植物学

家梦寐以求的珙桐树，成功收集到 14875 粒种子寄回英国。此后，他又采集到数千种珍贵植物，其中就包括中华猕猴桃，后来辗转引种到新西兰后，变成享誉世界的“奇异果”。因此，猕猴桃也被西方人称为“威尔逊醋栗”。

1903 年，威尔逊第二次来到中国。在四川康定、松潘发现了美丽的全缘叶绿绒蒿、红花绿绒蒿，以及众多杜鹃花、紫点杓兰、西藏杓兰等高山花卉。维奇公司特别为他制作了一枚全缘叶绿绒蒿形的徽章，5 枚黄金制成的花瓣栩栩如生，其上镶嵌了足足 41 粒钻石。

此后，威尔逊又进行了第三、第四、第五次中国行。他采集到的岷江百合（王百合）具有强大的抗病能力，与欧洲百合杂交后，克服了其原生百合的病毒病，挽救了欧美的百合种群。威尔逊的五次中国行，一共收集了 4700 多种植物，其中包括 6.5 万份植物标本，1593 份植物种子，168 份植物切片，极大地促进了欧美植物学、园艺学的发展。威尔逊也一跃成为世界著名植物学家，为了纪念他的工作，植物学界将金缕梅科、山白树属的属名定为 *Sinowilsonia*，即“中国威尔逊属”。

威尔逊对中国的山川草木极为痴迷，他在《中国：园林之母》（*China: Mother of Gardens*）一书中写下一段著名的评价：“中国是园林的母亲，我们的花园深深受惠于她。早春的连翘、玉兰，夏季的牡丹、蔷薇，秋天的菊花，还有现代月季的亲本以及温室杜鹃、樱草，吃的桃子、橘子、柠檬、柚子等等。美国或欧洲的任何一处园林都有来自中国的植物，而且都是乔木、灌木、草本、藤本行列中最好的。”

所属类群：美丽的杜鹃花属植物

杜鹃花科杜鹃花属植物共有约900种，它们花姿优雅，花色缤纷，花开时节如烟霞般笼罩山野，是世界著名的观赏花卉。

中国是杜鹃花属植物的故乡，有500多种，云南、西藏、四川交界的横断山区种类最集中，是世界杜鹃花的发源地和分布中心，被誉为“杜鹃王国”。其中，既有树高20米以上、巍峨壮观的大树杜鹃，又有矮小密集，如针甸般匍匐在高寒地区的刚毛杜鹃，还有四季常绿、花朵硕大的高山杜鹃。威尔逊等植物采集者将它们引种到欧美，经过反复杂交，培育成如今数以万计的杜鹃花品种，成为世界园艺植物的重要类群。

乌来杜鹃 *Rhododendron kanehirae* E. H. Wilson.

42. 独立山林的冰美人：小溪洞杜鹃

（绝灭 EX；再发现）小溪洞杜鹃（**Rhododendron xiaoxidongense** W. K. Hu）为杜鹃花科杜鹃花属灌木，中国特有种，产于江西西部，生长于海拔 810 米的路边。该种于 1990 年发表，模式标本于 1988 年采自江西井冈山小溪洞路边，有关专家于 2003 年及 2007 年两次前往模式产地寻找，均未见活体，并发现原生境森林已被农田代替，因此 2013 年被《中国生物多样性红色名录——高等植物卷》评估为绝灭等级（EX）。该种于 2015 年在井冈山市长坪乡、2016 年在炎陵县大院农场被重新发现。

株高1米。叶革质，宽长圆状倒卵形，先端圆形，有小突尖头，基部圆形或近斜圆形，上面暗绿色，下面淡绿色，被稀疏的丛卷毛，中脉在上面凹下，下面凸出，疏被微柔毛，侧脉15～18对，在上面微凹入，边缘不反卷；叶柄粗壮，圆柱形，密被长柄腺体，上面有狭沟。花8～9朵，生于顶生的总状花序上；总轴无毛；花梗粗壮，密被短柄腺体；花萼杯状，外面被短柄腺体，裂片5，长圆状三角形，顶端边缘有腺头睫毛；花冠漏斗状钟形，白色，外面有长柄腺体，裂片7，卵形，顶端无缺刻；雄蕊15，不等长，花丝纤细，无毛，花药长圆形，黄色；子房长卵圆形，密被短柄腺体，花柱下部密被短柄腺体，上部则近于短柄腺体，柱头头状，微有裂纹。

发现之旅：从正式定名到重新发现

1988年，植物学者刘仁林在井冈山海拔810米的小溪洞发现了一种美丽的白色杜鹃花，花朵冰清玉洁，叶片暗绿素雅，宛如身着一袭绿裙的冷艳美人，独自漫步于深林之中。1990年，四川大学生物系教授胡文光将其正式命名为小溪洞杜鹃，该种也是井冈山众多杜鹃花中最晚发现的一个。此后十余年间再未有人发现小溪洞杜鹃，其模式标本采集地也因修路被破坏。植物学家于2003年、2007年分别开展两次专项搜寻均失败。2013年，《中国生物多样性红色名录——高等植物卷》将其评估为绝灭等级（EX）。

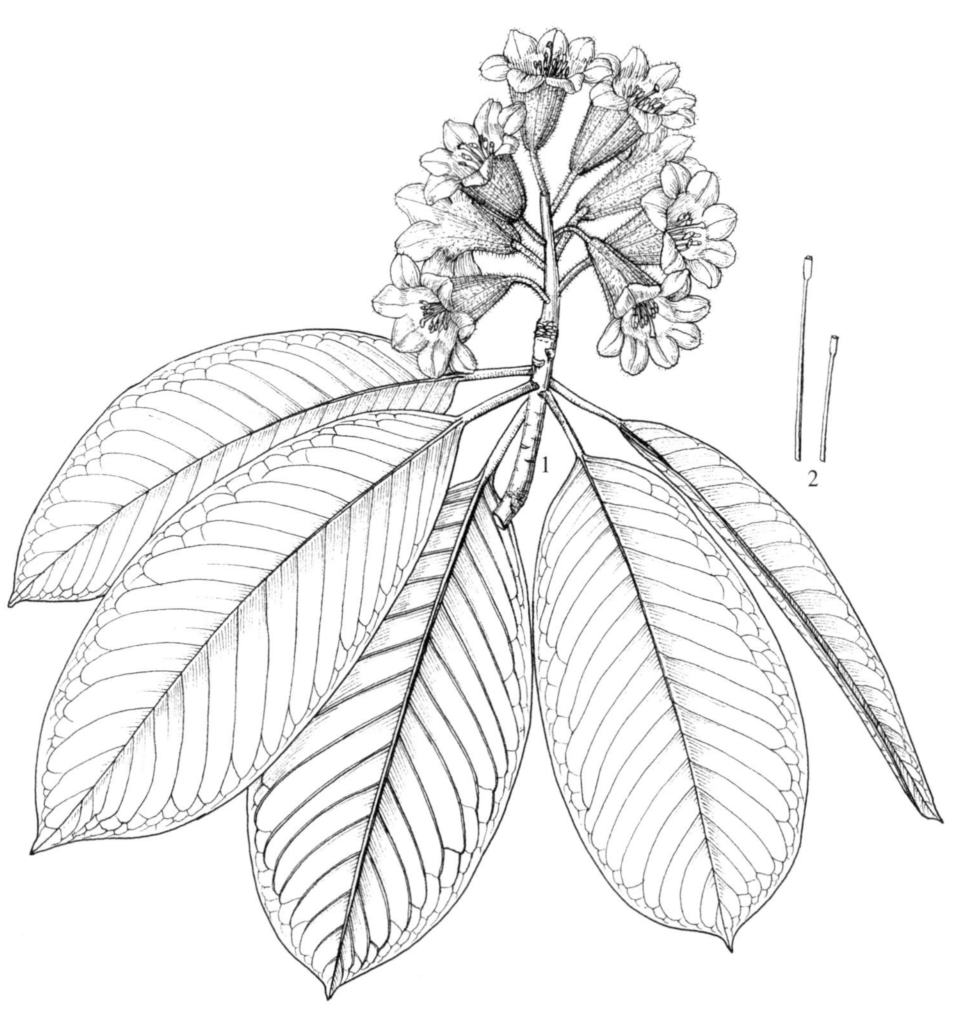

小溪洞杜鹃 *Rhododendron xiaoxidongense* W. K. Hu

【仿《中国植物志 第五十七卷 第二分册，图版 1】

1. 花枝 ，2. 雄蕊。

2015 年，植物学者在井冈山最高峰“江西坳”附近再一次发现了小溪洞杜鹃。江西坳海拔 1842.8 米，是湘赣边陲第一高峰，保存着铁杉［*Tsuga chinensis* (Franch.) E. Pritz.］、水松［*Glyptostrobus pensilis* (Staunton ex D. Don) K. Koch］、香果树（*Emmenopterys henryi* Oliv.）、观光木［*Michelia odora* (Chun) Noot. & B. L. Chen］等众多珍稀植物。由于林中毒蛇多，令人望而却步，这也间接为小溪洞杜鹃搭起了一座避风的港湾。2016 年，中南林业科技大学教授喻勋林考察临近井冈山的罗霄山，在炎陵县大院农场又成功发现了小溪洞杜鹃。尽管重现山林，小溪洞杜鹃仍极度濒危，亟须相关部门的大力保护。

研究名人

中国杜鹃花研究专家冯国楣

著名植物学家冯国楣（1917-6-24 ~ 2007-7-27）是中国杜鹃花研究的权威与先驱，也是中国首次发现大树杜鹃的植物学家。

冯国楣出生于江苏宜兴的一个普通农民家庭，因家境贫寒，高中一年级时被迫辍学回家，在乡下小学任教贴补家用。1934 年，冯国楣的堂叔冯澄如在北平静生生物调查所当绘图员，获悉静生生物调查所与江西省农业院合办庐山森林植物园，便将冯国楣推荐给植物园主任秦仁昌先生。冯国楣由此成为庐山森林植物园的练习生，经过刻苦努力，提升为“技佐”，成为秦仁昌先生的得力助手。

抗日战争期间，冯国楣随植物园迁到云南丽江，在逆境中采集了大量云南植物。此后植物园被迫关闭，他又随秦仁昌先生到云南省金沙江森林管理处当技士。1945 年，金沙江森林管理处也被撤销，冯国楣辗转到丽江师范学校当教员。1946 年，冯国楣受到著名学者蔡希陶、俞德浚的器重，被聘为云南农林植物研究所助理研究员，专心从事植物分类学研究。

冯国楣身处采集一线，是西南植物的“活字典”。许多别人并未注意的植物，冯国楣却能从中发现新种。1958 年，冯国楣任昆明植物园主任，同时兼任刚筹建的丽江高山植物园主任。在此期间，他的妻子因病长期退职，冯国楣工作之余还要照管妻子与两个年幼的儿女。即便如此，他仍精研树木学，出版了《云南的造林树》《橡子》等专著；后转向高山花卉研究，出版了《云南杜鹃花》《云南山茶花》《中国杜鹃花》等专著。

1919 年，英国“植物猎人”福雷斯特偶然在云南深山发现了高 20 米的大树杜鹃，此后半个多世纪，再无人找到过这种“杜鹃之王”。冯国楣多年深入西南山地，反复寻找大树杜鹃均未果。直到 1981 年，已经 60 多岁的他带领团队深入险峻的高黎贡山，终于找到了大树杜鹃群落，其中树王高达 25 米，胸径 3 米，树龄 500 多岁，堪称世界罕见的树木奇观。

中国观赏植物学泰斗陈俊愉评价冯国楣：“自走上工作岗位后，就什么苦活都干，什么困难都克服，持之以恒，锲而不舍，不计名利，反而练出一身本领。”正是这种精神，使他崛起于农家，奋成于战乱，最终成为中国植物学家的杰出代表。

所属类群：美丽的江西杜鹃花

“夜半三更哟盼天明，寒冬腊月哟盼春风，若要盼得哟红军来，岭上开遍哟映山红。”这首著名的歌曲《映山红》中的“映山红”指的就是江西省的杜鹃花。包括小溪洞杜鹃在内，江西省共有杜鹃花 33 种，其中有 13 种是模式标本采集地，如棒柱杜鹃、背绒杜鹃、井冈山杜鹃、江西杜鹃、尖萼杜鹃、厚叶照山白等等。

每年 3 月，江西杜鹃陆续盛开，花期可持续到 5 月。通常自低海拔起，陆续向高海拔接力开放。生长在海拔 500 米以下丘陵地区的主要有映山红、满山红、紫薇春、秃房杜鹃等；分布于海拔 500 ～ 1000 米的中海拔种类有长蕊杜鹃、猴头杜鹃、伏毛杜鹃、乳源杜鹃、上犹杜鹃、湖南杜鹃、被绒杜鹃、粗柱杜鹃、丝线吊芙蓉、鹿角杜鹃、华丽杜鹃、南昆杜鹃等；生长于海拔 1000 米以上的山顶种类有江西杜鹃、云锦杜鹃、小溪洞杜鹃、黄山杜鹃、井冈山杜鹃、红岩杜鹃、喇叭杜鹃等。

“映山红”既可狭义理解为杜鹃花属植物杜鹃，也可广义理解为江西省杜鹃花属植物的泛称。无论何种解释，它都是中国革命歌曲中最具感染力的意象之一。

小溪洞杜鹃 *Rhododendron xiaoxidongense* W. K. Hu

43. 悄然远去的林中仙子：圆果苣苔

（绝灭 EX）圆果苣苔（**Gyrogyne subaequifolia** W. T. Wang）为苦苣苔科圆果苣苔属多年生草本，中国特有种，产于广西百色，生长于低山路边阴处。该种于 1981 年发表，模式标本于 1977 年采自广西百色，此后有关专家多次前往寻找，均未发现野外活体，目前其模式产地已经被淹没，因此 2013 年被《中国生物多样性红色名录——高等植物卷》评估为绝灭等级（EX）。

根状茎块状。茎高 9.5 ~ 15.5 厘米，不分枝，有 2 ~ 3 节，被淡褐色短柔毛。叶对生，每对叶稍不等大，具柄；叶片草质，卵形，顶端急尖或短渐尖，基部斜宽楔形或斜圆形，边缘有不等的锯齿，上面被疏柔毛，下面沿脉疏被短柔毛，侧脉每侧 5 ~ 6 条；叶柄被短柔毛。聚伞花序约有 5 花；花序梗与花梗被柔毛。花萼宽钟状，5 裂达基部，外面疏被短柔毛，内面无毛，在裂片之间有纵褶，裂片三角形。花冠白色，外面被短柔毛，内面无毛；筒长 5 毫米，口部斜，基部囊状；上唇 2 裂达基部，裂片卵状三角形，顶端钝；下唇 3 深裂，裂片宽长圆形，顶端圆形。雄蕊 4，无毛，花丝着生于距花冠基部 0.5 毫米处；退化雄蕊长 0.8 毫米。花盘高 0.2 毫米。雌蕊无毛，子房直径 1 毫米，花柱细，柱头扁球形。

发现之旅：从百色发现到科学分类

1977 年 6 月 23 日，植物学家黄儒忠在广西百色那毕巴平公路 17 千米处的三条沟处发现该种苦苣苔科植物，正值花期，黄儒忠采集了 4 份标本，其中 1 份较完整，定为主模式标本（Holotype），另外 3 份为等模式标本（Isotypus）。目前这些标本均保存在广西医药研究所标本馆中（编号 GXMI050711~GXMI050714）。此后，科考人员再未发现圆果苣苔，这 4 份标本成为它们存在过的仅有证据。

1981 年，中国科学院植物研究所植物专家王文采先生在《植物研究》杂志发表《苦苣苔科五新属》，在苦苣苔科十字

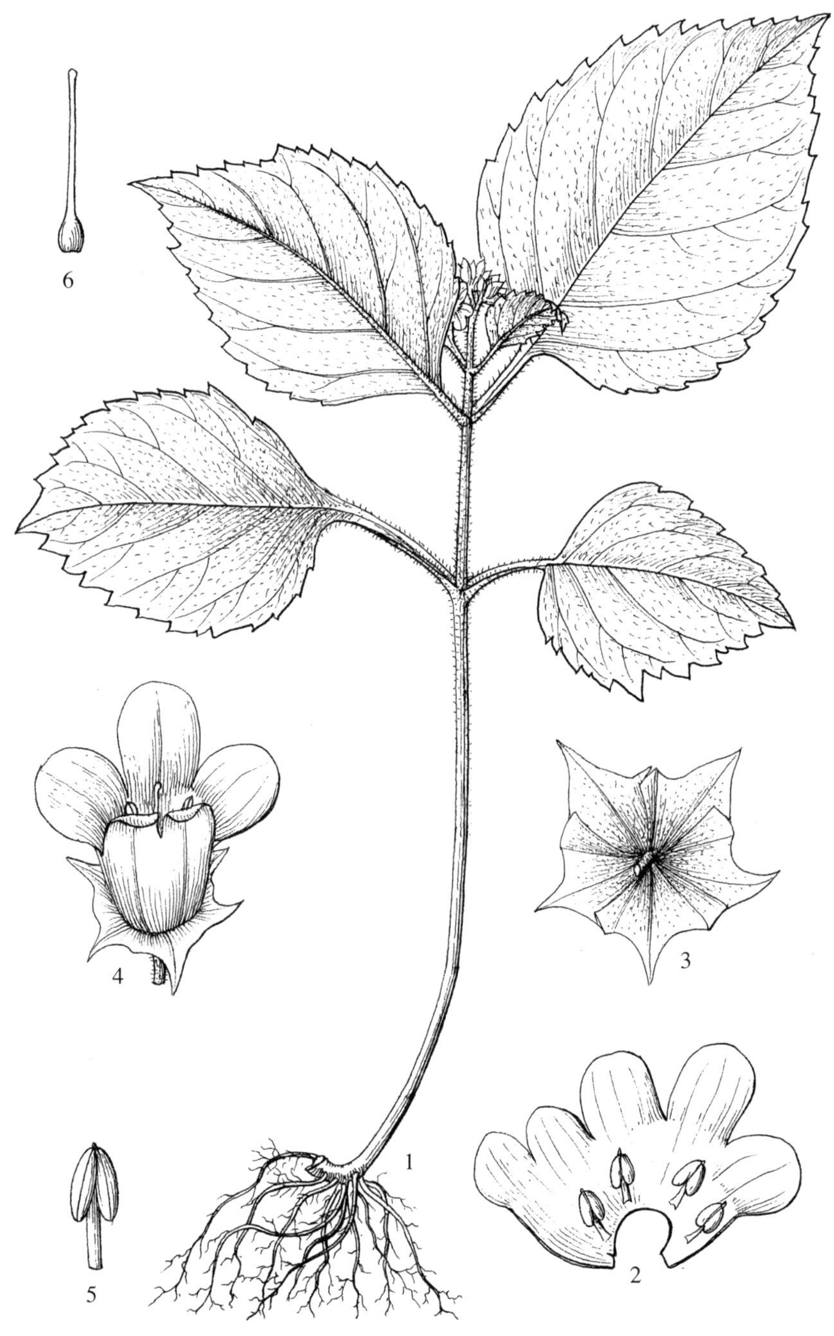

圆果苣苔 *Gyrogyne subaequifolia* W. T. Wang

【仿《植物研究》1（3）：图版 7，王金凤绘图，1981】

1. 植株全形，2. 花冠剖开，3. 花萼（外面观），4. 花（顶面观），5. 雄蕊，6. 雌蕊。

苣苔族（Loxonieae）中，成立圆果苣苔属（*Gyrogyne*），认为圆果苣苔在花萼和花冠的构造上与十字苣苔属（*Stauranthera*）相近。在1990年出版的中文版《中国植物志》第69卷中，王文采先生基于对本属植物的新认识，又将其划入尖舌苣苔族，这也是当前国际植物学普遍的观点。同族植物还有异叶苣苔属（*Whytockia*）、十字苣苔属（*Stauranthera*）、尖舌苣苔属（*Rhynchoglossum*）和盾座苣苔属（*Epithema*）。

研究名人

中国著名植物分类学家王文采

圆果苣苔的定名人是中国科学院院士、中国科学院植物研究所研究员、中国著名的植物分类学家王文采。他深入研究中国苦苣苔科、毛茛科、荨麻科、紫草科等植物类群，发表了大量新分类群及其在中国分布的新记录。他亦是中国植物区系地理学权威，曾提出中国植物区系的三条重要迁移路线，对第三纪以来中国植物区系历史变迁提出独到见解。

1945年，王文采从北京四中考入北京师范大学生物系，大三时的任课老师是中国植物学泰斗林镕先生。他常带领学生到野外考察、采集标本，王文采由此被异彩纷呈的植物世界吸引，而登山涉水的野外奔波生涯也正契合他“一生好入名山游”的性情。1949年冬，另一位中国植物学泰斗胡先骕先生邀请王文采协助他编写一部《中国植物图鉴》，更令王文采坚定了从事植物分类学的信心。1950年，胡先骕先生力荐王文采调入新组建的中国科学院植物分类研究所任助理员，参与由植物研究所副所长吴征镒先生倡导编写的《河北植物志》。为此，王文采先后前往上方山、百花山、小五台山、雾灵山等地采集标本，并负责《河北植物志》中紫草科和茜草科初稿，由此开始了他奔波四海的植物学研究生涯。

新中国建立初期，百废待兴。王文采对植物学研究热情不减，他参与了许多重要的植物调查项目，常年在河北、广西、江西、云南的深山密林中采集植物，有幸与老一辈植物学家、植物采集家、植物绘图家一起工作，迅速成长为独当一面的植物分类学行家。在王文采先生的植物采集回忆录中，详细记录了许多老一辈植物学家的特长，而他则兼容并蓄，集百家之长。

采集工作艰苦又危险，有一次，王文采与探险队队员遭遇山洪，险些丧命。1958 年，他在云南勐腊感染恶性疟疾，持续高烧不退，住院用药后也不见好转，四肢瘫软无力，全身毫无血色。命悬一线之际，昆明植物研究所武素功等同志为其输血 1600 毫升，才挽救了他的生命。出院后，他仍旧行走不便，在昆明休养了一个月才返回北京。

王文采曾主持编写《中国高等植物图鉴》和《中国高等植物科属检索表》，邀请了全国 130 位专家，收录了中国高等植物 15 000 多种，是世界上规模最大的植物图鉴著作，亦为中国植物研究的必读书，该书已印刷 6 次，累计约 30 万册，创造了国内学术著作出版的奇迹。王文采先生也因此荣获国家自然科学奖一等奖。他还是《中国植物志》主编之一，于 2009 年第二次获得国家自然科学奖一等奖。

在中国科学院植物研究所，王文采有一间简朴的办公室，九十多岁的他仍旧在这里查看标本，撰写专著。著名植物学家陈心启评价他是品格高洁，最让人敬佩的科学家。而以王文采名字命名的植物有文采翠雀、文采唇柱苣苔、王氏唇柱苣苔、王氏半蒴苣苔、文采毛茛等。

所属类群：亟待保护的圆果苣苔属植物

圆果苣苔属是尖舌苣苔族比较原始的类群，主要分布于海拔 200 ~ 1000 米的中低山区，极易受人为干扰。

该植物属于湿生型植物，根系浅，对空气湿度及土壤潜水层的变化比较敏感，且依赖散射光和湿润的森林环境。1999 年，中国科学院植物研究所王印政研究员发表了《一个孑遗类群——尖舌苣苔族物种的居群绝灭速率及其指示意义》一文，该文章对 120 年内尖舌苣苔族 5 个属 12 个种 59 个地方居群的消长进行了动态分析，计算了各属种的居群灭绝速率，并提出了进化水平较低的原始类群，其居群绝灭速率往往较高，地区性特有类群，尤其是特有属更容易遭受绝灭的危险。文中推测圆果苣苔可能是第三纪或更早期的古热带湿润性植物区系的残遗，在系统发育过程中处于衰亡阶段，表现出极脆弱的生存能力。由于大面积的森林消失和环境变化，其生境变得支离破碎。仅有几个面积极小的地方居群或散生在被隔离的小生境中，各居群地或小生境相距均在 50 千米以外。因此呈现典型的陆地岛屿状残遗性分布，已失去进一步扩大散布的潜能。

在这种情况下，圆果苣苔会因某一个微小的不确定因素而灭绝，灭绝速率直接达到 100%。这也是为什么自 1977 年第一次发现之后，再也找寻不到它的原因。

遗憾的是，今天我们只能通过零星的文字去查找圆果苣苔。面对全球气候变化、原生境丧失、过度开发和利用、人为干扰严重等问题，苦苣苔科植物的现状不容乐观，保护工作迫在眉睫。根据植物的居群遗传结构进行遗传多样性的保存将是实施保护的关键。

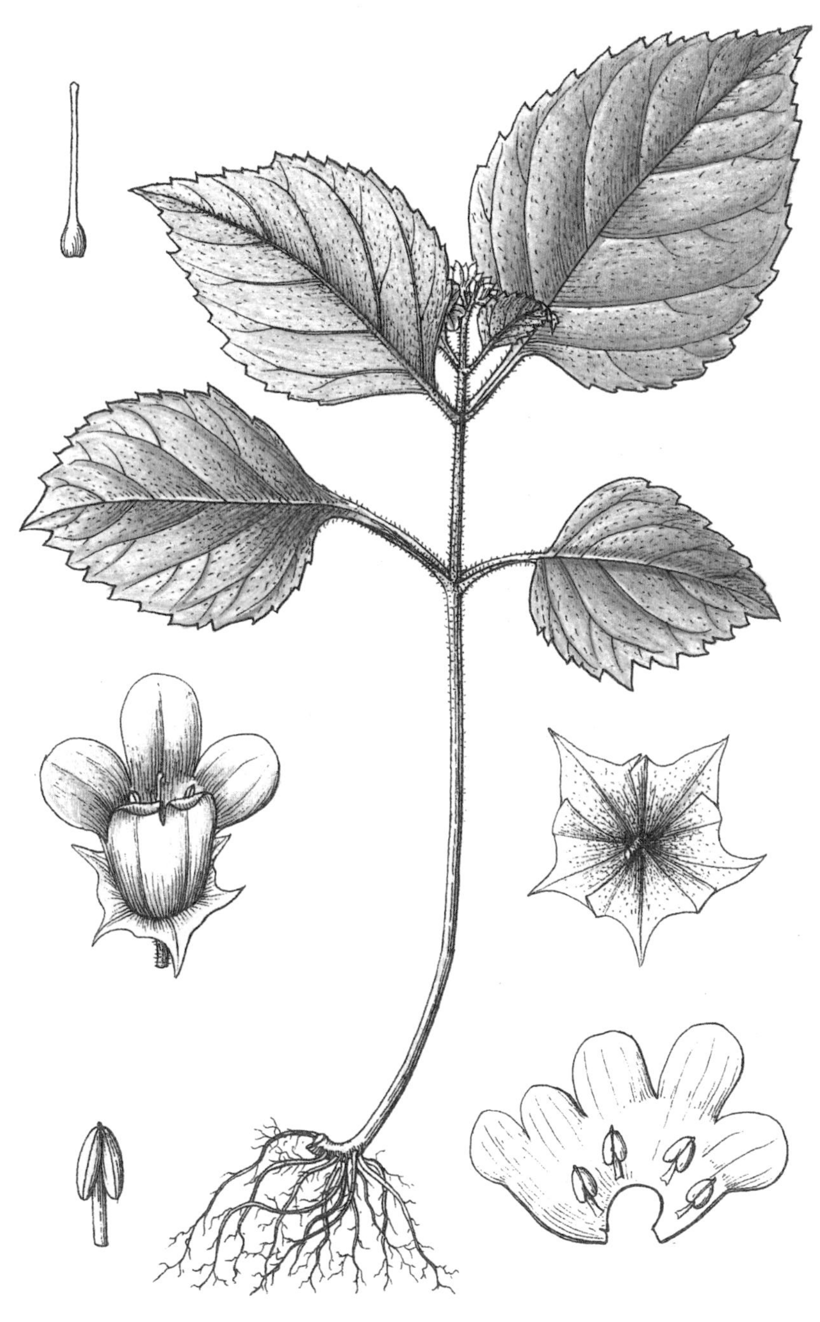

圆果苣苔 *Gyrogyne subaequifolia* W. T. Wang

44. 药圃中的蓝色精灵：焰苞报春苣苔

（野外绝灭 EW；再发现）焰苞报春苣苔（焰苞唇柱苣苔）［**Primulina spadiciformis** (W. T. Wang) Mich. Möller & A. Weber —— *Chirita spadiciformis* W. T. Wang］为苦苣苔科报春苣苔属（唇柱苣苔属）多年生草本，中国特有种，产于广西，广西南宁药用植物园栽培。该种于 1985 年发表，模式标本于 1981 年采自植物园中的栽培植株，有关记录显示可能引种自广西武鸣大明山。此后 30 多年内许多专家前往大明山寻找，都未曾找到野外活体，但植物园组培获得成功，因此 2013 年被《中国生物多样性红色名录——高等植物卷》评估为野外绝灭等级（EW）。2014 年该种在广西贵港被重新发现。

根状茎圆柱形。叶片基生；叶片干时纸质，两侧稍不对称，椭圆形，顶端钝，基部斜楔形，边缘有浅波状钝齿，两面均密被短柔毛，侧脉每侧约 4 条；叶柄密被短柔毛。花序约 3 条，每花序有 2 花，具 1 苞片；花序梗密被开展短柔毛；苞片佛焰苞状，船状狭卵形，顶端长渐尖，基部抱茎，密被短柔毛。花萼 5 裂达基部，裂片线状披针形，外面被短柔毛，内面无毛。花冠淡蓝色，在上唇之下有 1 黄色斑块，外面有极疏的短柔毛，内面在黄斑上有短腺毛，在雄蕊之下被短柔毛；筒近钟状。雄蕊花丝在中部膝状弯曲，近顶部疏被短柔毛，花药长圆形，顶端微凹，无毛；退化雄蕊 2，披针状线形，被疏柔毛。花盘环状。雌蕊长约 2.2 厘米，子房线形，密被短柔毛，花柱被疏柔毛，柱头 2 浅裂。

发现之旅：从药圃发现到重现野外

20 世纪 80 年代，广西南宁药用植物园中悄然开放了几朵蓝紫色的小花，乍看起来并不稀奇：小巧精致的钟状花朵，两朵 1 对组成花序，绒绒的叶片簇拥成 1 束，给人温暖的感觉，这是典型的苦苣苔科植物特征。然而，植物学家敏锐地发现了它们的异样：其花序梗上有 1 枚明显的苞片，形状近似于天南星科植物典型的佛焰苞，这又是在苦苣苔科植物中较为罕见的现象。

焰苞报春苣苔 *Primulina spadiciformis* (W. T. Wang) Mich. Möller & A. Weber

【仿《植物研究》5（3）：图 4，刘春荣绘图，1985】

开花植株。

1981 年，植物学家方鼎、覃德海在植物园栽培植物中首次采集到该种植物，采集编号为 79447。目前，该标本存于广西医药研究所（标本条形码号为 GXMI050661）。1985 年，植物学家王文采先生根据该号标本，将其鉴定为苦苣苔科唇柱苣苔属植物，并命名为新种 *Chirita spadiciformis* W. T. Wang，中文名为焰苞唇柱苣苔。

2011 年，爱丁堡植物园苦苣苔专家迈克尔·穆勒（Michael Möller）对其进行重新分类，将原来的唇柱苣苔属并入报春苣苔属，更名为焰苞报春苣苔 *Primulina spadiciformis* (W. T. Wang) Mich. Möller & A. Weber。从植物分类学看，焰苞报春苣苔与桂林报春苣苔［*Primulina gueilinensis* (W. T. Wang) Yin Z. Wang & Yan Liu］近缘。焰苞报春苣苔叶柄较长，可达 9 厘米左右，而桂林报春苣苔叶柄仅 4 ～ 6 厘米，焰苞报春苣苔聚伞花序有 1 枚苞片，花冠较小；而桂林报春苣苔聚伞花序有 2 枚苞片，花冠较大。

广西南宁药用植物园中的焰苞报春苣苔从何而来，已无法追溯。植物学家曾前往其推测产地广西武鸣大明山寻找，但并未发现。因此普遍认为它已野外绝灭。2014 年，中国科学院植物研究所和广西药用植物研究所考察队在广西贵港重新发现了它的野外分布，据调查其种群有一定数量。2019 年，中国北京世界园艺博览会上，焰苞报春苣苔在中国馆的地下一层《神州奇珍——中国特色珍稀植物展》上特别展出。

研究名人

报春苣苔属定名人亨利·弗莱彻·汉斯

亨利·弗莱彻·汉斯（Henry Fletcher Hance，1827-8-4 ~ 1886-5-22）是英国外交官，亦是颇有名气的植物学研究者，尤其精通中国植物。

亨利·弗莱彻·汉斯生于伦敦，17岁就进入英国驻香港机构担任办事员，他将全部业余时间用来探索和研究香港植物，乐此不疲。后来，他进入英国驻中国办事机构工作，成长为高级外交官。但他对政治的热情远不及植物，因此错失了许多升迁机会，但他并不在乎这些，仍然坚持采集研究植物，与邱园及欧洲各国植物研究机构建立了广泛联系。亨利·弗莱彻·汉斯曾增补边沁的《香港植物志》，为其增加了75个植物新种。到他去世时，其个人标本收藏已有22 000多份，他还整理了许多植物学方面的资料，是当时研究中国植物最全面的收集资料之一。英国皇家植物园邱园主任约瑟夫·胡克评价他对中国植物的研究："四十年如一日，几乎无人能及。"

所属类群：异常丰富的报春苣苔属植物

焰苞报春苣苔是报春苣苔属植物（*Primulina*），该属主要分布于中国华南至西南的喀斯特石灰岩地区，长期被认为是仅有一个种——报春苣苔的单型属。但近年来，随着分子系统学的研究进展，许多种类被转移到该属中，同时从野外也不断发现了大量该属植物，目前已有140个种和9个变种，是中国苦苣苔科中物种多样性最为丰富的属。

中国广西壮族自治区是该属物种的分化和演化中心，已知本属有超过一半的种在此处发现。近年来仍有许多新种在广西被不断发现。报春苣苔属植物的观赏价值极高，是深受苦苣苔科植物爱好者追捧的热门收藏。其中永福报春苣苔［*Primulina yungfuensis* (W. T. Wang) Mich. Möller & A. Weber］、柳江报春苣苔［*Primulina liujiangensis* (D. Fang & D. H. Qin) Yan Liu］、黄花牛耳朵［*Primulina lutea* (Yan Liu & Y. G. Wei) Mich. Möller & A. Weber］等都是市场流行的热门品种。

焰苞报春苣苔 *Primulina spadiciformis* (W. T. Wang) Mich. Möller & A. Weber

45. 消失百年的高山风铃：

小叶澜沧豆腐柴

（绝灭 EX）小叶澜沧豆腐柴（**Premna mekongensis** var. **meiophylla** W. W. Sm.）为马鞭草科豆腐柴属直立小灌木，中国特有种，产于云南丽江，生长于海拔 2100 ~ 2400 米的干燥多石草地上。该变种于 1916 年发表，模式标本于 1914 年采自云南丽江，此后尽管有专家多次专程寻找，却没有再发现野外活体，因此在 2013 年被《中国生物多样性红色名录——高等植物卷》及 2017 年被《云南省生物物种红色名录》评估为绝灭等级（EX）。

株高1米左右；小枝纤细。叶片纸质，卵形或卵状披针形，较小，顶端近钝至渐尖，基部圆形，边缘有规则或不规则细齿至微波状或很少近全缘，两面有灰白色小疏柔毛，背面较密，可成毡状；叶柄有灰白色柔毛。花序有数朵花，几无花序梗；苞片线形，密被疏柔毛；花萼钟状，5裂达中部以下，裂片线状披针形，近等长，密被灰白色平展疏柔毛，散生黄色腺点；花冠黄色或白色，花冠管几露出花萼外，外面无毛，喉部被白色长柔毛，4裂成二唇形，裂片上唇圆，顶端微凹，有紫斑，外面有腺点和小柔毛，下唇3裂，外面散生腺点和柔毛；雄蕊4，2强，内藏，花丝无毛；子房倒卵形，无毛；花柱纤细。核果黑色，球形，无毛，顶端有腺点，远较宿萼为短。

发现之旅：从丽江发现到无处寻踪

1914年，英国植物采集家乔治·福雷斯特（George Forrest，1873-3-3 ~ 1932-1-5）进入云南丽江金沙江峡谷，他攀缘到一片干燥多石的草地上，看到了几株神采奕奕的小灌木，枝条纤细而柔韧，叶形碧绿而富有光泽，一串串黄白色的小花开在枝头，似风铃般随风轻舞。

福雷斯特认得，它们是一类云南司空见惯的植物——豆腐柴属植物，是用来制作当地一种古老美食“观音豆腐”的原材料，因此又被称为观音柴、豆腐草、观音草、腐婢。豆腐柴属植物很早就被发现，属名由植物分类学之父林奈定名。福雷斯

小叶澜沧豆腐柴 *Premna mekongensis* var. *meiophylla* W. W. Sm.

【孙英宝绘图，根据 Royal Botanic Garden Edinburgh (E), E00284189】

花果枝一段。

特仔细观察后，发现眼前的植物与常见的豆腐柴有所不同：叶片更小，且呈纸质，这在豆腐柴属植物中并不多见。于是，他采集了标本并寄回英国。1916 年，苏格兰著名植物学家威廉·赖特·史密斯爵士根据这份标本，将其定为澜沧豆腐柴的一个变种：*Premna mekongensis* var. *meiophylla*，即小叶澜沧豆腐柴。

遗憾的是，自 1914 年后至今，再无任何小叶澜沧豆腐柴的发现记录。2017 年，《云南省生物物种红色名录（2017 版）》将其列为灭绝植物。

研究名人

马鞭草科植物研究权威陈守良

检索中国豆腐柴属植物标本，经常会发现“陈守良”这个名字。但很少有人知道，她是中国杰出的女植物学家，是中国禾本科、马鞭草科植物的研究权威，亦是《中国植物志》的编委会成员。

1921 年，陈守良出生于江苏靖江。抗战全面爆发后，陈守良一边逃难，一边读书，而后她来到重庆北碚，进入内迁来的复旦大学园艺系。当时教授植物分类学的老师正是中国植物学奠基人之一、中国科学院植物分类研究所第一任所长钱崇澍。新中国成立后，她调入中国科学院植物分类学研究所华东工作站（后改为中国科学院江苏植物研究所），一干就是几十年。

1977 年，陈守良被选为《中国植物志》编委，负责禾本科的编写。禾本科植物是植物界公认的经济价值最高、分类最困难的八大科之一。为此，陈守良放弃了节假日，利用工作之余学习了德、法、英等七八种语言，并经常到野外调查。为了工作，她只能把家庭和孩子托付给当时已经年迈的保姆照料，至今她仍对那位老人充满感激之情。

《中国植物志》禾本科共有5个分册，其中有个分册的负责人在编写过程中不幸离世，在无人能接手的情况下，陈守良带领一位年轻同志完成了该卷的编写任务。该分册出版时，陈守良却坚持不署自己的姓名。她只是淡淡地表示："这其实没有什么，谈不上礼让，也算不上谦虚。而且实际上我也只是做了一些指导工作，大部分工作还是他们完成的，毕竟我是禾本科编著工作的负责人，提供一些指导意见是我应该做的。"

2010年，国家将过去十年内七次空缺的自然科学奖一等奖授予《中国植物志》编写团队，虽然获奖名单上没有陈守良的名字，但陈守良一点儿都不失落，她认为这是对所有编研人员的褒奖，自己作为编委，能参与到这项伟大工程中已是非常荣幸。

所属类群：神奇的豆腐柴

小叶澜沧豆腐柴为豆腐柴属植物，同属植物豆腐柴，是中国著名的民间食用和药用植物。

豆腐柴叶片果胶含量高达35%，是山楂的3倍。将其与草木灰混合，可以制成碧绿软弹的"观音豆腐"。其粗蛋白含量高达34.1%，在已知植物中名列前茅。其蛋白质中富含19种氨基酸，其中8种是人体不能自行合成，需要从食物中摄取的"必需氨基酸"。观音豆腐中还含有21.6%的膳食纤维，4.3%的灰分，0.3%的叶绿素，以及多种维生素和微量元素。夏季食用具有清热、消肿、降压、止痛之实效。

豆腐柴作为饲料和果胶植物栽培，产叶量较高，若综合开发利用，具有较高的经济价值，目前西南部分贫困地区已经开展了关于豆腐柴产业的扶贫项目，前景良好。

小叶澜沧豆腐柴 *Premna mekongensis* var. *meiophylla* W. W. Sm.

46. 重获新名的植物：

塔序豆腐柴

（地区绝灭 RE；被归并）塔序豆腐柴（**Premna tomentosa** Willd. — *Premna pyramidata* Wall. ex Schaue）为马鞭草科豆腐柴属直立灌木或小乔木，产于广东省高要县鼎湖山，印度、缅甸、马来西亚也有分布，生长于山地或河旁密林中，海拔 300 ~ 600 米。塔序豆腐柴（*Premna pyramidata* Wall. ex Schauer）最早于 1847 年发表，模式标本于 1827 年前采自缅甸，该种在中国境内至今仅有 1 号 1932 年采自鼎湖山的标本，此后 80 多年来，尽管在鼎湖山进行过多次大规模的植物区系调查，均未再发现该种野外活体，因此 2013 年被《中国生物多样性红色名录——高等植物卷》评估为地区绝灭等级（RE）。最新的研究认为，塔序豆腐柴（*Premna pyramidata* Wall. ex Schauer）与 *Premna tomentosa* Willd. 为同一物种，应处理为后者异名，后者分布于印度、孟加拉国、印度尼西亚、柬埔寨、马来西亚、缅甸、尼泊尔、菲律宾、斯里兰卡、泰国、越南以及澳大利亚。

株高约6米；嫩枝疏生星状毛，老枝几无毛。叶片椭圆形、长圆状卵形至长圆形，厚纸质，全缘，顶端渐尖或急尖，基部阔楔形至圆形，两面有黄色腺点，沿叶脉有星状毛，尤以背面为密；叶柄四棱形，有星状毛。聚伞花序组成顶生塔形圆锥花序，长6～8厘米，宽3.5～4厘米，花序梗长1.5～2.5厘米，有星状毛；苞片线形，长不逾5毫米；花萼钟状，外被星状毛，顶端稍不规则的5浅裂，裂齿极短，钝三角形；花冠外被星状毛，2唇形，上唇圆形或顶端微凹，下唇3裂，中间1裂片圆形，两侧裂片卵形，管内喉部有1圈长柔毛；雄蕊4，2长2短；花柱长3～4毫米，柱头2裂。核果圆球形，直径3～5毫米。

发现之旅：从发现定名到澄清误会

1847年，丹麦著名植物学家纳塔尼尔·沃利克（Nathaniel Wallich）在缅甸发现了一种与众不同的豆腐柴属植物，株型异常高大，高可至6米；大型圆锥花序也十分壮观，如同凝固的焰火绽放在枝头。沃利克采集了本种植物的模式标本，并根据其花序形态将其定名为 *Premna pyramidata* Wall. ex Schauer，即塔序豆腐柴。在普遍为矮小灌木的豆腐柴属家族中，塔序豆腐柴堪称少见的“巨人”。

1932年，中国植物学家也在广东省鼎湖山采集到了塔序豆腐柴，并制作了唯一一份珍贵的标本，由著名植物学家裴鉴正

塔序豆腐柴 *Premna tomentosa* Willd.

【孙英宝绘图，根据 Herbarium Pacificum Bishop Museum (Blsh)，BISH1005314】

1. 花枝，2. 花，3. 花萼与柱头，4. 花萼展开，示雌蕊，5. 花冠展开。

式鉴定。此后 80 多年里，植物学家进行了多次考察，均未能在野外重新发现它的身影。2013 年，塔序豆腐柴被列入地区绝灭等级（RE）。

塔序豆腐柴的灭绝，曾引发人们深深的遗憾。因豆腐柴属植物是中国南方百姓喜爱的救荒植物。人们采摘其嫩叶，用清水洗净，粉碎后浸入水中直至泡沫泛起，再用纱布过滤掉沉渣，在汁液中加入柴灰，充分搅匀后静置即凝结成豆腐状。其色彩清鲜嫩绿，口感似果冻，号称“神仙豆腐”。河南淅川、广西桂林、安徽六安、陕西渭南等地均有制作该豆腐的传统。2008 年，其传统制作技艺被列入安徽省级非物质文化遗产。

最新研究表明，塔序豆腐柴与豆腐柴属另一种植物 *Premna tomentosa* Willd 实为同一物种。而 *Premna tomentosa* 广泛分布于印度、孟加拉国、印度尼西亚、柬埔寨、马来西亚等南亚及东南亚国家。尽管如此，本种植物在中国的分布还有待植物学家的进一步研究。

研究名人

植物学大家裴鉴

中国塔序豆腐柴的鉴定人是中国著名植物分类学家裴鉴（1902-6-2 ~ 1969-6-2），他亦是中国马鞭草科植物的权威，同时也是中国现代药用植物学研究的奠基人。

1916 年，年仅 14 岁的裴鉴以优异成绩考入清华学堂出国预备班，预备班植物学老师是植物学泰斗钱崇澍，裴鉴由此对植物学产生了浓厚兴趣。1925 年，裴鉴被选送至美国斯坦福大学学习植物学，1927 年获得学士学位，1928 年获硕士学位，1931 年获博士学位。他师从亚洲植物学权威埃尔默（Elmer Drew Merrill），主攻马鞭草科植物，其博士论文题目为《中国的马鞭草科植物》。裴鉴的学生陈守良，亦传承了马鞭草科植物的研究。

1931 年，裴鉴学成回国，担任中国科学社生物研究所研究员，并先后兼任中央大学生物系、国立药学专科学校（今中国药科大学）、复旦大学生物系、金陵大学生物系的教授，他儒雅博学，被称为“植物活字典”“植物金钥匙”。他的学生中有不少人成为植物学名家，如中国苔藓专家陈邦杰、伞形科植物权威单人骅、药用植物学家周太炎等。

1944 年，裴鉴担任中央研究院高等植物分类研究室主任。1950 年，高等植物分类研究室迁往南京，成立中国科学院植物分类研究所华东工作站，裴鉴担任主任。1954 年，华东工作站接管孙中山先生纪念植物园，改名为中国科学院南京中山植物园，裴鉴任主任。1960 年，建立中国科学院南京植物研究所，裴鉴任所长，而中山植物园为该所下属单位。从 1949 年起，单位名称多次变更，裴鉴领导的研究团队也日渐壮大，从 10 余人增加到 300 余人，成为中国植物学研究的重要力量。

所属类群：常见的马鞭草科植物

塔序豆腐柴为马鞭草科植物，本科植物看似陌生，其实包括不少极为常见的物种，悄然生活在人们身边。

华北地区常见马鞭草科牡荆属植物荆条［*Vitex negundo* var. *heterophylla* (Franch.) Rehd.］，每年夏季开出美丽的淡蓝紫色花朵，引得满枝蜜蜂嗡鸣采蜜。它们常与酸枣生长在一起，可以保持水土，是华北地区重要的山地植物。荆条的枝条强韧，自古就是编织背篓的主要材料。此外，马鞭草科的紫珠（*Callicarpa bodinieri* Lévl.）、海州常山（*Clerodendrum trichotomum* Thunb.）、臭牡丹（*Clerodendrum bungei* Steud.）等都是华北地区常见的重要观赏植物。每年 7 ~ 8 月，紫珠结出累累果实，如密集的紫色珠子，非常美观。海州常山树形饱满，花朵有紫红色的花萼，配以白色的花冠，十分独特美观，在北海等古典园林中亦常见。臭牡丹是一种宿根草本，其叶片宽大，花序粉红漂亮，观赏性不亚于绣球，是良好的耐阴植物。马缨丹（*Lantana camara* L.）、蓝花藤（*Petrea volubilis* L.）等是华中及华南地区园林中常见的观赏植物，它们默默陪伴人类左右，装点着我们的生活。

塔序豆腐柴 *Premna tomentosa* Willd.

47. 无处寻访的高原红：

干生铃子香

（绝灭 EX）干生铃子香（**Chelonopsis siccanea** W. W. Sm.）为唇形科铃子香属小灌木，中国特有种，产于云南西北部，生于灌丛中，海拔约 2000 米。该种于 1916 年发表，模式标本于 1914 年采自永宁地区与金沙江分水岭之间，但其最早的标本于 1886 年采自云南（无详细产地），1930 年又被再次采到，此外再无采集记录。近年来，相关专家持续在怒江河谷寻找该种，都未能发现野外活体，加之其生境脆弱，人为干扰强烈，因此 2013 年被《中国生物多样性红色名录——高等植物卷》评估为绝灭等级（EX）。

株高1～2米。枝纤细，密被柔毛，毛上有小的腺头。叶对生，叶片卵圆形或卵圆状披针形，先端渐尖，基部浅心形，边缘具圆锯齿，齿端有胼胝体的小尖头，干时薄膜质，上面疏被柔毛，沿脉上有纤毛，下面在中肋及脉上疏被柔毛，余部无毛或近于无毛；叶柄有稀疏柔毛及密集的具腺微柔毛。聚伞花序腋生，通常3花；总梗疏被柔毛，有腺毛，花梗有腺毛；苞片线形，被柔毛。花萼疏被小柔毛，基部有腺毛，齿5，三角形，有短的尖突。花冠深紫红色，外面上部微柔毛，下部几无毛，冠檐二唇形，唇片短，上唇长约3毫米，先端几不凹缺，下唇中裂片宽大，长椭圆形，长伸出，长超过1厘米，侧裂片圆形。雄蕊花丝无毛，花药具纤毛。花柱先端2裂，无毛。

发现之旅：从云南发现到悄然消失

1886年，法国博物学家德洛维神父在云南采集植物，发现了一种既罕见又精致的高山灌木，它枝条上覆盖着细密的绒毛，似乎在耐心地保护着每一寸表皮，让自己更适应高原的气候；叶缘刻画着清晰又柔和的锯齿，花朵像一串红色的鞭炮垂挂在枝头，毫不逊色于任何美丽的高原花卉。德洛维采集了标本，从花形判断，它是典型的唇形科植物，但并未能鉴定出具体的种类。

著名植物采集家乔治·福雷斯特（George Forrest）分别于

干生铃子香 *Chelonopsis siccanea* W. W. Sm.

【孙英宝绘图，根据 Royal Botanic Garden Edinburgh，E00284317】

1. 植株上部，2. 花萼，3. 花冠。

1914 年、1930 年两次在云南采集到同样的植物，并将其标本寄回英国。1916 年，著名植物学家威廉・史密斯爵士将其正式发表定名为 *Chelonopsis siccanea*，即干生铃子香。然而，自 1930 年至今，再无人于野外发现干生铃子香。2012 年，植物学家向春雷重新鉴定，发现德洛维采于 1886 年的标本也是干生铃子香。至此，为全世界仅有的关于它的三次采集记录。2013 年，《中国生物多样性红色名录——高等植物卷》将其列入绝灭等级。

在中国，许多人都对“铃子香”之名有所耳闻。有人认为它就是古人常用的香草“零陵香”。然而，这只是一个误会。古人所谓“零陵香”并非铃子香，而是报春花科珍珠菜属植物灵香草（*Lysimachia foenum-graecum*），其全草含类似香豆素芳香油，可提炼香精，古人用其熏香，即所谓的“零陵香”。而铃子香，特别是干生铃子香并无浓烈的香气，药用方法与灵香草截然不同。

研究名人

植物采集家德洛维

干生铃子香的首次采集人是法国传教士让・玛丽・德洛维（Jean-Marie Delavay，1834-12-28 ~ 1895-12-31）。

1867 年，德洛维首次来到中国，一边传教，一边探索中国植物世界。他用了数年时间，在广东惠州一带探索周围的山川草木。除了采集少量的植物标本，他还向中国医生学习，尝试种植中草药。1881 年，德洛维遇到了著名植物学家戴维，戴维鼓励他进行更系统的植物收集，并将植物标本寄往巴黎博物馆，供植物学家阿德里安・弗兰谢特（Adrien René Franchet）研究。

1882 年，德洛维第二次来到中国，被派往云南。与其他植物采集者不同，德洛维并没有采用动辄数十个助手的“采集大队”，而是经常独行于山岭，他总能发现非凡的植物，如美丽的高山杜鹃、蓝色的绿绒蒿、珍贵的松科植物等等。德洛维对植物的观察细致入微，即便是对那些观赏性不强的“荒草”，他也会仔细核对其外形特征。因此，他发现了大量之前被忽略的新物种。据粗略统计，他寄回法国约 20 万份植物标本，包括约 1500 个新种和许多新属，这在世界植物采集史上也名列前茅。

1886 年，德洛维感染了严重的瘟疫，几乎丧命。第二年病情略有好转后，他又采集了许多植物。1888 年，德洛维的病情加重，回到法国疗养，一只胳膊永久瘫痪。令法国植物学界感佩不已的是，1893 年，德洛维再次来到云南采集植物。1894 年，他的身体状况进一步恶化，不得不在云南西北部休养。他边治疗边收集植物，其间采集的植物有 1200 种。1895 年，他在昆明寄出最后几包标本后去世。每一份标本上，仍有他标志性的精美标签，记载着每种植物的详细信息。

德洛维不同于其他西方的“植物猎人”，他更专注于“发现植物”而不是“掠夺植物”，对单种植物的采集量并不大，但种类极多。许多植物以他的名字命名，如苍山冷杉（*Abies delavayi* Franch.）、山玉兰[*Magnolia delavayi*(Franch.)N. H. xia et C. Y. Wu]、紫牡丹（*Paeonia delavayi* Franch.）、紫药女贞（*Ligustrum delavayanum* Ligustrum delavayanum Hariot）、偏翅唐松草（*Thalictrum delavayi* Franch.）、红波罗花（*Incarvillea delavayi* Bureau & Franch.）等。此外，茶条木属（*Delavaya* Franch.）的名字也与他有关。

所属类群：东亚特有的铃子香属植物

干生铃子香为唇形科铃子香属植物。本属植物主要分布于亚洲，全世界约 16 种，中国分布 13 种。

铃子香属植物具有一定的药用价值。其中白花铃子香（*Chelonopsis albiflora* Pax & K. Hoffm.）产于四川西部及西藏等地，其性温味甘，是常用藏药，用于治疗眼部疾病。浙江铃子香（*Chelonopsis chekiangensis* C. Y. Wu）产于安徽、浙江和江西，以根或全草入药，中药又称“铃子三七”。目前，西北民族大学、中国科学院大学等均有针对性地对铃子香属植物的药用价值进行了研究、应用，药用方法还需要进一步深入探索。

干生铃子香 *Chelonopsis siccanea* W. W. Sm.

48. 细雨山间故人来：

喜雨草

（绝灭 EX；再发现）喜雨草（**Ombrocharis dulcis** Hand.-Mazz.）为唇形科喜雨草属多年生草本，中国特有种，产于湖南和广西，生长于亚热带常绿林下的沟谷处，海拔约 1250 米。该种于 1936 年发表，模式标本于 1918 年采自湖南武冈，此后数十年间，众多植物学家寻遍武冈云山，却再未见喜雨草的身影，因此 2013 年被《中国生物多样性红色名录——高等植物卷》评估为绝灭等级（EX）。此后，该种 2013 年在湖南宁远县，2015 年在湖南通道县，2016 年在广西融水苗族自治县被重新发现。

株高 20 ~ 30 厘米；根茎短，匍匐。茎直立，不分枝，纤细。叶卵圆形或长圆状卵圆形，先端锐尖或短渐尖，基部宽楔形且较短下延至叶柄。花序顶生，总状，被极短下曲的短绒毛，疏松，由对生的聚伞花序组成；苞片披针形，草质，无柄，两端渐尖，被小缘毛，小苞片微小；花梗肉质，开展。花萼钟形，外面在脉上被极短的疏柔毛，具腺点，喉部被长柔毛毛环，果时增大，近膜质。花冠淡紫色，冠筒短且宽，冠檐 2 唇形，边缘具小乳突状缘毛，上唇微盔状，深 2 裂，下唇约为上唇 1/2，3 裂，裂片近等大，近圆形，边缘微波状。雄蕊 4，着生在冠筒中部，直伸。花柱基生，先端相等 2 浅裂。小坚果 4，卵珠形，淡褐色，光滑。

发现之旅：近百年之久的惊喜回归

喜雨草的重新发现，是大自然带给中国植物学家的惊喜。1918 年 8 月，奥地利植物学家韩马迪（Heinrich von Handel-Mazzetti）在湖南武冈云山采集到喜雨草的标本。1936 年，他将喜雨草作为一个新属新种发表于《中国植物志要》（*Symbolae sinicae—Botanische ergebnis seder expedition der Akademie der wissenschaften in Wien nach Südwest-China 1914/1918*）。此后数十年间，众多植物学家寻遍武冈云山，却再未见喜雨草的身影。1977 年出版的《中国植物志　第六十五卷　第二分册》唇形科，只能采用韩马迪的原始文献记录，没有墨线图，并标注“标本

喜雨草 *Ombrocharis dulcis* Hand.-Mazz.

【孙英宝绘图，根据 Institut For Botanik Der Univesitat wien Harborium Wu 060352】

1. 植株，2. 花萼展开，3. 花冠正面观，4. 花冠侧面观，5. 雄蕊，6. 雌蕊。

未见，摘自原描写”。韩马迪采集到的少量模式标本，保存在奥地利维也纳大学植物标本馆和奥地利自然历史博物馆。1992年，中国植物学家吴征镒特地到维也纳大学植物标本馆查看喜雨草模式标本，这是中国植物学家首次见到其真身。

2013年，湖南省启动第二次全国重点保护野生植物资源调查项目，在宁远县发现一株难以鉴定的唇形科植物；2015年，在通道侗族自治县再次发现同一种植物，该植物标本经唇形科研究专家向春雷博士鉴定，正是消失近百年的喜雨草。分布于宁远县的喜雨草生长于原生常绿阔叶林下，其生境植物多样性极为丰富。乔木层种类主要有多脉青冈（*Cyclobalanopsis multinervis* Cheng & T. Hong）、红豆杉［*Taxus wallichiana* var. *chinensis* (Pilg.) Florin］、交让木（*Daphniphyllum macropodum* Miq.）、疏齿木荷（*Schima remotiserrata* H. T. Chang）、中华槭（*Acer sinense* Pax）、铁杉［*Tsuga chinensis* (Franch.) E. Pritz.］等，灌木层种类主要有腺柄山矾（*Symplocos adenopus* Hance）、桃叶珊瑚（*Aucuba chinensis* Benth.）、多叶井冈竹（*Gelidocalamus multifolius* B. M. Yang）等，草本层种类主要有湖南马铃苣苔（*Oreocharis nemoralis* Chun）、蚂蝗七（*Chirita fimbrisepala* Hand.-Mazz.）、山麦冬［*Liriope spicata* (Thunb.) Lour.］、短叶赤车（*Pellionia brevifolia* Benth.）等。有专家认为，喜雨草之所以失踪后又被重新发现，极可能是原始发现地武冈云山的原生阔叶林在20世纪遭到了大规模破坏，而位于湖南南部的宁远县和西南部的通道侗族自治县，都较完整地保护了原生植被，才成为喜雨草避难的方舟。

2016年，广西开展第四次全国中草药资源普查，在融水苗族自治县海拔1178米靠近山溪边的次生常绿阔叶混交林下也采集到喜雨草，这也是首次在湖南省外发现本种植物。

目前，各地喜雨草呈零星分布状态，种群个体数量少，仍有潜在灭绝风险，亟待有关部门与科研机构实施保育工程。经历百年离别后的重逢，喜雨草为中国珍稀植物保护点燃了希望，亦带来了启迪：尽最大可能保护天然林，是拯救濒危植物的核心工作。每一片生机勃勃的森林，都会给我们带来无尽的惊喜。

研究名人

植物采集名家韩马迪

喜雨草的发现者和定名人是奥地利著名植物学家韩马迪（Heinrich von Handel-Mazzetti，1882–2–19 ～ 1940–2–1）。

韩马迪生于奥地利的一个军官世家。他的母亲酷爱自然，而他少年时的自然老师是植物学家卡尔·多美（Karl Wilhelm von Dalla Tome，1850 ～ 1928）。受母亲和老师的影响，韩马迪考入维也纳大学专攻植物学。他的博士研究课题为蒲公英属植物，但该属植物数量庞大，资料庞杂，分类难度极高。韩马迪几经努力，成果仍不理想。博士毕业后，他只能在植物研究所承担一些辅助工作。

韩马迪是登山健将，还是优秀的骑兵，他喜欢骑马穿越险峻的山路到深山密林中采集植物，夜晚则在萤火虫发出的点点光亮中压制标本，尽管周围狼嗥四起，他仍毫无畏惧。1913 年，英国植物猎人乔治·福雷斯特在中国采集了大量植物，震撼了整个欧洲，奥地利植物学会委派韩马迪前往中国。1914 年，酷爱骑马的韩马迪来到云南丽江，立刻被眼前的玉龙雪山植物震撼："我们自己的高山植物群，完全无法与这座山的壮丽相提并论……其风景与植物的光芒简直无与伦比……前人已经发现了约 5000 种开花植物，几乎与整个巴尔干半岛一样多！”

韩马迪在中国停留了5年时间，深入云南、四川、贵州、湖南四省，采集了数以万计的植物标本。由于他经常深入无人到达的森林，因此采集了许多前人未发现的植物。回到奥地利后，韩马迪纠正了不少前人对中国植物的分类错误，因此与一些学术权威发生冲突，韩马迪被迫提前退休，但他依旧执着研究中国植物，编著了《中国西南自然志》。晚年，韩马迪还资助了几位中国学生，成为中奥友谊的使者。

所属类群：植物界的大家族——唇形科植物

唇形科植物有200余属3500多个种，其分类特点简单清晰：茎4棱、叶对生、花冠2唇形、常2强雄蕊、4小坚果。本科植物形态奇特多样，具有重要的经济价值。

许多唇形科植物是重要的香草，如薄荷（*Mentha haplocalyx* Briq.）清凉解暑，可饮可食，还能提炼清凉的精油；薰衣草（*Lavandula angustifolia* Mill.）浪漫优雅，是加工香水的重要原料；罗勒（*Ocimum basilicum* L.）药食两用，味似茴香，耐干旱和炎热气候；迷迭香（*Rosmarinus officinalis* L.）气味清新，风靡全球，早在曹魏时期就已进入中国。

还有不少唇形科植物是常见的观赏花卉，如彩叶草（*Plectranthus scutellarioides* R. Br.）是世界流行的观叶草花，叶色华丽多变，是常见的花坛草花；一串红（*Salvia splendens* Ker Gawl.）火红热烈，廉价美观，是许多人童年的记忆；鼠尾草（*Salvia* spp.）浪漫温馨，常构成美丽的紫色花海。

喜雨草 *Ombrocharis dulcis* Hand.-Mazz.

49. 蜀身毒道望故乡：矮马先蒿

（绝灭 EX；再发现）矮马先蒿（**Pedicularis humilis** Bonati）为玄参科马先蒿属多年生草本，中国特有种，产于云南、贵州、四川，生长于多石的高山草地中，海拔约 3050 米。该种于 1921 年发表，模式标本 1913 年采自瑞丽江怒江分水岭。1913 ~ 1988 年间，植物分类学家仅采集到该种标本 11 份，均采自四川、云南等地，而该地区已高度城镇化，因此 2013 年被《中国生物多样性红色名录——高等植物卷》评估为绝灭等级（EX）。2015 年该种在高黎贡山被重新发现。

根多数，纺锤形。茎多条，展开而匍匐。叶基出者有长柄，无毛，柄有狭翅，基部膨大，叶片羽状全裂，裂片 5 ~ 6 对，卵形锐头。苞片叶状。花腋生，少数，有梗而直立，无毛；萼膜质，前方深裂，多少佛焰苞状，齿 2 枚，基部狭缩有柄，上方掌状开裂，裂片线形有锐齿，主脉 3 条，清晰，次脉很细，近管端略有网结。花冠玫瑰色，管圆筒形，有毛，长 10 ~ 25 毫米，盔基部扭旋，有短腺毛，略有鸡冠状凸起，下部长约 3 毫米，渐狭为 S 形长 7 ~ 8 毫米的线形的喙，先端浅 2 裂，下唇伸张，小而圆，长 9 ~ 10 毫米，宽约 15 毫米，浅 3 裂，中裂深 2 裂，较侧裂为小，侧裂凹头，均有密缘毛；雄蕊着生于管端，花丝两枚有毛，药卵圆形，端圆形，室钝头。蒴果。

发现之旅：从滇西发现到重返高原

1913 年，著名植物采集家乔治·福雷斯特踏上滇西瑞丽江怒江分水岭，爬上一片海拔 3050 米的多石高山草地，采集到一种格外低矮甚至匍匐生长的马先蒿，后他将标本寄回英国。1921 年，法国植物学家古斯塔夫·博纳蒂正式将其发表定名为 *Pedicularis humilis*，即矮马先蒿。

中国是马先蒿属植物的分布中心，但矮马先蒿却十分罕见。一个世纪以来，仅采集到 11 份标本。自 1988 年后，再无人于野外发现其踪迹。2013 年，《中国生物多样性红色名录——高等植物卷》将其列为绝灭等级。

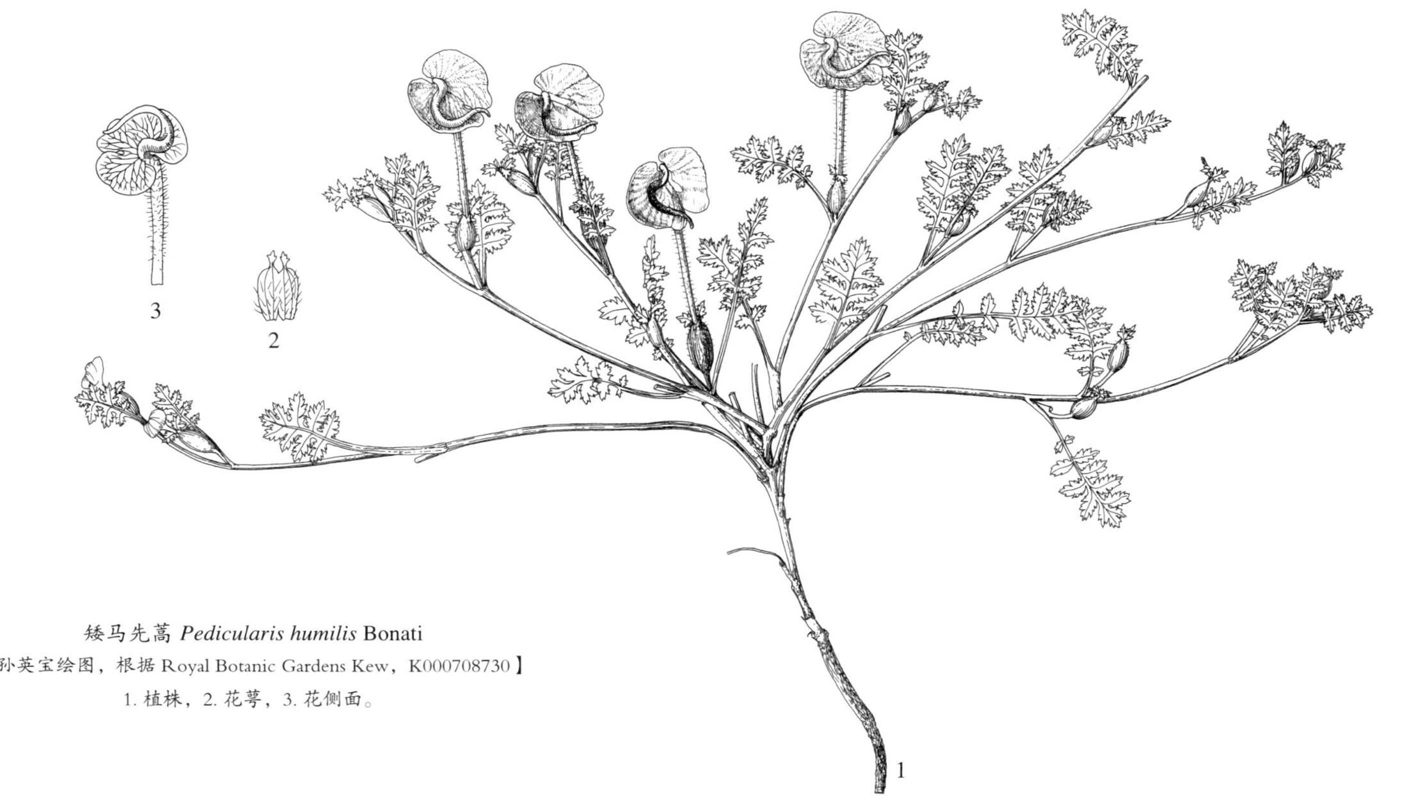

矮马先蒿 *Pedicularis humilis* Bonati

【孙英宝绘图，根据 Royal Botanic Gardens Kew，K000708730】

1. 植株，2. 花萼，3. 花侧面。

2015年，矮马先蒿重现云南的喜讯从中国科学院昆明植物研究所传来。在“西南—川藏地区本土植物清查与保护”课题研究中，该所科研团队在高黎贡山南段海拔3200米的“蜀身毒道”垭口重新发现了这一物种。此次发现的矮马先蒿有3个新分布点，生存空间极度狭窄，近100平方米的范围内有300余株，生存状况堪忧。昆明植物研究所已将其列入极小种群植物的保护名录，开展保护研究。

矮马先蒿的重新发现，对研究中国马先蒿属植物的起源与分化，以及高黎贡山生物多样性保护都具有重要价值。它也再次提醒我们：再丰富的资源也不能无节制地利用，许多宝贵的自然财富正在悄然离我们而去。

研究名人

植物分类学家博纳蒂

矮马先蒿的定名人是法国著名植物学家古斯塔夫·亨利·博纳蒂（Gustave Henri Bonati，1873–11–21 ~ 1927–2–2），他也是早期中国植物的重要研究者之一。

博纳蒂的父亲是一名药剂师，因此，博纳蒂从小就受到了良好的植物启蒙教育。他在大学攻读医学与药物学，博士论文恰好是马先蒿属植物的研究。毕业后，博纳蒂任职于巴黎国家自然历史博物馆，负责分类世界各地采集来的植物标本。作为一位严谨低调的学者，他并没有太多出名的机会。

然而，随着法国著名植物采集家埃米尔·博迪尼耶里开始大量采集中国植物，无数前所未见的植物标本涌向巴黎国家自然历史博物馆，由博纳蒂主要负责分类鉴定，他也迅速成为当时的国外植物分类专家。以其名字作为种加词 bonatii、bonatiana、bonatianum 命名的植物很多，其中不乏原产于中国的植物，如毛足铁线蕨（*Adiantum bonatianum* Brause）、心叶兔耳风（*Ainsliaea bonatii* Beauvercl）、沧江南星（*Arisaema bonatianum* Engl.）、滇桂鸡血藤［*Callerya bonatiana*（Pamp.）P. K. Lôc］等等。

所属类群：毁誉参半的马先蒿属植物

马先蒿属植物在传统分类学中被归于玄参科，目前，在现代被子植物分类系统 APG IV 中，被归入列当科。本属植物多为一年生或多年生半寄生植物，全世界约 600 种，中国有 352 种，其中 271 种为中国特有，约占总数的三分之二，主要分布于中国西南和西北地区。

马先蒿属植物的根部具有半寄生特性，可从寄主植物上获取养分和水分，从而大面积扩展蔓延，侵夺其他植物的生存空间。在中国青海天然草地、新疆巴音布鲁克高寒草原，马先蒿属植物泛滥成灾，破坏当地牧场，危害草地生态系统，是一种令人头痛的恶性杂草。

然而实际上，许多马先蒿属植物具有突出的药用价值，中国有记载入药的达 50 余种，其在民间药用历史悠久，疗效优良，享有盛誉。目前已经从该属植物中分离出了生物碱、环烯醚萜苷、苯丙素苷、黄酮等多种生物活性物质，其中环烯醚萜苷、苯丙素苷具有抗凝血、抗氧化、抗肿瘤、抑制 DNA 突变、延缓骨骼肌疲劳等作用，显示了良好的开发前景。

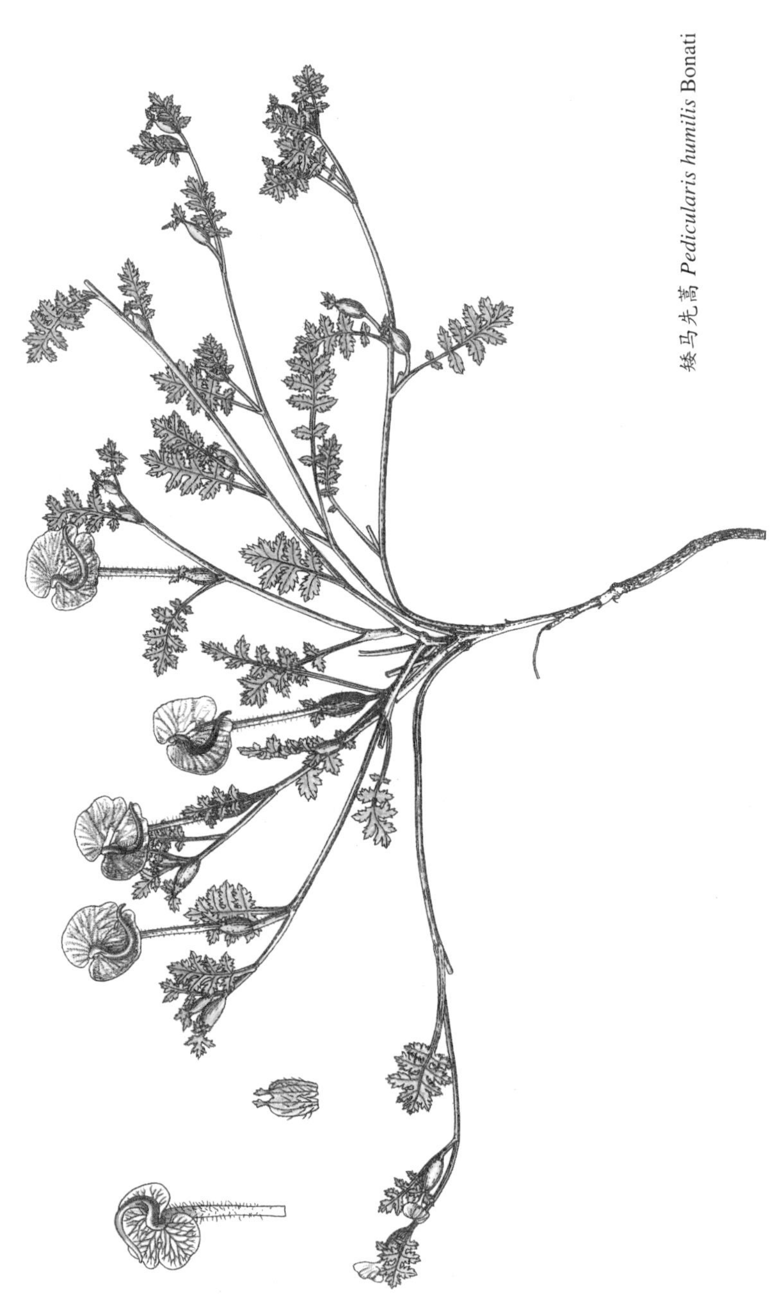

矮马先蒿 *Pedicularis humilis* Bonati

50. 四海为家的《诗经》植物：龙潭荇菜

（野外绝灭 EW）龙潭荇菜（**Nymphoides lungtanensis** S. P. Li，T. H. Hsieh & Chun C. Lin）为睡菜科荇菜属多年生水生草本，中国特有种，产于台湾。该种于 2002 年发表，模式标本于 2001 年采自台湾桃园龙潭乡，最早于 1996 年在此地发现，但就在新种论文发表的 2002 年，原产地的水池被填平，原生境被破坏，造成野生居群灭绝，现在只剩下栽培植株，因此 2013 年被《中国生物多样性红色名录——高等植物卷》评估为野外绝灭等级（EW）。该种可能是天然杂交而来，所以只开花不结果，要靠无性繁殖。

根状茎具许多分支，被鳞片和鳞叶，其上生出许多直立茎，将来形成新的植株。茎上分枝密集，小枝具叶柄状，长度变化较大。叶柄较短，不超过2厘米。叶片卵状圆形、圆形，长12厘米，基部深心形，全缘，下面密生腺体。花多数，常6～10朵簇生节上，直径1.2～1.5厘米；花梗细弱，圆柱形，不等长，长3～5厘米；花萼4深或5浅裂，裂片长3～6毫米，裂片卵状披针形，先端钝，边缘透明膜质；花冠白色，喉部黄色，裂片4或5，长7毫米，裂片长圆状披针形，先端钝，腹面密生流苏状长柔毛；雄蕊着生于冠筒上，整齐，花丝短，扁平，线形，花药箭形；子房无柄，圆锥形。花柱粗壮，圆柱形，柱头具4沟槽。蒴果未见。

发现之旅：从龙潭发现到四海为家

1996年，植物学家在中国台湾桃园龙潭乡发现了一个既熟悉又陌生的身影：它随波沉浮，叶片是温暖的心形，花朵是纯净的白色，靠近中心处有一抹金黄，花瓣边缘还有修长的绒毛，仿佛华丽的流苏。2002年，它被正式发表定名为 *Nymphoides lungtanensis*，即龙潭荇菜，成为古老荇菜家族中的新成员。

中国台湾水域众多，给水生植物提供了丰富多元的生长环境，孕育出大量珍贵的水生植物。近些年来，由于人类活动范围的扩张，严重威胁了水生植物的生存。一方面，天然水域不断被人类侵占；另一方面，水葫芦等水生入侵植物也不断蚕食

龙潭荇菜 *Nymphoides lungtanensis* S. P. Li, T. H. Hsieh & Chun C. Lin

【仿 *Taiwania* 47(4): 246 ～ 258, 2002】

1. 植株，2. 花，3. 子房纵切，4. 子房横切。

着原生植物的空间。

龙潭荇菜也未能幸免。植物学者林春吉所著《台湾水生与湿地植物生态大图鉴》记载：1996 年 7 月首次发现龙潭荇菜时，它们安稳地生长在龙潭地区的沼池中。2000 年夏季，池塘主人开始放养大型经济性鱼类，破坏了原有的生态。2002 年，池塘中再无龙潭荇菜存在的迹象。而这一年，龙潭荇菜才刚被正式命名，就已确定在野外绝灭了。

幸运的是，龙潭荇菜的花姿优美，从首次发现后就被广为引种栽培，成为水生植物爱好者们的重要收藏。如今，在花卉爱好者中，龙潭荇菜已是常见的“普货”，其身影遍及中国各地。但它结实率几乎为零，只能进行无性繁殖，将母株的走茎和节分割成小段，各自栽植后即可成活。四海为家的龙潭荇菜，正努力寻找着野外新家园。

研究名人

著名植物作家约翰 · 希尔

荇菜属（*Nymphoides*）的定名人是英国植物学家、植物作家约翰 · 希尔（John Hill，1714-11-17 ~ 1775-11-21），他也是植物学历史上极富个性的名人。

少年时，约翰 · 希尔当过药剂师的学徒，后来经营一家小药店。他曾漫游整个英国寻找稀有草药，还计划将沿途发现的植物整理成书出版，书定名为《植物标本图谱》，可惜未能成功。他的医术稀松平常，却靠各种草药获利甚丰。他发明了不少“神奇配方”，虽有些对治疗疾病并无神奇之处，在当时却很受人们的青睐。

约翰 · 希尔非常热爱植物，他一边为众多杂志撰写植

物文章，一边写作剧本、小说。他编著的大部头植物著作《英国草药》（*The British Herbal*），拥有 1600 幅铜版画，尽管内容不够严谨，却受到瑞典人追捧，他本人也被瑞典皇室授予“爵士”头衔。他竭力想加入英国皇家学会，也得到了一些会员的支持，但没能成功。愤怒的约翰·希尔转而攻击英国皇家学会，写了不少匿名评论和荒唐论文。此后，他又与不少植物学家、文学家发生论战。2012 年，美国文化历史学家乔治·卢梭出版了约翰·希尔的传记，题为《臭名昭著的约翰·希尔爵士：在名人时代被野心摧毁的人》。虽然饱受讥讽，但他仍斗志昂扬。约翰·希尔的植物学造诣不高，但在植物学推广方面却功劳不小。他是荇菜属等重要植物类群的命名人，也因其特立独行的个性，成为知名度最高的植物学者之一。

所属类群：古韵悠长的荇菜

荇菜，又名莕菜，是古老的《诗经》植物。《关雎》诗中有云：“关关雎鸠，在河之洲。窈窕淑女，君子好逑。参差荇菜，左右流之。窈窕淑女，寤寐求之。”

古人认为荇菜是“高洁”之花，只有品行高尚的女子采的荇菜才可以用来祭祀祖先。因荇菜对水质要求较高，所以栖息水域总会十分洁净，故有“荇菜所居，清水缭绕，污秽之地，荇菜无痕”之说。宋代许琮作《感秋诗》云：“风动蘋起，云光在水。荇藻有心，清我眸子。白露在衣，秋心易微。冠兮佩兮，君子当饥。”把“荇藻”喻为君子。

荇菜还是古代常见的野菜。唐代药学家苏恭记载：“荇菜生水中，叶如青而茎涩，根甚长，江南人多食之。”三国时吴人陆玑说：“其白茎以苦酒浸之，肥美可案酒。”近代画家陆文郁也说：“河北安新近白洋淀一带旧有鬻者，称黄花菜，以茎及叶柄为小束，食时以水淘取其皮，醋油拌之，颇爽口。”

龙潭荇菜 *Nymphoides lungtanensis* S. P. Li, T. H. Hsieh & Chun C. Lin

51. 引人深思的珍草：小叶橐吾

（绝灭 EX）小叶橐吾（**Ligularia parvifolia** Chan）为菊科橐吾属多年生草本，中国特有种，产于云南昆明，生长于山谷水边及沼泽，海拔 1900 ~ 2300 米。该种于 1935 年发表，模式标本于 1935 年采自云南昆明，此后直到 1953 年前，昆明黑龙潭、大坡脚、老虎箐等地还都有发现，而 1953 年后再无该种的发现记录，因此 2013 年被《中国生物多样性红色名录——高等植物卷》评估为绝灭等级（EX）。

根肉质，多数。茎直立，高达100厘米，光滑。丛生叶和茎基部叶具柄，柄细瘦，光滑，基部具窄鞘，叶片戟形或三角形，先端钝或圆形，具短尖头，边缘反卷，具细而钝的齿，基部平截，偶有浅心形，两面光滑，叶脉掌状；茎中上部叶2～4，具短柄或无柄，鞘膨大抱茎，叶片三角形至披针形，较小。总状花序疏离，长8～15厘米；苞片及小苞片线形；花序梗细瘦，向上渐短；头状花序3～6，辐射状；总苞钟形，总苞片7～10，2层，长圆形，宽2～3毫米，先端急尖，背部光滑，内层边缘膜质。舌状花5～8，黄色，舌片长圆形，先端钝，管部长达10毫米；管状花多数，长8～11毫米，管部细，长4～7毫米，檐部宽约2毫米，冠毛淡红色，长6～8毫米，比花冠短。瘦果光滑。

发现之旅：从频繁采集到悄然消失

小叶橐吾的消失是中国植物学界的一大遗憾。直到20世纪50年代，植物学家在昆明黑龙潭山谷水沟中仍能发现小叶橐吾的自然分布，且能开花结果，形成群落。遗憾的是，当时并未发现其已处在灭绝的边缘。

其实，只要追溯小叶橐吾的标本采集史，便不难发现其灭绝早有前兆。在中国数字植物标本馆（CVH）上可检索到6份小叶橐吾标本，分别为：1935年，王启无采自云南，有花有果，地点为海拔2300米的林缘；1938年，梁国贤采自昆明黑龙潭，

小叶橐吾 *Ligularia parvifolia* Chan

【孙英宝绘图，根据中国科学院昆明植物研究所，标本号 0823975】

1. 开花植株下部的根、茎、叶，2. 开花植株上部的花。

有花有果；1938 年，冯国楣采集自昆明黑龙潭路旁山坳水沟内，有花有果；1940 年，张英伯采集自昆明大坡脚；1946 年，刘慎谔采集自昆明—平浪外 7 千米老虎箐大沟；1953 年，无名氏采集自昆明黑龙潭大马山山谷水沟中，此时尚标注为“普遍，散生”。

以上记录，清楚表明小叶橐吾的生存空间已极为狭小。既局限于昆明周边，又只适生于海拔 2000 米左右的湿润林缘或水沟，已具有极大的灭绝风险。遗憾的是，在植物数据库建成与联网前，前人无法通过系统回溯做出上述判断。小叶橐吾的灭绝，突显了互联网及大数据分析在中国珍稀植物保护方面的重要意义。

小叶橐吾的灭绝原因，从另一个角度分析，和它容易受环境变化、自然灾害和遗传漂变等因素影响有很大相关性。大多数小种群植物自交现象出现频度较高，加速种群数量下降，种群数量越小其遗传漂变概率越大，这将导致种群遗传多样性降低，自然选择作用会随着小种群遗传多样性下降而减弱，从而增大了遗传的不稳定性，使种群逐渐失去适应能力，最终使其种群灭绝。其次就是生境的改变和破坏，修建水库、高速公路、铁路以及建设城市致使小叶橐吾的生境受到严重破坏。另外，由于橐吾属植物具有很好的药用价值，如镇咳祛痰、抗炎免疫以及抗毒性等，因此成为人们采摘和利用的对象，因而致其种群数量减少并逐渐走向灭绝。

研究名人

植物学大家刘慎谔

小叶橐吾的采集者之一刘慎谔（1897–8–26 ~ 1975–11–23），是中国老一代杰出的植物学家，亦是中国植物分类学的奠基人之一。

刘慎谔生于山东一个贫苦的农民家庭，他读书异常刻苦，以优异成绩考入保定留法高等工艺学校预备班。1920年，刘慎谔赴法国求学，先后辗转于郎西大学农学院、孟伯里埃农业专科学校、克来孟大学理学院、里昂大学理学院和巴黎大学理学院。1926年，他的导师勃朗喀提出几个有关法国高斯山区植被的问题，刘慎谔为了解答这些问题，只身一人在高斯山区辛勤工作了3年，写出《法国高斯山植物地理的研究》学术论文，一举获得理学博士学位。

1929年，刘慎谔回国担任北平研究院植物学研究所所长。1931年，他参加“中法西北学术考察团”，从北平至乌鲁木齐考察森林分布状态及植物种类。考察团任务完成后，刘慎谔又只身由中国的新疆、西藏到印度采集植物，再经上海返回北平，历时近两年。刘慎谔的名言是“搞科研要入迷，一天八小时出不了科学家”。

新中国成立后，刘慎谔任东北农学院植物调查所所长。1954年，任中国科学院林业土壤研究所副所长兼植物研究室主任。刘慎谔的植物学功底深厚，和植物学泰斗胡先骕并称中国植物学界的“南胡北刘”。他著有《动态的植物学》《历史植物地理学》，主编《东北木本植物图志》《东北草本植物志》《东北药用植物志》《东北植物检索表》。1985年，科学出版社出版了《刘慎谔文集》。

所属类群：亟待保护的橐吾属植物

橐吾属植物观赏价值不高，药用也仅以紫菀或山紫菀之名少量入药，因此基本不存在人为干预的影响。但除了小叶橐吾已经绝灭，本属植物中的昆仑山橐吾（*Ligularia kunlunshanica* C. H. An）与梨叶橐吾（*Ligularia pyrifolia* S. W. Liu ）也被《中国生物多样性红色名录——高等植物卷》列入易危级别（VU）。前者分布于中国新疆皮山县海拔 3200 米的圆柏灌丛间；后者分布于云南景东，生长于海拔 1600 ~ 2500 米的混交林下和潮湿的岩石上，与小叶橐吾一样，均属于中、高海拔植物。

研究表明，20 世纪工业快速发展，造成全球气候变暖，大气中二氧化碳浓度升高，强烈影响着植物分布，尤其是高海拔植物的生存。这种影响机制极为复杂，有部分科学家认为，二氧化碳浓度升高，会短时间内提高植物光合作用，但高山土壤中有限的氮元素不足以支撑这种提高，因此，长时间内反而会造成光合抑制。同时，高海拔地区温度的增量大于其他地区，其植被更易受到气候变暖的影响。小叶橐吾及其他处于中、高海拔的植物，为了适应原有的低温、干旱、强辐射的高山环境，已经形成了一套精确的适应机制，而环境变化给它们提出了新的挑战。

小叶橐吾的绝灭，是人类痛失濒危植物的典型案例，亦是 21 世纪环境变化的预警：在高山、雨林等不为人知的角落，很多珍稀的物种或正处于生死存亡的边缘。

小叶橐吾 *Ligularia parvifolia* Chan

52. 历久弥新的植物传奇：三七

（野外绝灭 EW）三七［**Panax notoginseng** (Burkill) F. H. Chen］为五加科人参属多年生直立草本，产于云南东南部，通常栽培于海拔 1200 ~ 1800 米的地带。三七最早于 1902 年发表为西洋参变种（*Aralia quinquefolia* var. *notoginseng* Burkill），后于 1975 年被提升为种级，模式标本采自云南蒙自山区，模式标本没有注明详细产地以及是否野生，自此三七野生居群成为一个谜，多年来均没人采集到野生三七，又鉴于三七长期被采集药用，野生居群被认为可能已经灭绝，因此 2013 年被《中国生物多样性红色名录——高等植物卷》评估为野外绝灭等级（EW）。目前三七仅存栽培类型，广泛栽培于云南、福建、广西、江西、浙江等地。

株高 20 ~ 60 厘米。主根肉质，1 条至多条，呈纺锤形。茎暗绿色，光滑无毛，具纵向粗条纹。指状复叶 3 ~ 6 个轮生茎顶；托叶多数，簇生，线形；叶柄长 5 ~ 11.5 厘米，具条纹，光滑无毛；小叶柄无毛；叶片膜质，中央的最大，长椭圆形至倒卵状长椭圆形，长 7 ~ 13 厘米，宽 2 ~ 5 厘米，两侧叶片最小，椭圆形至圆状长卵形，长 3.5 ~ 7 厘米，宽 1.3 ~ 3 厘米。伞形花序单生于茎顶，有花 80 ~ 100 朵或更多；总花梗长 7 ~ 25 厘米，有条纹；苞片多数簇生于花梗基部，卵状披针形；花梗纤细，长 1 ~ 2 厘米；小苞片多数，狭披针形或线形；花小，淡黄绿色；花萼杯形，稍扁，边缘有小齿 5，齿三角形；花瓣 5，长圆形，无毛；雄蕊 5，花丝与花瓣等长；子房下位。果扁球状肾形，径约 1 厘米，成熟后为鲜红色。

发现之旅：从创伤名药到野外灭绝

三七是具有传奇色彩的药用植物，对生态因子要求苛刻，仅适生于云南、广西交界处的常绿阔叶林中，既与人类活动区高度重叠，又是壮、苗、瑶各族竞相采挖的伤科圣药，因此极度濒危罕见。自秦朝屠睢南征百越，至明初沐英镇守云南，近 1500 年间留下的文字记录极少。

明嘉靖年间（1522 ~ 1566），广西壮族、瑶族组成的“俍兵”出省抗击倭寇，每人携带一些三七，“虽重伤，流血处量疮附之，一二宿即痂脱如故”（《贤博编》）。返乡时，俍兵

三七 *Panax notoginseng* (Burkill) F. H. Chen

【孙英宝绘图】

1. 果期植株，2. 根一段，3. 花。

将剩余三七出售，此后中医典籍中始有三七的记载。《本草纲目》称“此药近时始出，南人军中用为军疮要药……止血、散血、定痛。金刃箭伤，跌扑杖疮，血出不止者，嚼烂涂之，其血即止”，清代名医赵学敏在《本草纲目拾遗》中将其与人参并列，称其“颇类人参，人参补气第一，三七补血第一，味同而功亦等，故人并称人参、三七为药中最珍贵者”。

现代医学研究发现，三七根茎中含有特殊的氨基酸“三七素”（β－草酰基－L－α，β－二氨基丙酸），能促进人体血小板聚集，并激活凝血系统，只需微量，便可达到良好的凝血效果。

抗日战争时期，以白族、彝族同胞为主的云南六十军血战台儿庄，每人携带一瓶“百宝丹”（即云南白药，主要成分为三七），重伤时才舍得洒上一点，包扎后两天即可痊愈。1935年，红军长征经过云南，缴获少量“百宝丹”，毛泽东夫人贺子珍在威信受伤，红一军团政委杨尚昆在沾益城外受伤，全靠它才得以康复。

巨大的需求使三七日渐濒危，至清代已基本在野外绝灭。同时，这也刺激了三七种植的发展。广西田州、云南文山成为享誉全国乃至世界的三七主产地，因此，三七又名“田七”或“文山三七”。

中医使用三七，有“生打熟补”之规。即三七根茎的生粉用来止血，炮制加工品用来补血。现代医学研究发现，其细胞内含有80多种皂苷类化合物，其中人参皂苷的含量尤高。皂苷对人体有六大功效，一、改善能量代谢障碍；二、清除自由基及抗氧化应激；三、调控细胞凋亡信号通路；四、免疫调节与抗炎活性；五、平衡离子代谢紊乱；六、改善组织血流供应。明清时期，三七被认为有“起死回生之效”，用以治疗大病久治不愈、失血过多等重症。近年来，科学提炼的三七总皂苷（panax notoginseng saponins，PNS）亦被应用于心血管病治疗、肿瘤化疗后期康复及养生保健等。

研究名人

中国植物园之父陈封怀

三七的命名人是著名植物学家陈封怀（1900–5–16 ~ 1993–4–13），他是植物分类名家，也是中国现代植物园的主要创始人。

陈封怀出身名门，1922 年考入金陵大学，师从著名植物学家陈焕镛。1927 年毕业后，在清华大学任助教两年，后加入静生生物调查所，连续五年在我国北方考察植物，积累了丰富的实践知识。1934 年，陈封怀参加公费出国留学考试，以优异成绩进入英国爱丁堡皇家植物园，师从著名植物学家威廉·赖特·史密斯爵士，研究报春花科、菊科以及植物园的建设和管理。

1936 年回国后，陈封怀先后任庐山植物园主任、中正大学（1949 年更名为南昌大学）园艺系教授、江西省农业科学研究所副所长、中国科学院南京中山植物园副主任、武汉植物园主任、华南植物园主任、华南植物研究所所长，领导了中国众多优秀植物园建设，因此被誉为“中国植物园之父”。而他也与家族中的四位亲属——史学大师陈寅恪（1890 ~ 1969）、文化名人陈衡恪（1876 ~ 1923）、清末“维新四公子”之一陈三立（1853 ~ 1937）、晚清湖南新政的领军人物陈宝箴（1831 ~ 1900）并称为“陈门五杰”。

所属类群：为数众多的“三七”

值得注意的是，近代以三七命名的药材颇多，极易造成混淆。

第一类“三七”与三七同为五加科、人参属植物。如姜状三七（*Panax zingiberensis* C. Y. Wu & Feng），其伞形花序单个顶生，有花 80 ~ 100 朵，地下肉质根姜块状，亦可治疗跌打损伤，虚痨咳嗽、外伤出血及贫血；屏边三七（*Panax stipuleanatus* Tsai & Feng）与三七直观区别是叶形不同，同样具有散瘀定痛、疗伤止血之功效。目前野外极为罕见，为稀有濒危物种；此外，还有珠子参［*Panax japonicus* var. *major*（Burkill）C. Y. Wu. & Feng］、竹节参［*Panax japonicus*（T. Nees）C. A. Mey.］等人参属植物，它们统称为“野三七”。

第二类“三七”为其他科属植物，如景天科植物费菜［景天三七，*Phedimus aizoon*（Linnaeus）'t Hart］、菊科植物菊三七［*Gynura japonica*（Thunb.）Juel］、落葵科植物藤三七［*Anredera cordifolia*（Tenore）Steenis］等等，其功效与三七几乎完全不同，应注意鉴别。

每一个物种都有生存的权利，人类不能因为自己的需求而无止境地破坏自然环境，三七在野外的消失，不仅仅是自然丢失了一个物种，也是为人类鸣响的一声警钟。

三七 *Panax notoginseng* (Burkill) F. H. Chen

人与植物的灵犀

——访中央民族大学学科带头人龙春林老师

炎帝尝百草，化为神农，始有医药，以疗民族。草木遍生神州，祛秽疗疾，治愈人间。这是人与植物的灵犀。

——题记

植物的“玄学”？

见到龙老师是在中央民族大学的民族植物学实验室，迎接我们的是电梯开门瞬间扑面而来的药草香。楼道两边是整齐码放着等待阴干的各种植物样品。龙老师的办公室与实验室相连，一窗之隔。上午10点的阳光与柔暖的草药香，这是初见。

“我没想到你们来这么早，喝点儿水。”龙老师温和从容，“有时间我就跑回山里了，不常和媒体打交道。”看得出来，被采访并不是他平日习惯和擅长做的事。

龙春林，现任中央民族大学学科带头人、生命与环境科学学院教授、博士生导师，是中华人民共和国国家民族事务委员会领军人才、中华人民共和国国家民族事务委员会“民族生物学研究创新团队”带头人。

龙老师所研究的民族植物学听起来像门玄学，植物还分民族？“民族植物学是研究老百姓的植物知识的科学。”龙老师笑道，由此，才打开了话匣子。

现代科学的飞速发展让我们看待这个世界的眼光更加透彻，认知这个世界的方法更加理性，但仍有大量科学界没有定论的事情，这其中就包含“民间植物知识”（指民间偏方等）。科学界已经注意到，老百姓在长期生活中积累的植物知识和对其的应用经验，从经济效益上讲，这是我们发现资源、寻找资源、利用资源的巨大宝库；从学术上讲，是我们了解祖先生存方式的重要手段，因为当时缺少文字记载，考古资料残缺不全，但生存经验代代相传，民族植物学就是用空间代替时间的方法来带领我们管窥祖先的生活。

反过来，植物对人类的影响，从衣食住行到精神文化，甚至是社会文明，人活着需要依赖的所有重大系统几乎都和植物密不可分。早期的人类文明没有很明显的标志，一直到人类知道采摘、播种、培育，从居无定所到定居生活，这时才有了真正的文明出现——农耕文明。再后来我们说“出淤泥而不染”，我们说“菊残犹有傲霜枝”，我们说“郎骑竹马来，绕床弄青梅”……世间植物，或明艳灿烂，或温润如玉，或凌寒逆风，或无惧骄阳……所有美好的事物你都能从植物里找到缩影。从发芽、开花到结果，它们在各自的角落顽强而自由地生长，启迪着人类的思想，丰富了人类的语言和思维。

落到“民族”二字，多数人第一反应都是少数民族。但汉族亦是民族，也跟植物有紧密的联系，比如很多汉族人居住的地方都有风水林，都有民间草药。“只要是人和植物有紧密关系，科学界还没有定论的，都是我们要研究的。”龙老师说。

相信，是传承的前提

说到民族，我国的55个少数民族大部分分布在山区、森林和沙漠地区，那些地方大多交通不便，但生态良好、资源丰富。人们大多靠山吃山，就地取材，从身边的一草一木中挖掘生命能量，探寻生存的良方。所以在很多少数民族地区，人们的生活与植物的关系非常紧密。

比如广西靖西地区的老百姓常用一种叫江南卷柏（*Selaginella moellendorfii* Hieron.）的植物来降血压。科学界只知道江南卷柏能止血，从不知道它还有降压的功效，历代药典也没有记载，但当地人都很肯定地说它可以降血压。于是龙老师就采集它带回实验室开展成分分析，结果证实其确有降血压成分胍丁胺类化合物，而且该成分含量颇高。位于中缅交界地区的山地少数民族德昂族流传着一种治疗牙疼的方法，将一种叫苎叶蒟［*Piper boehmeriaefolium*（Miq.）Wall. ex C. DC.］的植物咬在牙疼的地方可以止痛。最后通过成分分析，也是发现苎叶蒟里有止痛消炎的酰胺类成分。还有，在我国内蒙古部分地区，蒙古族同胞保持着将元宝枫根和枝用作茶饮的传统。龙老师团队从蒙古族同胞对元宝枫的利用中获得启发，与美国纽约城市大学Kennelly教授实验室、美国莱特州立大学龙伟文教授实验室合作，发现了元宝枫树皮具有很强的抗氧化和抑制肿瘤细胞生长的活性，并且从该植物中首次报道了63个化合物。此项研究为元宝枫的栽培、经济利用以及整个产业的发展都起到了指导性作用。

此外，一些少数民族对植物崇拜，甚至是具有“迷信色彩”的行为，也被发现了其科学内涵。比如云南东南部哈尼族会在每年祭祀神林这天，着盛装，带祭品，集中到寨边的树林前，在主持长者的带领下，在大树前行祭拜之礼，以求风调雨顺。他们的梯田要种水稻，光靠天上降雨是远远不够的，水从哪里来？靠树木提供水源。要是没有这种信仰和风俗的保护，那里的树木可能早就被砍光了。所以哈尼族通过祭拜神灵的仪式来保护树木，虽然是封建迷信，但却有其生态保护价值。很多知道这些传统经验的老人因为语言、文字等因素没有使之流传下来。“我做的，就是用现代科学手段，证明这些传统知识的科学合理性，让更多的人相信。有人相信，才能谈传承。”说到这些的时候，龙老师眼里有惋惜、有焦急，但更多的是坚定。

眼里有光呀

提到最令龙老师骄傲的学术成果，他说：“最令我骄傲的，其实是我影响了一批人，有政府人员，有专家学者，也有普通人。要非说学术成果，那姑且就是提出了现代民族植物学吧，这个也算为研究人员提出了一些方法。”

利用现代科学技术手段解读民间的植物应用行为，是龙老师提出的“现代民族植物学”的核心思想。而这个获得了国际上认可、为一批学者提供了方法论的现代民族植物学，勉强算是龙老师最骄傲的事。

提前做了功课，我以为他会讲获得了云南省科学技术奖励科技进步一等奖和中国科学院科技促进发展奖科技贡献二等奖的“中国西南野生生物种质资源库工程”，毕竟那是我国战略性生物资源保存的重大飞跃，是我国经济社会可持续发展的生物资源战略储备，但他只字未提。提到诺基族古茶园，他只盛赞族人智慧，却从未提及他对这个项目的研究获得了联合国教科文组织人与生物圈计划“青年科学家奖”，该奖项颁发给全球范围内为生态系统、自然资源和生物多样性研究做出突出贡献的青年学者，每年获奖人员不超过10位。对于过往荣誉，龙老师亦只字未提。

“我以为我会一辈子待在云南的。但是来北京这边，对学科发展好一些。这是一个太冷门的学科。”人喜欢谈论自己真正热爱并且花费时间的东西，龙老师讲得最多的，就是他的山，他的草，他的云南。遍寻山野的足迹，是龙老师对植物真挚的忠诚，他为其倾尽心血。

听他讲多走一步就会被砸到的巨型山体落石；听他讲剜出自己大腿上一块被马鹿蚤咬到的肉；听他讲五月份在广西金秀瑶族自治县，手差一点就碰到的“三步倒”毒蛇；听他讲八月份在云南怒江的原始森林，穿着凉鞋，差一点被剧毒的蛇攻击……听到“凉鞋”，大家一脸惊讶，一般人走进森林都是全副武装，更何况龙老师是深入腹地进行研究，怎么能只穿凉鞋呢？龙老师却大手一挥：“我是不在乎那些的，我感觉我早就和大山融为一体了。”讲到这些的时候，我看到了龙老师眼里的光。

人与植物相处的哲学

说到“大山”“野外”，龙老师滔滔不绝，绘声绘色，仿佛在谈论一位亲密的朋友，有自豪、有敬畏，此外还有心痛和担忧。目前，我国拥有大概3.5万种高等植物，研究涉及的植物大概5000种，深入研究的植物不超过100种。全球每年都有几百种植物灭绝，其中我国的要占到10%~20%。因此研究任务任重而道远，形势也越发严峻。“我早期读研究生的时候，有一种植物我第一年去的时候还有，第二年再去，那个地方已面目全非，那种植物也找不到了。30多年过去了，仍然没有找到。”谈到这里，房间沉默了一会儿。

我们倡导生态文明建设，那么什么是好的生态？可持续的就是好的，这就需要不仅我们这一代人，而且要让我们若干代以后都能在这个系统里生存发展。而经济建设和现代科学的发展对生态文明建设有促进，也有挑战。“我们不是说只谈保护，不谈发展。我们就是想倡导可持续发展，就是在保护的基础上发展。”对未来，龙老师充满信心。

其实，远在城市的我们也是整个自然生态系统的一部分。据《中国城市餐饮食物浪费报告》统计，2015年我国城市餐饮业仅餐桌上食物浪费量就达到了1700万~1800万吨，浪费导致粮食短缺，就要开垦更多的耕地。而正是由于过度开垦造成植被破坏，导致野生的三七［*Panax notoginseng*（Burkill）F. H. Chen ex C. H. Chow］、人参（*Panax ginseng* C. A. Mey.）已经或者几乎绝迹。这些都是与你我息息相关的，我们不是只有到草原或者森林才讲生态文明，生态系统从来都是牵一发而动全身的，我们城市的每一个角落，都应该有生态文明的影子。每个角落的微光聚集起来，才能成为照亮世界的光亮。

世间植物，供人类衣食住行，像一个恒久柔暖的怀抱，包容着我们，给我们以恩泽。而取之有时、用之有度、及时保护，是我们和植物应有的默契和约定。

一草一世界，广袤的自然界依然有许多“未解之谜”等待着龙老师这样的拓荒者去探索。虽然道阻且长，但未来一定华盖参天。

参考文献

1. 茶马古道上的隐士：拟短月藓

[1] 贾渝．珍稀苔藓的精彩故事 [J]. 大自然，2017(3)：31 ~ 33.
[2] 张力，左勤，洪宝莹．植物王国的小矮人——苔藓植物 [M]. 广州：广东科学技术出版社，2015.

2. 变幻莫测的雨林精灵：毛叶蕨

[1] 傅书遐．中国蕨类植物志属 [M]. 北京：科学出版社，1954.
[2] 秦仁昌．中国植物志 第二卷 [M]. 北京：科学出版社，1959.
[3] Blume C L. Enumeratio plantarum Javae et insularum adjacentium: minuscognitarum vel novarum ex herbariis Reinwardtii, Kuhlii, Hasseltii et Blumiifasciculus 2[M]. Leiden: Apud J.W. van Leeuwen, 1828: 225 ~ 226.
[4] Dance S P. Hugh Cuming prince of collectors[J]. Journal of the Society for the Bibliography of Natural History, 1980, 9(4): 477 ~ 501.
[5] Ebihara A, Nitta J H and Iwatsuki K. The Hymenophyllaceae of the Pacific area. 2.Hymenophyllum (excluding subgen. Hymenophyllum)[J]. Bulletin of the National Museum of Nature and Science Series B, 2010, 36: 43 ~ 59.
[6] Flora of China Editorial Committee. Flora of China Vol.2[M]. Beijing: Science Press and Missouri Botanical Garden Press, 2006.

3. 着生于岩缝的绿针：针叶蕨

[1] 董仕勇，左政裕，严岳鸿，等．中国石松类和蕨类植物的红色名录评估 [J]. 生物多样性，2017，25(7)：765 ~ 773.
[2] 秦仁昌．中国植物志 第二卷 [M]. 北京：科学出版社，1959.
[3] 张艺翰，张和明，洪信介，等．针叶蕨在台湾的再发现 [J]. 台湾生物多样性研究，2015，17(1)：59 ~ 65.
[4] Flora of China Editorial Committee. Flora of China Vol.2[M]. Beijing:Science Press and Missouri Botanical Garden Press, 2006.
[5] Hooker W J. Species Filicum vol. 5[M]. London: Dulau & Co., 1864 (5): 122 ~ 125.

[6] PPG I. A community-derived classification for extant lycophytes and ferns [J].Journal of Systematics and Evolution, 2016,54(6): 563 ~ 603.
[7] Smith J. Enumeration Filicum Philippinarum. Journal of Botany(Beinga Second Series of the Botanical Miscellany)[J].Containing Figures and Descriptions London ,1841(3):393 ~ 422.

4. 深藏“华西雨屏”的珍宝：光叶蕨

[1] 董仕勇，左政裕，严岳鸿，等．中国石松类和蕨类植物的红色名录评估[J]. 生物多样性，2017， 25(7)：765 ~ 773.
[2] 余凌帆，高健，何让，等．天全县光叶蕨资源现状调查与保护对策研讨[J]. 四川林业科技，2015，36(3).
[3] 朱大海，李永安，顾学清．时隔 30 年再现的绝灭植物——光叶蕨[J]. 生物多样性，2013(10).

5. 扑朔迷离的孤鸿：尾羽假毛蕨

[1]董仕勇，左政裕，严岳鸿，等．中国石松类和蕨类植物的红色名录评估[J]. 生物多样性，2017，25(7)：765 ~ 773.
[2] 秦仁昌．中国植物志 第二卷[M]. 北京：科学出版社，1959.
[3] Flora of China Editorial Committee. Flora of China Vol.2[M]. Beijing: Science Press and Missouri Botanical Garden Press, 2006.

6. 与植物学家捉迷藏：厚叶实蕨

[1] 刘静，李述万，韦佳佳，等．广西蕨类植物新纪录（Ⅱ）[J]. 广西植物，2017，37(4)：449 ~ 452.
[2] Flora of China Editorial Committee. Flora of China Vol.2[M]. Beijing:Science Press and Missouri Botanical Garden Press, 2006.
[3] ZHANGXIAN-CHUN D Y. A taxonomic revision of the fern genus Bolbitis(Bolbitidaceae) from China [J].Acta Phytotaxonomica Sinica, 2005(2): 97 ~ 115.

7. 构建中国的空中花园：爪哇舌蕨

[1] 郭荣麟，岳俊三．中国蕨类药用植物概要[J]. 中药材，1989(5)：13 ~ 17.
[2] Lorence, David H., Germinal Rouhan. A Revision of the Mascarene Species of Elaphoglossum (Elaphoglossaceae) [J]. Annals of the Missouri Botanical Garden, vol. 91, 2004(4): 536 ~ 565.

8. 几经鉴定方得正名：银毛肋毛蕨

[1] 蒋日红，张宪春，吴磊，等．中国肋毛蕨属一新记录种——曼氏肋毛蕨[J]. 西

北植物学报，2011， 31(2)： 413 ~ 416.
[2] 吴兆洪，王铸豪．中国植物志 第六卷第一分册 [M]. 北京：科学出版社，1999：23 ~ 24.
[3] 秦仁昌，王铸豪．中国三叉蕨科的新分类群简报 [J]. 中国科学院大学学报，1981(19)：118 ~ 130.
[4] 张宪春，孙久琼．石松类和蕨类名词及名称 [M]. 北京：中国林业出版社，2015.
[5] Tagawa M, Iwatsuki K,Smitinand T Larsen K(eds.). Pteridophytes(A).In: Flora of Thailand V.3.(3)[M]. Bangkok: The chutima Press, 1988:357 ~ 358.

9. 一丛碧草两缕愁：云贵牙蕨

[1] 董仕勇，左政裕，严岳鸿，等．中国石松类和蕨类植物的红色名录评估 [J]. 生物多样性， 2017，25(7)： 765 ~ 773.
[2] 国家中医药管理局《中华本草》编委会．中华本草 2[M]. 上海：上海科学技术出版社，1999：211.
[3] 王培善，王筱英．贵州蕨类植物志 [M]. 贵阳：贵州科学技术出版社，2001：574.
[4] 严岳鸿，张宪春，马克平．中国珍稀濒危蕨类植物的现状及保护 [C]// 中国生物多样性保护与研究进展Ⅶ——第七届全国生物多样性保护与持续利用研讨会论文集，2006.
[5] 张宪春，孙久琼．石松类和蕨类名词及名称 [M]. 北京：中国林业出版社，2015.

10. 美丽非凡又异常坚韧：黑柄三叉蕨

[1] 董仕勇，左政裕，严岳鸿，等．中国石松类和蕨类植物的红色名录评估 [J]. 生物多样性，2017，25 (7)： 765 ~ 773.
[2] 秦仁昌．中国植物志第二卷 [M]. 北京：科学出版社，1959.
[3] 王培善，王筱英．贵州蕨类植物志 [M]. 贵阳：贵州科学技术出版社，2001：653.
[4] Carl Christensen. Filices Esquirolianae 1910 ~ 1911[J]. Bulletin de l'Académie internationale de géographie botanique, 1913, 23(284 ~ 286):137 ~ 143.
[5] Dong S Y, Chen C W, Tan S S, ect. New insights on the phylogeny of Tectaria (Tectariaceae), with special reference to Polydictyum as a distinct lineage [J]. Journal of Systematics and Evolution, 2018, 56(2):139 ~ 147.
[6] Flora of China Editorial Committee. Flora of China Vol.2[M]. Beijing:Science Press and Missouri Botanical Garden Press, 2006.
[7] Qin R C. The studies of Chinese ferns VII,a revision of the genus Tectaria from China and Sikkim-Himalaya[J]. Sinensia, 1931, 2(2): 9 ~ 36.

11. 消失在树梢上的风景：十字假瘤蕨

[1] 邵文，陆树刚，严岳鸿．假瘤蕨属植物系统分类学研究[C]// 生态文明建设中的植物学：现在与未来——中国植物学会第十五届会员代表大会暨八十周年学术年会论文集——第 1 分会场：系统与进化植物学．北京：中国植物学会，2013：1.

[2] Kreef H, K ster N, Küper W, ect. Diversity and biogeography of vascular epiphytes in western Amazonia [J].J Biogeogr, 2004(9).

12. 其貌不扬的珍宝：缘生穴子蕨

[1] 秦仁昌．中国植物志第二卷[M]. 北京：科学出版社，1959.

[2] 尤丽莉，杨逢春．海南省珍稀濒危蕨类植物资源调查[J]. 广东农业科学，2007(9)：32 ~ 35.

[3] Flora of China Editorial Committee. Flora of China Vol.2[M]. Beijing: Science Press and Missouri Botanical Garden Press, 2006.

13. 日渐式微的高山美人：绒叶含笑

[1] 刘忠颖．绒叶含笑种子育苗及造林技术[J]. 林业实用技术 2006（9）：26 ~ 27.

[2] 国家标本资源共享平台[DB/OL]. http://www.nsii.org.cn.

[3] 中国珍稀濒危植物信息系统[DB/OL]. http://www.iplant.cn/rep/protlist?key=Michelia.

[4] 汪玉林，庞惠仙，杨红明，等．8 种木兰科树种苗期在呈贡的适应性研究[J]. 西部林业科学，2010，39（2）：54 ~ 59.

[5] 周仕顺．藏东南、川西南地区本土物种受威胁状况野外考察顺利进行[EB/OL]. 西双版纳热带植物园[2015-07-23].http://www.cubg.cn/info/Progress/2015-07-23/903.html.

14. 白马岭上的待解之谜：尖花藤

[1] 蒋英，李秉滔．中国植物志第三十卷第二分册[M]. 北京：科学出版社，1979.

[2] 武吉华，张绅．植物地理学第四版[M]. 北京：高等教育出版社，2004.

[3] 杨早．番荔枝总提取物防治肝癌作用和机理研究[D]. 南京：南京中医药大学，2006.

[4] 朱华．云南一条新的生物地理线——华线[C]// 生态文明建设中的植物学：现在与未来——中国植物学会第十五届会员代表大会暨八十周年学术年会论文集——第 1 分会场：系统与进化植物学，2013.

15. 八桂山上的遗珍：宁明琼楠

[1] 胡宗刚．华南植物研究所早期史[M]. 上海：上海交通大学出版社，2013.

[2] 李树刚，梁畴芬，王文采，等．广西植物志 第一卷 种子植物[M]. 南宁：广西科学技术出版社，1991：252.
[3] 李锡文．中国植物志 第三十一卷[M]. 北京：科学出版社，1982.
[4] 李树刚，韦发南，韦裕宗，等．中国樟科植物志资料（三）[J]. 植物分类学报，1979，17(2)：45 ~ 74.

16. 川东山林的绝响：华蓥润楠

[1] 陈德懋．中国植物分类学史[M]. 武汉：华中师范大学出版社，1993：298.
[2] 郭蓉．大学音乐[M]. 福州：福建教育出版社，2005：72.
[3] 任鸿隽．任鸿隽谈教育[M]. 沈阳：辽宁人民出版社，2015：148.
[4] 沈福伟．西方文化与中国 1793 ~ 2000[M]. 上海：上海教育出版社，2003：661.
[5] 环境保护部，中国科学院．《中国生物多样性红色名录—— 高等植物卷》评估报告[R]. 2013.
[6] 中华人民共和国国家旅游局．中国旅游景区景点大辞典[M]. 北京：中国旅游出版社，2007：1557.

17. 惊艳回归的水中仙子：水菜花

[1] 何景彪，孙祥钟．中国海菜花属植物三种同工酶的酶谱式样及其系统学含义[J]. 武汉植物学研究，1992(01)：35 ~ 42+103.
[2] 简永兴，杨广民，彭映辉，等．水白菜与水菜花的核型分析[J]. 湖南中医学院学报，1996(01)：56 ~ 58.
[3] 何景彪，孙祥钟，钟扬，等．海菜花属的分支学研究[J]. 武汉植物学研究，1991(02)：121 ~ 129.
[4] 翟书华，樊传章，刘开庆，等．中国特有珍稀水生植物海菜花的生物学特性、濒危原因及保护[J]. 北方园艺，2017(23)：102 ~ 106.

18. 留下最后的倩影：拟纤细茨藻

[1] 孙坤，陈家宽．中国水鳖科(Hydrocharitaceae)植物的果皮微形态特征[J]. 植物学通报，1998(01)：64 ~ 68.
[2] Flora of China Editorial Committee. Flora of China Vol.23[M].Beijing: Science Press and Missouri Botanical Garden Press, 2016.

19. 湖中的神秘之花：高山眼子菜

[1] 于丹．东北水生植物区划[J]. 水生生物学报，1996(04)：322 ~ 332.
[2] Galina Borisova, Nadezhda Chukina, Maria Maleva, et al. Ceratophyllum demersum L. and Potamogeton alpinus Balb. from Iset' River, Ural Region, Russia Differ in Adaptive Strategies to Heavy Metals Exposure—A Comparative Study[J]. International Journal ofPhytoremediation, 2014 [3]

N. V. Chukina, G. G. Borisova, M. G. Maleva. Antioxidant Status of Hydrophytes with Different Accumulative Ability Illustrated by Potamogeton alpinus Balb and Batrachium trichophyllum (Chaix) Bosch[J]. Inland Water Biology, 2014 (10) . (6) .

[4] Rudolf Rabe, Wilfried Nobel, Alexander Kohler. Effects of sodium chloride on photosynthesis and some enzyme activities of Potamogeton alpinus [J]. Aquatic Botany, 1982 (12) .

20. 热带雨林中的攀缘者：吊罗薯蓣

[1] 丁坦，廖文波，金建华，等 . 海南岛吊罗山种子植物区系分析 [J]. 广西植物，2002，22(4)：311 ~ 319.

[2] 李祥，马建中，史云东 . 盾叶薯蓣、薯蓣皂素研究进展及展望 [J]. 林产化学与工业，2010，30(2)：107 ~ 112.

[3] 曾建飞，刘淑琴 . 中国植物志 第十六卷第一分册 [M]. 北京：科学出版社，1985.

[4] 中国生物多样性国情研究报告编写组 . 中国生物多样性国情研究报告 [R]. 北京：中国环境科学出版社，1998：63 ~ 67.

21. 绽放在腐叶中的幽灵：中华白玉簪

[1] 张奠湘 .《中国植物志》增补：白玉簪科 [J]. 中国科学院大学学报，2000，38(6)：578 ~ 581.

[2] Kubitzki K. The Families and Genera of Vascular Plants. Ⅲ , Flowering Plants: Monocotylcdons[M]. Berlin:Springer, 1998: 198 ~ 201.

[3] Leake J R. The biology of myco-heterotrophic[J]. New Phytol, 1994 (127): 171 ~ 216.

[4] Zhang D X, Saunders RM K, Hu CM. Corsiopsis chinensis gen.et sp.nov. (Corsiaceae): first record of the family in Asia[J]. Syst Bot, 1999(24): 311 ~ 314.

22. 重回故里的绿美人：单花百合

[1] 王瑞波，张燕平，胡世俊，等 . 两种百合种群空间分布格局对高温干旱气候的响应 [J]. 林业科学研究， 2009，22(02)：249 ~ 255.

[2] 杨杰 . 与珍稀物种告别 Farewell to rare species[J]. 世界环境，2020 (1) .

23. 石缝中的袖珍兰花：蒙自石豆兰

[1]《全国中草药汇编》编写组 . 全国中草药汇编 (下册) 第二版 [M]. 北京：人民卫生出版社，1978.

[2] 苏月梅，黎桂芳 . Bulbophyllum 属药用植物资源生态及其持续利用 [J]. 广州大学学报 (自然科学版)，2006，5(2)：31 ~ 34.

[3] 吴修仁 . 中国药用植物简编 [M]. 广州：广东高等教育出版社，1994.
[4] 易绮斐，邢福武，黄向旭，等 . 中国石豆兰属药用植物资源及其保护 [J]. 热带亚热带学报，2005，13(1)：65 ~ 69.
[5] 中国科学院植物研究所 . 中国高等植物图鉴 第五册 [M]. 北京：科学出版社，1976.
[6] 赵会然，顾玲丽，赵春婷，等 . 石豆兰属植物化学成分及药理活性研究进展 [J]. 中国新药杂志，2015，24(22)：2579 ~ 2583.
[7] 国家中医药管理局《中华本草》编委会 . 中华本草 [M]. 上海：上海科学技术出版社，1999.

24. 重新定名的宝岛名兰：日月潭羊耳蒜

[1] 应绍舜 . 台湾兰科植物彩色图志 [M]. 台湾：淑馨出版社，1976.
[2] 钟诗文 . 台湾野生兰图志 [M]. 台湾：猫头鹰出版社，2014.
[3] Lin T P, Liu H Y, Hsieh C F, et al. Complete list of the native orchids of Taiwan and their type information[J].Taiwania, 2016, 61(2): 78 ~ 126.
[4] Song L R. Dictionary of Modern Medicine[M]. Beijing: People's Medical Publishing House, 2001.
[5] Wei L, Xin G, Dale G N ,et al. Genus Liparis: A review of its traditional uses in China, phytochemistry and pharmacology[J]. Journal of Ethnopharmacology, 2019,234.

25. 黯然消逝的香兰：单花美冠兰

[1] 陈心启，吉占和，等 . 中国植物志 第十八卷兰科（二）[M]. 北京：科学出版社，1999.
[2] 陈心启，罗毅波 . 长距美冠兰及其近缘种的研究 [J]. 植物分类学报，2002 (02)：147 ~ 150.
[3] 李春华，李柯澄 . 美冠兰属植物繁殖与栽培 [J]. 中国花卉园艺，2019(16)：32 ~ 35.
[4] Flora of China Editorial Committee. Flora of China Vol.25[M]. Beijing: Science Press and Missouri Botanical Garden Press,2006.

26. 重燃希望的火焰：峨眉带唇兰

[1] 陈心启，吉占和 . 中国兰花全书第二版 [M]. 北京：中国林业出版社，2003：196.
[2] 陈心启，吉占和，郎楷永，等 . 中国植物志 第十八卷兰科（二）[M]. 北京：科学出版社，1999.
[3] 罗毅波，程瑾，史军 . 兰花的生存策略 [J]. 森林与人类，2006（7）：22 ~ 25.
[4] 汪松，解焱 . 中国物种红色名录第一卷红色名录 [M]. 北京：高等教育出版社，2004：465.
[5] 生态环境部，中国科学院 .《中国生物多样性红色名录—— 高等植物卷》评估

报告 [R]. 2013.
[6] 尹朝露，刘雨晴，肖翠．国家标本资源共享平台兰科植物标本记录采集地理偏差及其环境因子解释 [J]. 科研信息化技术与应用，2018，9(5)：64 ~ 71.
[7] 翟俊文．兰科带唇兰属一新异名 [J]. 热带亚热带植物学报，2015，23(5)：492 ~ 494.

27. 兰花家族的拇指姑娘：南川盆距兰

[1] 陈心启，罗毅波．关于兰科盆距兰属与囊唇兰属的混淆问题（英文）[J]. 云南植物研究，2007(02)：167 ~ 168.
[2] 郭丽霞．基于远缘杂交技术的海南野生兰花种质创新研究 [D]. 华南热带农业大学，2007.
[3] Flora of China Editorial Committee. Flora of China Vol.25[M]. Beijing: Science Press and Missouri Botanical Garden Press, 2006.
[4] JIN X H, LI H, LI D Z. Additional notes on Orchidaceae from Yunnan,China[J]. Journal of Systematics and Evolution, 2007,45(06): 796 ~ 807.
[5] Ji Z H. A Preliminary Revision of Gastrochilus (Orchidaceae)[J]. Guihaia, 1996, 16(2): 123 ~ 154.

28. 藏身苗圃的异草：华南蜘蛛抱蛋

[1] 汪发缵，唐进，陈心启，等．中国植物志 第十五卷 [M]. 北京：科学出版社，1978.
[2] 徐珂．清稗类钞 [M]. 北京：中华书局，1984.
[3] 韦毅刚，李光照，郎楷永，等．中国蜘蛛抱蛋属植物分布及生境特点的研究 [J]. 广西植物 Guihaia，2000，20(03)：218 ~ 228.
[4] 万煜，黄长春．广西蜘蛛抱蛋属新植物 [J]. 广西植物，1987(03)：217 ~ 224.
[5] Wu Z Y, Peter H. Raven. Flora of China. Vol. 24 (Flagellariaceae through Marantaceae) [M]. Beijing: Science Press, St. Louis: Missouri Botanical Garden Press. 2000.

29. 农田里的姜科珍宝：细莪术

[1] 李经纬，余瀛鳌，蔡景峰，等．中医大词典第 2 版 [M]. 北京：人民卫生出版社，2004：1815.
[2] 刘念，陈升振．中国姜黄属二新种 [J]. 广西植物，1987(01)：15 ~ 18.
[3] 刘念．中国姜科植物的多样性和保育 [A]. 中国科学院生物多样性委员会、国家林业局野生动植物保护司．面向 21 世纪的中国生物多样性保护——第三届全国生物多样性保护与持续利用研讨会论文集 [C]//. 北京：中国林业出版社，1998.
[4] 吴德邻．中国植物志 第十六卷第二分册 [M]. 北京：科学出版社，1981.
[5] 肖培根．新编中药志第一卷 [M]. 北京：化学工业出版社，2001：574，771.
[6] 朱忠华，肖梦媛，任德全，等．中药莪术的名实与读音考证 [J]. 广州：中药材，2017，40(09)：2224 ~ 2227.

30. 消失在山野的佳果：倒心叶野木瓜

[1] 汪松，解焱．中国物种红色名录第一卷红色名录[M]. 北京：高等教育出版社，2004.
[2] 曾建飞．中国植物志 第二十九卷[M]. 北京：科学出版社，2001.

31. 翘在水中的绿尾巴：四蕊狐尾藻

[1] 陈焕镛．海南植物志 第一卷[M]. 北京：科学出版社，1964：433.
[2] 孙宏，李宁，汤江武，等．狐尾藻在养殖污水净化中的作用原理及相关应用进展[J/OL]. 中国畜牧杂志,2020, 56(03) 37 ~ 42[2020-03-05]. http://doi-org-s.wvpn.ncu.edu.cn/10.19556/j.0258-7033.20190527-01.
[3] 王哲．沉水植物狐尾藻（Myriophyllum verticillatum L.）对水体铵态氮胁迫响应的研究[D]. 上海师范大学，2019.
[4] 杨忠．狐尾藻[J]. 湖南农业，2019(08)：35.

32. 消失风中的绿影：柳州胡颓子

[1] 方文培，张泽荣．中国植物志 第五十二卷第二分册[M]. 北京：科学出版社，1983.
[2] 胡丰林．中国胡颓子属植物利用价值的初步分析[J]. 生物学杂志，1996(04)：30 ~ 32.
[3] 张泽荣．中国胡颓子属植物资料[J]. 东北林学院植物研究室汇刊，1980(01)：95 ~ 133.
[4] 钟业聪．银杉发现趣闻[J]. 广西林业，1992(01)：35.

33. 最后的江滩部落：鄂西鼠李

[1] 唐萍，翟红娟，邹家祥．三峡库区水环境保护与生态修复初步研究[J]. 水资源保护，2011，27(05)： 43 ~ 46.
[2] 胡耶芳．鼠李属植物的化学成分、药理活性和质量控制研究进展 [J/OL]. 中药材，2020(02)：499 ~ 507[2020-03-09]. http://doi-org-s.wvpn.ncu.edu.cn/j.issn1001 ~ 4454.2020.02.047.
[3] 张帅，王小利，李泽琳，等．鼠李属植物提取物的药用价值研究现状[J]. 国际中医中药杂志，2017，039(002)：186 ~ 188.

34. 消逝雨林的稀有树种：闭壳柯

[1] 曹明，邓敏，张奠湘．广西壳斗科植物发掘利用初探[J]. 广西植物，2007(05)：170 ~ 173.
[2] 谢碧霞．橡实资源与加工利用[M]. 湘潭：湘潭大学出版社，2011：166 ~ 169.
[3] 王萍莉，溥发鼎．壳斗科植物花粉形态及生物地理[M]. 广州：广东科学技术出版社，2004：18.

[4] 李树刚，韦发南，毛宗铮，等．广西植物志第二卷种子植物[M]. 南宁：广西科学技术出版社，2005：759.
[5] Blume K.L. Bijdragen Tot de Flora Van Nederlandsch Indi[M]. Batavia: TerLands Dukkerij,1825:527.

35. 盐沼中的美人树：盐桦

[1] 傅立国．中国植物红皮书 [M]. 北京：科学出版社，1991.
[2] 苏卫国，尹建道，张富春，等．新疆盐桦的引种及耐盐性研究 [J]. 甘肃农业大学学报，2011(05).
[3] 陶玲，李新荣，刘新民，等．中国珍稀濒危荒漠植物保护等级的定量研究 [J]. 林业科学，2001(01).
[4] 汪松，解焱．中国物种红色名录第一卷红色名录 [M]. 北京：高等教育出版社，2004.
[5] 王健．新疆发现一种抗盐桦树 [J]. 植物杂志，2003(06) 12 ~ 16.
[6] 尹林克．新疆珍稀濒危特有高等植物 [M]. 乌鲁木齐：新疆科学技术出版社，2006：032 ~ 033.
[7] 国家林业局野生动植物保护与自然保护区管理司，中国科学院植物研究所主编．中国珍稀濒危植物图鉴 [M]. 北京：中国林业出版社，2013：129.
[8] 张海波，曾幼玲，兰海燕，等．盐胁迫下盐桦生理响应的变化分析 [J]. 云南植物研究，2009，31(03)：260 ~ 264

36. 重归雨林的红粉佳人：保亭秋海棠

[1] 路光．伟大的生物学家林奈 [J]. 园林科技信息，2003(03)：34 ~ 35.
[2] 税玉民，陈文红．中国秋海棠属等翅组植物订正 [J]. 云南植物研究，2004(05)：482 ~ 486.
[3] 汪健，陈文红，HUGHES Mark，等．中国秋海棠属等翅组的补遗（英文）[J]. 植物分类与资源学报， 2015，37(05)：563 ~ 568.

37. 消失八十年的国宝：爪耳木

[1] 陈玉凯，杨小波，李东海，等．海南岛维管植物物种多样性的现状 [J]. 生物多样性，2016，24(08)：948 ~ 956.
[2] 覃海宁，赵莉娜．中国高等植物濒危状况评估 [J]. 生物多样性，2017，25(07)：689 ~ 695
[3] 王清隆，羊青，王茂媛，等．海南特有灭绝级 (EX) 植物——爪耳木的资源调查 [J]. 热带农业科学，2018，38(02)：56 ~ 60.
[4] 朱华．探讨海南岛生物地理起源上有意义的一些种子植物科和属 [J]. 生物多样性，2017，25(08)：816 ~ 822
[5] J. Francisco-Ortega, FaGuo Wang, ZhongSheng Wang, et al. Endemic Seed plant Species from Hainan Island:A Checklist[J].Botanical Review ,2010 (76): 295 ~ 345

[6] Q Wang, H Tang, M Wang, et al. The rediscovery of Lepisanthes unilocularis (subgen. Otophora; Sapindaceae) a species endemic to Hainan, China[J]. Nordic Journal of Botany,2018,36(4).

38. 开在水中的凤仙花：水角

[1]. 陈艺林 . 中国植物志 第四十七卷第二分册 [M]. 北京：科学出版社，2004
[2] 王景飞，吕德任，黄赛，等 . 海南省濒危水生植物水角的资源现状及调查分析 [J]. 中国园艺文摘，2017(12)：67 ~ 69，91.
[3] 田焕焕 . 武陵山区凤仙花属植物的初步调查及分子系统进化研究 [D]. 中南民族大学，2016.
[4] 曾蕾 . 凤仙花属 (Impatiens) 棒凤仙亚属 (Clavicarpa) 的系统学研究 [D]. 山西师范大学，2016.
[5] Blume Carl (Karl) Ludwig von. Bijdragen tot de flora van Nederlandsch Indi[M],1825,241.
[6] Linnaeus Carl. Species Plantarum[M].Imprensis Laurentii Salvii,1753,(2):938.
[7] WightRobert, ArnottGeorge Arnott-Walker. Prodromus Florae Peninsulae Indiae Orientalis[J], 1834(01): 140.

39. 转危为安的良木：云南藏榄

[1] 程政宁 . 中国 '99 昆明世界园艺博览会园艺百科全书・下 [M]. 北京：中国林业出版社，2000：1360.
[2] 陶德定，杨增宏，张启泰 . 云南发现稀有珍贵树种——云南藏榄 (英文)[J]. 云南植物研究，1988 (02) ：257 ~ 258.
[3] 赵汉斌 . “植物大熊猫”滇藏榄有望告别濒危 [N]. 科技日报，2019-5-24(05).
[4] 郑绍健 . 中国珍稀濒危物种保护取得新成效——植物“大熊猫”滇藏榄首次人工扩繁成功 [N]. 德宏团结报，2013-11-23(01).
[5] Joshi, Naveen Chandra, Chaudhary, et al. Cheura(Diploknema butyracea) as a livelihood option for forest-dweller tribe (VanRaji) of Pithoragarh, Uttarakhand, India. [J]. ESSENCE Int. J. Env. Rehab. Conserv, 2018 (1): 134 ~ 141.
[6] Koushik Majumdar, BK Datta and Uma Shankar. Establishing continuity in distribution of Diploknema butyracea (Roxb.) H. J. Lam in Indian subcontinent.Journal of Research in Biology (2012) 2(07): 660 ~ 666

40. 飘零海外的山岭少女：枯鲁杜鹃

[1] 耿玉英 . 中国杜鹃花属植物 [M]. 上海：上海科学技术出版社，2014：517.
[2] 人民日报社 . 仅一株！曾被认为“野外灭绝”的枯鲁杜鹃重新被发现 [N]. 人民日报，2020-05-26.
[3] H. H. Davidian. Two New Rhododendrons Species and A New Variety [EB/OL].

Journal American Rhododendron Society, 1978, 32 (02) .

41. 痛失家园的宝岛名花：乌来杜鹃

[1] 陈恋．北纬 24 度，遇见台湾 [M]. 广州：暨南大学出版社，2014：78.
[2] 黄普华，王洪峰．植物名称研究续集 [M]. 哈尔滨：东北林业大学出版社，2014：199 ~ 200.
[3] 黄生，陈兆美，许素玲，等．濒绝物种乌来杜鹃的族群内遗传变异研究 [J]. Biol. Bull. NTNU (师大生物学报)，1995，30(02)：63 ~ 68.
[4] 李健，苏真．台港澳大辞典 [M]. 北京：中国广播电视出版社，1992：443.
[5] (英) E.H. 威尔逊(E. H. Wilson)著．中国乃世界花园之母 [M]. 包志毅译．北京：中国青年出版社，2017.
[6] Wilosn E. H. The Rhododendrons of Eastern China, the Bonin and Liukiu Islands and of Formosa[J]. Journ. Arn. Arb.1925(08): 1925.

42. 独立山林的冰美人：小溪洞杜鹃

[1] 程淑媛，戴利燕，卢建，等．江西杜鹃花科植物多样性特征与开发利用 [J]. 赣南师范大学学报，2017(03)：85 ~ 89.
[2] 环境保护部，中国科学院．《中国生物多样性红色名录—— 高等植物卷》评估报告 [R]，2013.
[3] 胡文光．江西杜鹃花属一新种 [J]. 四川大学学报 (自然科学版)，1990，27(04)：492.
[4] 耿玉英．中国杜鹃花属植物 [M]. 上海：上海科学技术出版社，2014：61.
[5] 李时珍撰，刘衡如，刘山永校注．本草纲目 (新校注本，第三版) [M]. 北京：华夏出版社，2008：831.
[6] 李兵兵，沈亮之，罗文浏．岭上开遍映山红 [J]. 森林与人类，2018(01)：92 ~ 95.

43. 悄然远去的林中仙子：圆果苣苔

[1] 胡宗刚．笺草释木六十年——王文采传 [M]. 上海：上海交通大学出版社，2013.
[2] 王文采．苦苣苔科五新属 [J]. 植物研究，1981，1(03)：41 ~ 44.
[3] 王印政，傅德志，彭华．一个孑遗类群—尖舌苣苔族 (Klugieae) 物种的居群绝灭速率及其指示意义 [J]. 生物多样性，1998，7(03)：214 ~ 219.

44. 药圃中的蓝色精灵：焰苞报春苣苔

[1] 王文采．中国唇柱苣苔属校订Ⅱ [J]. 植物研究，1985，5(03)：37 ~ 86.
[2] MÖLLER Michael,韦毅刚,温放,等．得与失: 苦苣苔科新的属级界定与分类系统—中国该科植物之变迁 [J]. 广西植物，2016，36(01)：44 ~ 60.

45. 消失百年的高山风铃：小叶澜沧豆腐柴

[1] 黄莹莹，邵宇．豆腐柴资源利用现状及对策[J]. 现代农业科技，2016，14：91 ~ 92.

[2] 高燕妮，路锋，高昂，等．豆腐柴药学研究概况[J]. 安徽农业科学，2011，39(32)19811 ~ 19812

[3] 王燕，许锋，张风霞，等．豆腐柴研究进展[J]. 中国野生植物资源，2007，26(04)12 ~ 14

[4] 徐汶，张俊峰，王存文，等．豆腐柴叶果胶的提取工艺条件研究[J]. 天然产物研究与开发，2003，15(02)：138 ~ 140

46. 重获新名的植物：塔序豆腐柴

[1] 李晓，李静雯，陈晔，等．豆腐柴叶低甲氧基果胶提取工艺优化及其加工特性和微观结构研究[J]. 食品工业科技，2020，41(13)：14 ~ 21

[2] 李刚凤，罗家兴，李洪艳，等．豆腐柴叶营养成分分析与评价[J]. 食品研究与开发，2019，40(21)：62 ~ 65.

[3] 张翔，谢文君．豆腐柴叶制作观音豆腐的工艺[J]. 食品工业，2019，40(09)：112 ~ 115.

[4] 张攀．豆腐柴叶果胶的分离及特性研究[D]. 西南科技大学，2019.

[5] FangFang Zhou, MingKai Pan ,Yong Liu, et al. Effects of Na + on the cold gelation between a low-methoxyl pectin extracted from Premna microphylla turcz and soy protein isolate[J]. Food Hydrocolloids, 2020,104.

47. 无处寻访的高原红：干生铃子香

[1] 陈晓惠，彭程．藏药白花铃子香化学成分研究[J]. 中药材，2009，32(03)：365 ~ 367.

[2] 向春雷，彭华．白花铃子香的模式指定[J]. 云南植物研究，2008(01)：15 ~ 16.

[3] 向春雷，陈丽，陈亚萍，等．铃子香属的叶表皮微形态特征及其分类学意义[J]. 植物分类与资源学报，2013，35(01)：1 ~ 10.

[4] ChunLei Xiang, ZhaoHui Dong, Hua Peng,et al. Trichome micromorphology of the East Asiatic genus Chelonopsis (Lamiaceae) and its systematic implications[J]. Flora, 2009, 205(07).

[5] Flora of China Editorial Committee. Flora of China Vol.17[M].Beijing: Science Press and Missouri Botanical Garden Press, 1994.

48. 细雨山间故人来：喜雨草

[1] 莫佛艳，蒙丽，冯慧喆，等．广西唇形科一新记录属—喜雨草属[J]. 广西师范大学学报（自然科学版），2018(01)：129 ~ 130.

[2] 吴征镒，李锡文，周铉等．中国植物志 第六十五卷第二分册[M]. 北京：科学出版社，1977：574.

[3] 周建军,黎明,周大松,等. 湖南珍稀特有植物喜雨草的重新发现及补充描述[J]. 西北植物学报，2016，36(07)：1470 ~ 1473.
[4] Heinrich von Handel-Mazzetti (Author), David Winstanley(Translator). A BOTANICAL PIONEER IN SOUTH WEST CHINA[M]. David Winstanley; First English Edition edition,1996.

49. 蜀身毒道望故乡：矮马先蒿

[1] 蔡明，樊晓辉 . 浅谈中国马先蒿属花卉资源及其开发利用 [J]. 现代园艺，2007(04)：32 ~ 33.
[2] 王彩虹，李卫华，王新欣 . 马先蒿属植物研究进展 [J]. 草食家畜，2015(04)：58 ~ 60.
[3] 吴臻，李发荣，杨建雄 . 马先蒿属药用植物研究进展 [J]. 时珍国医国药，2002(05)：305 ~ 307.
[4] 王薇，邹艳敏，张莉 . 马先蒿属植物的现代研究进展 [J]. 陕西中医学院学报，2002(06)：54 ~ 55.

51. 引人深思的珍草：小叶橐吾

[1] 刘尚武 . 中国植物志 第七十七卷第二分册 [M]. 北京：科学出版社，1989：63.
[2] 王如平，李霖 . 小种群的灭绝旋涡 [J]. 生物学杂志，2008，25(06)：14 ~ 16+8.

52. 历久弥新的植物传奇：三七

[1] 何景，曾沧江 . 中国植物志 第五十卷 [M]. 北京：科学出版社，1978.
[2] 李麟仙，王子灿，黄志宏，等 . 三七皂甙对急性脑缺血及再灌流损伤的保护作用 [J]. 中国药理学通报，1991(01)：56 ~ 59.
[3] 刘本玺，裴盛基，董广平，等 . 三七利用与传播史话 [J]. 中医药文化，2017(02)：46 ~ 51.
[4] 徐冬英 . 三七的源流与发展 [D]. 广西：广西中医学院， 1997.
[5] 夏鹏国，张顺仓，梁宗锁，等 . 三七化学成分的研究历程和概况 [J]. 中草药，2014，45(17)：2564 ~ 2570.
[6] 杨天宇 . 三七栽培影响因素分析与控制探讨 [J]. 大科技，2014，(19).
[7] 中国科学院植物研究所 . 中国高等植物图鉴 [M]. 北京：科学出版社，1983：1024 ~ 1025.
[8] Haiying Song, Peili Wang, Jiangang Liu,etc. Panax notoginseng Preparations for Unstable Angina Pectoris: A Systematic Review and Meta-Analysis[J]. Phytotherapy research ,2017, 31(8): 1162 ~ 1172.